饮用水消毒副产物形成与控制研究

高乃云　楚文海　严　敏　徐　斌　著

严煦世　审

中国建筑工业出版社

图书在版编目（CIP）数据

饮用水消毒副产物形成与控制研究/高乃云等著．北京：中国建筑工业出版社，2010.12
ISBN 978-7-112-13769-5

Ⅰ.①饮…　Ⅱ.①高…　Ⅲ.①饮用水-水消毒-有毒废物-形成-研究②饮用水-水消毒-有毒废物-控制-研究
Ⅳ.①TU991.25②X327

中国版本图书馆 CIP 数据核字（2011）第 231008 号

本书全面系统阐述了饮用水消毒副产物生成机理和控制技术。全书共分9章，第1章消毒剂与消毒副产物；第2章消毒副产物的检测；第3章氯胺形态及一氯胺特性研究；第4章有机物性质与消毒副产物关系；第5章消毒副产物在水处理过程中的变化；第6章管网中消毒副产物的变化；第7章臭氧-生物活性炭工艺去除消毒副产物；第8章光化学氧化法去除卤乙酸；第9章还原去除消毒副产物。

本书数据资料和技术内容来自于最新科研和生产成果，可供从事饮用水安全保障技术的科研工作者、高等院校市政环境工程专业的师生以及给水排水工程技术人员学习和参考。

责任编辑：石枫华　于　莉
责任设计：张　虹
责任校对：张　颖　赵　颖

饮用水消毒副产物形成与控制研究
高乃云　楚文海　严　敏　徐　斌　著
严煦世　审
*
中国建筑工业出版社出版、发行（北京西郊百万庄）
各地新华书店、建筑书店经销
北京红光制版公司制版
北京富生印刷厂印刷
*
开本：787×1092毫米　1/16　印张：15½　字数：304千字
2011年10月第一版　2011年10月第一次印刷
定价：**46.00**元
ISBN 978-7-112-13769-5
(21543)

前　言

长期以来，饮用水的消毒着重于灭活指示微生物，如大肠杆菌，以防止水致疾病的流行，保证饮用水的微生物安全性。到了 20 世纪 70 年代，对于消毒概念重新加以评估，认为消毒剂虽然能灭活微生物，但是也会和原水中的有机物和无机物发生化学反应，形成危害人体健康的消毒副产物。

1974 年在氯消毒后的饮用水中，首先发现了消毒副产物三卤甲烷和卤乙酸，两者都有较高的致癌风险。近年来，因水源污染严重和藻类滋长等原因，水中有机物量明显增加，而常规水处理工艺去除有机物的效果有限，导致消毒后的饮用水中，消毒副产物的种类和浓度有所增长。

随着检测分析技术的进步，在饮用水中陆续检测出了新的消毒副产物，从保障饮用水安全性的角度，这一问题逐渐引起人们的重视。我们在国家科技重大专项（编号：2008ZX07421-002）、国家“十一五”科技支撑计划项目（编号：2006BAJ08B06）和住房和城乡建设部研究开发项目（编号：2009-K7-4）研究课题中，对消毒副产物也进行了细致的研究，本书就是上述研究成果的总结。鉴于近年学术界提出由溶解有机氮产生的含氮消毒副产物的概念，以别于由溶解有机碳产生的三卤甲烷和卤乙酸等含碳消毒副产物，本书中包含含氮消毒副产物的研究成果。

第 1 章　消毒剂与消毒副产物。阐述常用消毒剂产生的消毒副产物种类和性质，生成消毒副产物的因素，消毒副产物的控制方法，各国饮用水水质标准中的消毒副产物指标。

第 2 章　消毒副产物的检测。研究时采用气相色谱、气相质谱/色谱、液相色谱、液相色谱/双质谱等分析仪器。测定三卤甲烷和卤乙酸时用现有的标准方法，测定卤乙酰胺和 7 种卤代挥发性消毒副产物的方法是在前人基础上加以改进，力求灵敏和可靠。

第 3 章　氯胺形态及一氯胺特性研究。研究了在不同消毒工况下各种形态氯胺的生成情况，考察了水体 pH 值对氯胺形态变化的影响，并且研究了初始浓度、离子强度、温度、总碳酸根浓度、氯氮比、pH 和腐殖酸浓度等因素对 NH_2Cl 自降解特性的影响情况。

第 4 章　有机物性质与消毒副产物关系。在上海 2 个大型自来水厂内进行试验，取水样分析。通过水中有机物的分子量分布、消毒副产物生成潜能以及有机物的亲疏水性，结合水厂混凝、沉淀、过滤后的水质，找出有机物替代参数和消毒副产物的关系。

第 5 章　消毒副产物在水处理过程中的变化。在上海 2 个大型自来水厂内，测定常规处理的工艺流程中，三卤甲烷和卤乙酸的浓度变化，以及消毒副产物的季节性变化。

第 6 章　管网中消毒副产物的变化。在不同水源的 2 个大型自来水厂内，测定三卤甲烷和卤乙酸在管网中的浓度变化，消毒副产物生成潜能在管网输配水过程中的变化，据以说明消毒副产物和消毒剂种类与计量、保留时间、剩余消毒剂量的关系。

第 7 章　臭氧-生物活性炭工艺去除消毒副产物。臭氧生物活性炭是去除消毒副产物的有效工艺之一。在水厂内应用臭氧生物活性炭和微曝气生物活性炭两种方法进行中试，研究有机物、卤乙酸生成潜能等的去除效果。

第 8 章　光化学氧化法去除卤乙酸。应用 UV/H_2O_2、UV/H_2O_2/O_3 和 UV/H_2O_2/微曝气工艺研究卤乙酰胺、卤乙腈、卤乙酸的去除效果。

本书主要汇集了博士生楚文海、伍海辉、蔡云龙的试验研究成果，同时参加本书试验研究的有黄鑫、卢宁、万蓉芳、汪雪姣、范玉柱、赵璐、赵世嘏、胡澄澄、周超、蒋金、谢茴茴、魏萌等。在此对所有做出贡献的同学表示衷心感谢！感谢严煦世教授对本书所作的贡献和指导；感谢乐林生、陈国光、张晓健等教授、高工在本书涉及的某些研究内容试验过程中给予的支持。

受作者水平所限，书中不足和错误之处难免，希望读者指正。

缩写词

AA：amino acid：氨基酸
AC：activated carbon：活性炭
AOC：assimiable organic carbon：可同化有机碳
AOPs：advanced oxidation processes：高级氧化法
BAC：biological activated carbon：生物活性炭
BCAN：bromochloroacetonitrile：一溴一氯乙腈
BDCAN：bromodichloroacetonitrile：一溴二氯乙腈
BDCNM：bromodichloronitromethane：一溴二氯硝基甲烷
BCNM：bromochloronitromethane：溴氯硝基甲烷
BDCM：bromodichloromethane：一溴二氯甲烷
BDOC：biodegradable dissolved organic carbon：可生物降解溶解性有机碳
BOD：biochemical oxygen demand：生化需氧量
B-P：breakpoint：折点
C-DBPs：carbonaceous disinfection by-products：含碳消毒副产物
CH：chloral hydrate：氯醛水合物
CHO：Chinese hamster ovary cell：中国仓鼠卵巢细胞
CI：chemical ionization：化学源
CMBR：completely mixed batch reactor：完全混合间歇式反应器
CNBr：brominated nitrile：溴化腈
CNCl：chlorinated nitrile：氯化氰
CNX：halogenated nitrile：卤化氰
COD：chemical oxygen demand：化学需氧量
CP：chlorophenol：氯酚
CRC：combined residual chlorine：化合余氯
CT：contact time：接触时间
DBAA：dibromoaceticacid：二溴乙酸
DBAcAm：dibromoacetamide：二溴乙酰胺
DBAN：dibromoacetonitrile：二溴乙腈
DBCAN：dibromochloroacetonitrile：二溴一氯乙腈
DBCM：dibromochloromethane：二溴一氯甲烷
DBCNM：dibromochloronitromethane：二溴一氯硝基甲烷

DBNM：dibromonitromethane：二溴硝基甲烷

DBPs：disinfection byproducts：消毒副产物

DCAA：dichloroacetic acid：二氯乙酸

DCAce：1，1-dichloro-2-propanone：1，1-二氯丙酮

DCAN：dichloroacetonitrile：二氯乙腈

DCAcAm：dichloroacetamide：二氯乙酰胺

DCAld：dichloroacetaldehyde：二氯乙醛

DCNM：dichloronitromethane：二氯硝基甲烷

D/DBPR：Disinfectants/Disinfection Byproducts Rule：消毒剂与消毒副产物标准

DMA：dimethylamine：二甲胺

DO：dissolved oxygen：溶解氧

DOC：dissolved organic carbon：溶解性有机碳

DOM：dissolved organic matter：溶解性有机物

DON：dissolved organic nitrogen：溶解性有机氮

DXAAs：dihaloacetic acids：二卤乙酸

EBCT：empty bed contact time：空床接触时间

ECD：electron capture detector：电子捕获检测器

EDCs：endocrine disrupting chemicals：内分泌干扰物

EEM：excitation-emission matrix：三维激发-发射矩阵

EI：electron impact：电子轰击电离

Em：emission：发射

EPS：extracellular polymer substances：胞外聚合物

ETAC：ethyl acetate：乙酸乙酯

Ex：excitation：激发

FA：fulvic acid：富里酸

FRC：free residual chlorine：自由余氯

FD：fluorescence detector：荧光检测器

FI：fluorescence index：荧光指数

FP：formation potential：生成潜能

FRI：fluorescence regional intergration：荧光区域集成法

GAC：granular activated carbon：颗粒活性炭

GC：gas chromatography：气相色谱

GC/MS：gas chromatography mass spectrometry：气相色谱/质谱

GFC：gel permeation/filtration chromatograph：凝胶渗透色谱

GPC：gel permeation chromatography：凝胶过滤色谱
HA：humic acid：腐殖酸
HAA5：five regulated HAAs：5种规定的卤乙酸
HAAs：haloacetic acids：卤乙酸
HAcAms：haloacetamides：卤乙酰胺
HAces：halogenetd acetones：卤代丙酮
HANs：haloacetonitriles：卤乙腈
HiA：hydrophilic acid：亲水酸性
HiB：hydrophilic base：亲水碱性
HiN：hydrophilic neutral：亲水中性
HKs：halogeneted ketones：卤代酮
HNMs：halonitromethanes：卤化硝基甲烷
HoA：hydrophobic acid：疏水酸性
HoB：hydrophobic base：疏水碱性
HOMO：highest occupied molecular orbital：最高已占分子轨道
HoN：hydrophobic neutral：疏水中性
HPC：heterotrophic plate count：异养菌平板计数
HPS：卤代酚
HPLC：high performance liquid chromatography：高效液相色谱
HRT：hydraulic retention time：水力停留时间
HS：humic substances：腐殖质
ICR：institute for cancer research：美国国家癌症研究会
IUPAC：international union of pure and applied chemistry：国际应用化学联合会
LC：liquid chromatography：液相色谱
LC/MS：liquid chromatography mass spectrometry：液相色谱质谱
LFER：linear free-energy relationship：线性自由能关系
LLE：liquid-liquid extraction：液液萃取
MAC：maximum allowable concentration：最高容许浓度
MBAA：monobromoacetic acid：一溴乙酸
MBAcAm：monobromoacetamide：一溴乙酰胺
MBAN：monobromoacetonitrile：一溴乙腈
MBNM：monobromonitromethane：一溴硝基甲烷
MC：mass chromatogram：质谱图
MCA：micro-aeration：微曝气

MCAA：monochloroacetic acid：一氯乙酸
MCAcAm：monochloroacetamide：一氯乙酰胺
MCAld：monochloroacetaldehyde：一氯乙醛
MCAN：monochloroacetonitrile：一氯乙腈
MCNM：monochloronitromethane：一氯硝基甲烷
MCL：maximum contaminant level：最大污染物浓度
MDL：method detection limit：方法检测限
ME：membrane extraction：膜萃取
MF：membrane filtration：微滤
MIC：mixed ion chromatogram：混合离子色谱图
MIAN：monoiodoacetonitrile：一碘乙腈
MMA：monomethylamine：一甲胺
MS：mass spectrometry：质谱
MTBE：excels methyl tert-butyl ether：甲基叔丁基醚
MW：molecular weight：分子量
MX：3-chloro-4((Dichloromethyl)-5-hydroxy-2(5H)-furonone)：卤化呋喃酮
n_{Br}：Bromine speciation ratio：溴分配系数
NDMA：N-nitvosodirnethylarnine 亚硝基二甲胺
NDPHA：N-nitrosodiphenylamine：N-亚硝基二苯胺
NMOR：N-nitrosomorpholine：N-亚硝基吗啉
N-DBPs：nitrogenous disinfection by-products：含氮消毒副产物
NCI：negative chemical ionization：负化学源
NDMA：N-nitrosodimethylamine：N-亚硝基二甲胺
N-DBPs：nitrogenous disinfection by-products：含氮消毒副产物
NF：nanofiltration：纳滤
NM：nitromethane：硝基甲烷
NO：nitric oxide：一氧化氮
NOM：natural organic matter：天然有机物
NPD：nitrogen-phosphorus detector：氮磷检测器
NPIP：N-nitrosopiperidine：N-亚硝基吡啶
NPYR：N-nitrosopyrrolidine：N-亚硝基吡咯烷
PAC：powdered activated carbon：粉末活性炭
P&T：purge & trap：吹扫捕集
PEG：polyethylene glycols：聚乙二醇
POPs：persistent organic pollutants：持久性有机污染物

PPCPs：pharmaceutical and personal care products：药品和个人护理用品
QC：quality control：质量控制
RQL：reliable quantitation limit：检测下限
RSD：relative standard deviation：相对标准偏差
SCGE：single cell gelatin electrophoresis：单细胞凝胶电泳技术
SD：standard deviation：标准偏差
SOC：synthetic organic compound：合成有机物
SPC：standard plate count：标准平板计数
SPE：solid phase extraction：固相萃取
SPME：solid phase microextraction：固相微萃取
SUVA：specific ultraviolet absorbance：特征紫外吸光度
TBAN：tribromoacetonitrile：三溴乙腈
TBM：tribromomethane：三溴甲烷
TBNM：tribromomethane：三溴硝基甲烷
TCAA：trichloroacetic acid：三氯乙酸
TCAcAm：trichloroacetamide：三氯乙酰胺
TCAce：1,1,1-trichloroacetone：1,1,1-三氯丙酮
TCAld：trichloroacetaldehyde：三氯乙醛
TCAN：trichloroacetonitrile：三氯乙腈
TCNM：trichloronitromethane：三氯硝基甲烷
TCM：trichloromethane：三氯甲烷
TEA：thermal energy analyzer：热能分析器
THMs：trihalomethanes：三卤甲烷
THMFP：trihalomethane formation potential：三卤甲烷生成潜能
TIAN：triiodoacetonitrile：三碘乙腈
TIC：total ion chromatogram：总离子色谱图
TOC：total organic carbon：总有机碳
TOX：toatl organic halogen：总有机卤素
TRC：total residual chlorine：总余氯
TTHM：total trihalomethane：总三卤甲烷
UDMH：unsymmetrical dimethyl hydrazine：不对称二甲肼
UF：ultrafiltration：超滤
USEPA：United States Environmental Protection Agency：美国环保局
UV：ultraviolet：紫外
UVA：ultraviolet absorbance at 254 nm：紫外吸光度（254nm）

缩写词

UVD：ultraviolet detector：紫外检测器
VOCs：volatile organic compounds：挥发性有机物
WHO：World Health Organization：世界卫生组织
WTP：water treatment plant：自来水厂

目　录

第 1 章　消毒剂与消毒副产物

水是生命之源，也是生物体最重要的组成部分，人们的健康离不开安全的饮用水。饮用水的不安全性主要是由微生物和化学物质引起。20 世纪初期，伤寒、霍乱和痢疾等流行病通过饮用水而传播，严重威胁着人类的生命安全。1908 年，美国新泽西州泽西城水厂首次将氯消毒作为常规水处理工艺，保障了饮用水微生物安全性。迄今，在饮用水处理中应用氯消毒已有 100 多年，成为保障饮用水微生物安全的重要措施。除了用氯（Cl_2）消毒外，目前世界上的饮用水消毒技术还有氯胺、二氧化氯（ClO_2）、臭氧（O_3）和紫外（UV）消毒等。由于氯具有价格低廉、广谱杀菌和持续消毒等诸多优点，仍是世界上使用最多、最广泛的饮用水消毒方式。即使是在采用 ClO_2、O_3 和 UV 消毒时，也常常在出厂水中投加 Cl_2 来保持管网水中存有少量余氯，从而保证饮用水的微生物安全性。

但是，饮用水消毒在杀灭细菌病毒，保障饮用水微生物安全性的同时，往往会产生对人体有害的消毒副产物（DBPs），因而造成饮用水的化学物质不安全性。消毒副产物主要是由水中的有机物或无机物与消毒时所投加的消毒剂反应生成，这些与消毒剂发生反应的有机物或无机物统称为消毒副产物的前体物。

1.1　消毒副产物

氯和水中天然有机物或无机物作用可生成消毒副产物，虽然经过研究已经鉴别了一些消毒副产物，但是饮用水中多数氯化有机物的性质并未完全明确。已经得到鉴别的消毒副产物有三卤甲烷（THMs）、卤乙酸（HAAs）、卤代酮（HKs）、卤化氰（CNX）、卤乙腈（HANs）、乙醛、三氯硝基甲烷（TCNM）、三氯醛水合物（CH）、卤代酚（HPs）和卤化呋喃酮（MX）等有机消毒副产物和溴酸盐、亚氯酸盐和氯酸盐等无机消毒副产物，其中有许多尚未列入饮用水水质标准中。

近年来，随着化学污染物的侵入、藻类的频繁暴发，饮用水水源水质的下降，原水中有机物含量的增加，常规工艺处理能力的限制，导致饮用水水质下降。特别是水中的消毒副产物前体物增加，造成消毒之后饮用水中消毒副产物种类和含量明显增加。

在国内外已经报道的700多种消毒副产物中，以三卤甲烷和卤乙酸的研究最多，但仍有大量消毒副产物未经鉴别。目前，氯化后水中检测出的、经鉴别的副产物占总有机卤素（TOX）的比例在50%以下，在氯胺化后的水样中检出率低于10%，臭氧化时只占8.3%。TOX表示饮用水中非挥发性的卤化物，包括已鉴别和未经鉴别的卤化消毒副产物总量。此外，消毒副产物的生成不限于氯消毒，其他消毒剂也可产生消毒副产物，例如臭氧消毒时可生成溴酸盐；二氧化氯消毒时可生成次氯酸盐和氯酸盐副产物。目前有关的研究已从三卤甲烷和卤乙酸两大类物质转移到尚未纳入饮用水水质标准但对人体的危害大于三卤甲烷和卤乙酸等的消毒副产物。

2007年有人提出，将消毒副产物分为含氮消毒副产物（N-DBPs）和含碳消毒副产物（C-DBPs），N-DBPs即是在其分子结构式中含有氮（N）原子的一类消毒副产物，主要是由水中的溶解性有机氮（DON）类化合物与消毒时所投加的消毒剂反应生成。而THMs、HAAs和MX等分子结构中未含有氮（N）但含碳（C）原子的消毒副产物，则被称为C-DBPs。

1.2 各种消毒剂的消毒副产物特点

1.2.1 氯（Cl_2）

氯消毒可生成多种卤代副产物；主要的副产物是三卤甲烷（THMs）、卤乙酸（HAAs）、卤乙腈（HANs）、卤代酮（HKS）、三氯醛水合物和三氯硝基甲烷（TCNM）。其中，总三卤甲烷和总卤乙酸所占浓度比例较大，而其余副产物浓度所占比例小，但毒性可能更大。

生成三卤甲烷的主要因素有：加氯量、有机物含量（以总有机碳（TOC）或UV_{254}计）、溴化物浓度、水温、pH和接触时间等。

消毒副产物的生成受pH的影响很大。水的pH值大时，THMs的浓度增加，总卤代副产物的生成量减少，而pH下降时，卤代副产物的生成量会大量增加。

水中存在溴（Br^-）离子时，会增加THMs生成量，但未必增加总卤代副产物的生成量。

水中存在碘化物时，可生成碘化THMs、HAAs等。

一般情况下生成的总卤代副产物中，三卤甲烷（THMs）约占50%，卤乙酸（HAAs）约占25%，因各地的水源水质有差异，两者比例可能有变化。除此以外，消毒副产物还有：卤乙腈、三氯硝基甲烷、氯化氰（CNCl）和溴化氰（CNBr）、三氯醛水合物、卤化呋喃酮等，但只占饮用水中总有机卤素（TOX）

的极小百分数。除此以外，TOX 中尚有许多卤代副产物有待检出。

应用次氯酸钠（NaClO）进行氯化消毒时会生成氯酸盐消毒副产物。

1.2.2 氯胺

氯胺消毒主要是一氯胺（NH_2Cl）的作用，由于对饮用水中 THMs 和 HAAs 浓度的允许标准日趋严格，有些国家的水厂用氯胺消毒在逐渐增加，例如美国 50 个州的 363 个水厂，其中服务人口在万人以上的水厂大约有 30%用氯胺消毒。

投加氯胺时生成的消毒副产物有：三卤甲烷（先加氯后加氨时）、卤乙酸、硝酸盐、亚硝酸盐、亚硝胺、氯化氰、溴化氰和 1，1-二氯丙酮等；氯胺消毒时生成的总有机卤素（TOX）、THMs 和 HAAs 比加氯时少得多，生成的 THMs 和 HAAs 可减少 3%～30%。投加一氯胺时可生成与加氯时浓度相同的二氯乙酸（DCAA），或生成浓度高于加氯时的氯化氰。二氯乙酸的生成量随着反应时间的延长而增加，其在管网中最高生成部位视生物降解条件而定，但仍可生成二氯乙酸，而氯化氰的生成量比氯化时多。

消毒副产物的生成受许多因素影响，如溶解有机物性质、pH、温度、溴化物浓度、氯胺使用方法和反应时间等。

投加一氯胺时可引起管网系统的硝化现象，如美国有 30%的氯胺消毒的水厂出现过硝化事件。硝化菌利用 NH_3 作为能源，产生亚硝酸盐，从而加速化合氯的损失，同时增加了异养菌平板计数，增大水的嗅味，出现硝化现象时，还有其他缺点如剩余氯胺减少，亚硝酸盐 NO_2^- 和硝酸盐 NO_3^- 浓度增大，碱度、pH 和溶解氧浓度下降，因此硝化作用是投加氯胺时的主要问题。它的控制方法是提高剩余氯胺浓度、增加 Cl_2/N 比、化合余氯至少为 1～2mg/L，定期折点加氯和减少消毒剂与水的接触时间。

氯胺消毒时，氯与氨投加的先后顺序会影响副产物的生成，可能生成其他卤代有机物，当水中有氨基酸时，可生成乙醛类产生嗅味的化合物；预先配好的氯胺，副产物的生成量可较少。

N-亚硝基二甲胺（NDMA）和其他亚硝胺是一类新型非卤代含氮消毒副产物，地表水的 pH 高时，NDMA 的生成量减少；NDMA 的前体物往往是亲水有机物，控制方法是消毒时先加氯后加氨，但这样会增加 THM 和 HAA 的生成量。

过量的剩余氯胺可能有毒，氯胺对透析病人是致命的，含氯胺的水用于养鱼也应注意。

氯胺副产物的致畸活性较低，而氯化副产物则较高。

根据流行病学研究，采用氯胺消毒的饮用水，患膀胱癌的风险较小，而加氯时则较高。

1.2.3　臭氧（O_3）

臭氧消毒时并不生成三卤甲烷、卤乙酸或其他氯化消毒副产物，若水中有溴化物时也可能间接生成三卤甲烷。

臭氧消毒时可生成许多非卤代副产物，如醛类（甲醛、乙醛）、羧酸等低分子量有机副产物，其特点是比其前体物有高度的生物可降解性；还有溴有机副产物，如溴仿、溴乙酸、溴丙酮等，其浓度随水中 Br^- 离子浓度的增加而增加，并且和 pH 有很大关系，较低的 pH 有利于 HOBr 和溴有机副产物的生成，但溴有机副产物的浓度低，以 μg/L 计；当水中有碘化物时，可生成碘酸盐和碘代有机副产物。

投加臭氧时可生成高浓度的可生物降解溶解有机碳（BDOC），多为结构未知的高分子量生物可降解有机物，为此有时要增加后续水处理工艺将其去除，以防止配水管网中出现细菌再生长问题。

臭氧副产物的致突变活性一般小于加氯时，预臭氧化时比在水厂下游点投加臭氧时，副产物有较高的致突变活性。

1.2.4　二氧化氯（ClO_2）

二氧化氯及其消毒副产物如氯酸盐（ClO_3^-）和次氯酸盐（ClO_2^-）过量时均可引起健康问题，从毒理学来说，与次氯酸盐长期接触可导致溶血性贫血，而次氯酸盐浓度高时会增加高铁血红蛋白；二氧化氯也可生成有机消毒副产物。

一般来说，二氧化氯生成的三卤甲烷有限，卤代副产物的总生成量低，水中有溴化物时可能要多生成些，但少于臭氧消毒时。用过量氯制备二氧化氯时也会生成三卤甲烷等氯化消毒副产物；可生成许多非卤代副产物，如羧酸、乙醛、醌等，与溴化物有关的卤代副产物生成量常低于投加臭氧时。

水龙头放水时可能有极少量的二氧化氯废气，有时可能产生嗅味。

1.2.5　高锰酸钾（$KMnO_4$）

高锰酸钾生成的副产物有限，可能有一些氧化副产物。

有些情况下可稍减少三卤甲烷生成潜能。

1.3　消毒副产物的前体物

前体物是指可以和消毒剂发生反应生成消毒副产物的有机物和无机物，地表水和地下水中均发现可与氯反应的前体物，因此以氯作为消毒剂的水厂，事实上不可避免有消毒副产物的生成潜能。

绝大多数水体中，消毒副产物的前体物是腐殖质。在土壤、沉积物和水体中都含有腐殖质，主要是动植物腐烂后的最终产物，其成分包括亲水酸、糖类、羧酸、氨基酸等。腐殖质是溶解性有机碳（DOC）的主要成分，其浓度占 DOC 的 50％～90％。

腐殖质有很高的三卤甲烷和其它氯化副产物的生成潜能，其中亲水酸和氨基酸的副产物生成潜能大于糖类和羧酸。

不同种类的腐殖质并没有从化学性质上作出严格的定义，根据腐殖质的溶解性，可分成腐殖酸、富里酸和胡敏酸 3 类。三者都不是单一的化合物，而是相同来源的广范围化合物，有许多相同性质。腐殖酸是指溶于碱性溶液而在酸性溶液（pH＜2）中沉淀的一类有机物，富里酸是在碱性和酸性溶液中都可溶解的一类有机物，而胡敏酸是在碱性和酸性溶液中都不溶解的有机物，因为其溶解度低，反应性弱小，并不认为是主要的前体物。富里酸含有较多的氧和较少的氮，分子量小于腐殖酸。按照富里酸、腐殖酸和胡敏酸的顺序，在颜色强度、聚合度、分子量、含碳量方面逐渐增大，而在酸度、含氧量和溶解度方面则顺序减小。

前体物的来源还有藻类和其他水生植物，藻类细胞和胞外产物会分泌到水中成为前体物。藻类前体物的性质根据藻的种类有所不同，有时胞外产物可生成较多的三卤甲烷，生成量随藻类生长期而异。藻类的影响是变化的，只是在短时期内对有机物量产生影响，因为很快就被生物降解，并不会在很长时间内对水体的难降解有机物量产生影响。因此藻类产物作为前体物只是季节性的影响，长期来说影响不大。

废水排放可能是人为来源的前体物，其中含有许多合成有机物，已经认为是三卤甲烷前体物的工业药剂有乙醇、乙醛、甲基酮、仲醇等。许多城市排出的废水中，在污水生物处理时的最终产物可能是前体物的主要来源。

三卤甲烷的前体物，有天然大分子有机物，如腐殖酸、富里酸等，腐殖酸比富里酸耗氯量大，三卤甲烷生成量也相对较高；还有小分子有机物，如酚类化合物、苯胺、苯醌、1，3 —环已二酮、氨基酸等多种有机物；水中无机溴化物（Br^-）也是前体物。一般认为在两个羟基之间含有一个碳原子结构的芳烃类化合物，是三卤甲烷的最主要前体物。此外，藻类及代谢产物也是三卤甲烷的主要前体物，其生成量不低于腐殖酸和富里酸等前体物。

腐殖酸和富里酸等大分子天然有机物也是卤乙酸的主要前体物，腐殖酸氯化后的卤乙酸生成量高于相应的富里酸；此外，氨基酸也是卤乙酸的前体物；苯酚氯化后也有较高的三氯乙酸生成量；水中有溴化物时，随着 Br/Cl 浓度比例的增大，溴代乙酸的种类和浓度都有所增加，相应的二氯乙酸和三氯乙酸生成量则呈下降趋势，即卤乙酸在水中的分布向着溴代卤乙酸方向转移。

1.4　消毒副产物种类和性质

水源水中的有机物是消毒副产物生成的主要前体物，前体物是由分子量大小不等的各种有机物以及溴化物等一些无机物组成。在氯消毒过程中，不但会产生挥发性较强的三卤甲烷，而且会产生危害性大、沸点较高但难以挥发的卤乙酸等致癌性、致畸性和致突变性更强的卤代有机物。三卤甲烷和卤乙酸的存在表示水中还有其他许多氯化副产物，减少这两者的浓度一般就会减少消毒副产物的总浓度。由于有机物的分子量大小不等，其与消毒剂反应生成消毒副产物的活性、种类和数量也不相同。

应用各种消毒剂时，会产生多种多样的有机和无机消毒副产物。一般，比较关注有机消毒副产物，得到的研究也较多，但消毒时也可能生成无机消毒副产物。多数无机消毒副产物的生成并不需要有机前体物，例如二氧化氯生成的 2 种主要无机消毒副产物：氯酸盐（ClO_3^-）和亚氯酸盐（ClO_2^-），还有溴酸盐和碘酸盐是在臭氧或其他氧化剂、消毒剂投加在含溴化物或碘化物的水中生成。氯化氰（CNCl）是另一种潜在有害的无机消毒副产物，在氯或氯胺存在条件下，当氯和腐殖酸或氨基酸反应时即可生成。

1.4.1　三卤甲烷

1974 年，美国的 Rook 和 Bellar 相继发现，用 Cl_2 作为消毒剂时，不仅可引起嗅觉和味觉上的反应，还可产生一类特殊的化合物，称为三氯甲烷或氯仿。1976 年，美国国家环保局调查发现，三氯甲烷（TCM）、一溴二氯甲烷（BDCM）、二溴一氯甲烷（DBCM）、三溴甲烷（TBM）等普遍存在于加氯消毒后的饮用水中，并将上述 4 种副产物之和称为总三卤甲烷（TTHMs）。同年，美国国家癌症协会研究发现，三氯甲烷对动物具有致癌作用。1983 年，Christman 等发现卤乙酸（HAAs）普遍存在于氯化消毒后的饮用水中，并证实卤乙酸是致癌风险高于三卤甲烷的消毒副产物。

三卤甲烷的生成过程很复杂，三卤甲烷生成量随投氯量及水中溶解性有机物浓度的升高而增加；pH 值升高，三卤甲烷的生成量增加；温度对三卤甲烷生成速度的影响符合阿累尼乌斯（Arrhenius）公式，其活化能为 10～20kJ/mol；氯胺消毒时，三卤甲烷产量低；当水中含有自由性余氯时，三卤甲烷的种类和浓度增多。

三卤甲烷的物化性质见表 1-1，分子结构见图 1-1。

三卤甲烷的物化性质　　**表 1-1**

化合物	分子式	分子量 (Da)	水溶性 (20℃，μg/L)	沸点（℃）	亨利定律常数	相对密度
三氯甲烷	$CHCl_3$	119.39	7.95	61.7	0.12	1.49
二氯一溴甲烷	$CHBrCl_2$	163.83	4.70	90.0	0.044	1.471
一氯二溴甲烷	$CHBr_2Cl$	208.28	4.40	119.0	0.023	2.451
三溴甲烷	$CHBr_3$	252.77	3.97	149.5	0.018	2.89

上述 4 种三卤甲烷都不能生物降解，在活性炭上的吸附性能也差。

三氯甲烷（TCM）是挥发性强且稍溶于水的化合物，是氯化后水中三卤甲烷的主要一种。二氯一溴甲烷（BDCM）和二溴一氯甲烷（DBCM）比较少见，浓度也比氯仿低且不溶于水。三溴甲烷（TBM）是少见的三卤甲烷副产物，不溶于水。

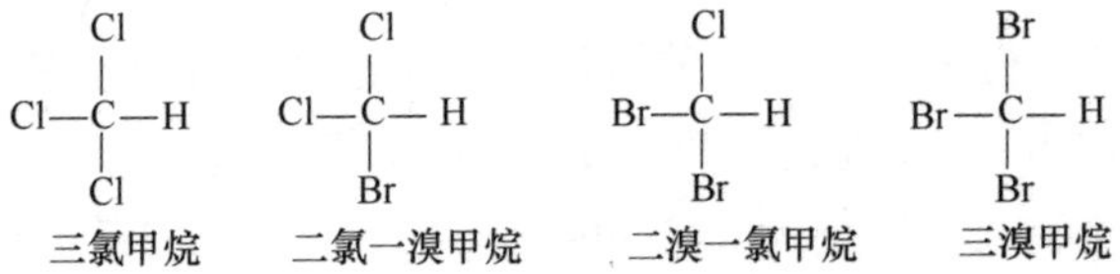

三氯甲烷　二氯一溴甲烷　二溴一氯甲烷　三溴甲烷

图 1-1　三卤甲烷的分子结构式

1.4.2　卤乙酸（HAAs）

卤乙酸是在氯化或氯胺消毒水中检出的难挥发卤代有机物，在饮用水消毒副产物中浓度占第二位，检出的频率和生成因素与三卤甲烷相同。卤乙酸有 9 种，如下：一氯乙酸（MCAA）、二氯乙酸（DCAA）、三氯乙酸（TCAA）、一溴乙酸（MBAA）、二溴乙酸（DBAA）、三溴乙酸（TBAA）、一溴一氯乙酸(BCAA)、一溴二氯乙酸（BDCA）、二溴一氯乙酸（DBCA）。其中二氯乙酸和三氯乙酸是潜在致癌物。上述前五种卤乙酸之和称为 HAA5，九种卤乙酸之和称为总卤乙酸（THAAs）。如水中有高浓度的碘化物（来源于海水入侵或苦咸水），则在加氯消毒时可生成碘化卤乙酸。我国大多数水源水中所含的溴离子量都很小，所以在饮用水中检测出的卤乙酸主要是氯乙酸，氯乙酸中以 DCAA 和 TCAA 为主，即使含有少量的溴乙酸，也只限于 MBAA。

卤乙酸的分子结构式见图 1-2。

卤乙酸是非挥发性化合物，水溶性高且可生物降解，可通过活性炭吸附和生物活性炭池中的生物降解作用加以去除。

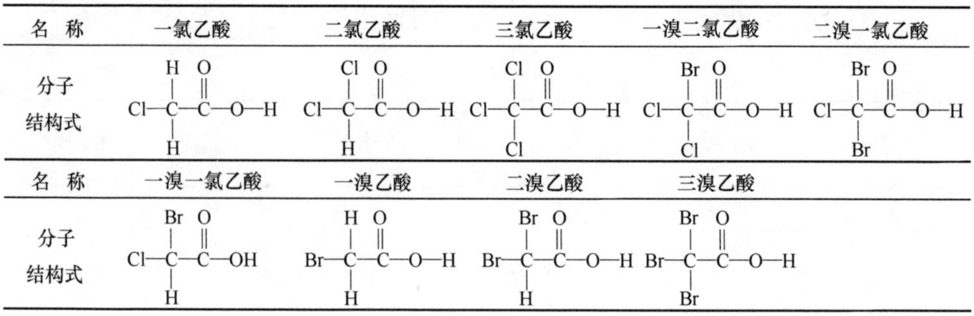

名 称	一氯乙酸	二氯乙酸	三氯乙酸	一溴二氯乙酸	二溴一氯乙酸
分子结构式	H O Cl—C—C—O—H H	Cl O Cl—C—C—O—H H	Cl O Cl—C—C—O—H Cl	Br O Cl—C—C—O—H Cl	Br O Cl—C—C—O—H Br
名 称	一溴一氯乙酸	一溴乙酸	二溴乙酸	三溴乙酸	
分子结构式	Br O Cl—C—C—OH H	H O Br—C—C—O—H H	Br O Br—C—C—O—H H	Br O Br—C—C—O—H Br	

图 1-2 卤乙酸的分子结构式

饮用水中的卤乙酸以二氯乙酸（DCAA）和三氯乙酸（TCAA）检出率最高，二氯乙酸的检出浓度高达 10～100μg/L。据报道，对几种不同来源的腐殖酸和富里酸进行氯化处理时，三氯乙酸的生成量占总有机卤素（TOX）的 11.0%～21.9%。在一项对富里酸所进行的氯化试验中，三氯乙酸的生成量占 TOX 的 32.1% ，而相对应的三氯甲烷生成量只占 17.3%。在美国 6 个以地表水为水源的供水系统调查中，检测出卤乙酸的浓度高达 14～141μg/L，主要含有二氯乙酸和三氯乙酸；相应的三卤甲烷总浓度（TTHMs）仅为 13～114μg/L。因该结果是在常规水处理条件下（投氯量为 3.2～9.2mg/L，平均 5.1mg/L）检测到的，说明卤乙酸是氯化消毒时的主要副产物之一。

卤乙酸的物理化学性质见表 1-2。

卤乙酸的物理化学性质 **表 1-2**

卤乙酸	英文简称	分子量	沸点（℃）	水溶性（25℃，mg/L）	分子式
一氯乙酸	MCAA	94.50	187.8		$CH_2ClCOOH$
二氯乙酸	DCAA	128.94	194	1.5×10^6	$CHCl_2COOH$
三氯乙酸	TCAA	163.39	197.5		CCl_3COOH
一溴乙酸	MBAA	138.95	208	1.75×10^6	$CH_2BrCOOH$
二溴乙酸	DBAA	217.84	195	1.75×10^6	$CHBr_2COOH$
三溴乙酸	TBAA	296.74	245	1.75×10^6	CBr_3COOH
溴氯乙酸	BCAA	173.39	215		$CHBrClCOOH$
二溴一氯乙酸	DBCA	252.30	—		$CBr_2ClCOOH$
二氯一溴乙酸	DCBA	207.90	—		$CBrCl_2COOH$

卤乙酸是极性化合物，因为它的强酸性和亲水性，pKa 值为 0.63～2.90，以致其浓度测定较为复杂。

1.4.3 卤乙腈（HANs）

卤乙腈是饮用水中经常发现的消毒副产物，浓度往往比 THMs 和 HAAs 低一个数量级，常小于 1μg/L，稳定性差，易受 pH 和接触时间的影响，高 pH 时水解反应快。卤乙腈在投加消毒剂后即可生成，之后与剩余氯进行碱催化水解反应或转化为 THMs 和 HAAs。

作为饮用水中含氮消毒副产物（N-DBPs）的卤乙腈共计 10 种：一氯乙腈（MCAN）、二氯乙腈（DCAN）、三氯乙腈（TCAN）、一溴乙腈（MBAN）、一碘乙腈（MIAN）、一溴二氯乙腈（BDCAN）、二溴一氯乙腈（DBCAN）、二溴乙腈（DBAN）、溴氯乙腈（BCAN）和三溴乙腈（TBAN）。上述 10 种卤乙腈的分子结构式如图 1-3 所示。

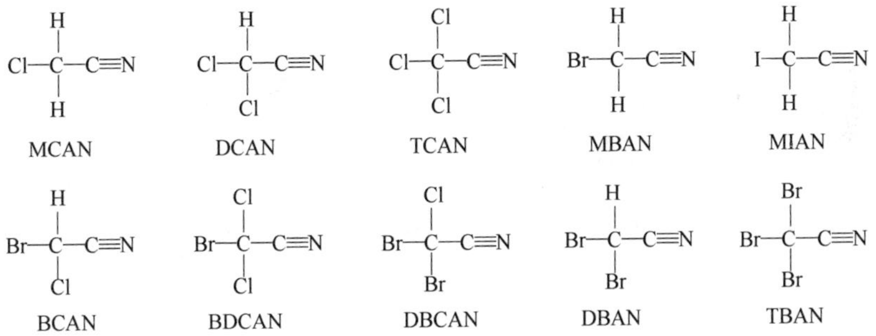

MCAN　DCAN　TCAN　MBAN　MIAN

BCAN　BDCAN　DBCAN　DBAN　TBAN

图 1-3　10 种卤乙腈的分子结构式

卤乙腈的物理化学性质见表 1-3。

卤乙腈的物理化学性质　　表 1-3

化合物	分子量（Da）	沸点/（℃）
一氯乙腈（MCAN）	75.5	126～127
二氯乙腈（DCAN）	109.94	112～113
三氯乙腈（TCAN）	144.39	84.6
一溴乙腈（MBAN）	119.95	150～151

在美国和荷兰饮用水中检出了二氯乙腈（1.0～2.2μg/L）、溴氯乙腈（0.5μg/L）和二溴乙腈（<0.3μg/L）。在荷兰 9 个水处理厂调查中发现，氯化后卤乙腈浓度为 0.04～1.05μg/L，相当于三卤甲烷浓度的 5%，卤乙腈的检出浓度高达 40μg/L。

1.4.4 卤代硝基甲烷（HNMs）

卤代硝基甲烷主要包括一氯硝基甲烷（MCNM）、二氯硝基甲烷（DCNM）、三氯硝基甲烷（TCNM）、一溴硝基甲烷（MBNM）、二溴硝基甲烷（DBNM）、三溴硝基甲烷（TBNM）、二溴一氯硝基甲烷（DBCNM）、一溴二氯硝基甲烷（BDCNM）和一氯一溴硝基甲烷（BCNM）等9种。上述9种卤代硝基甲烷的分子结构式如图1-4所示。

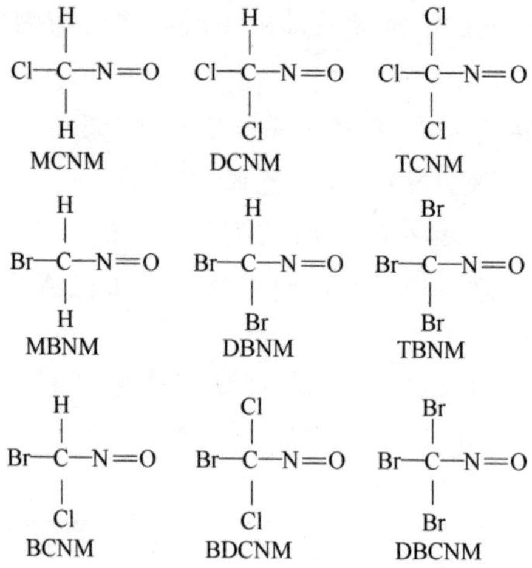

图1-4　9种卤代硝基甲烷的分子结构式

1.4.5　亚硝胺类

亚硝胺广泛分布于环境中，如饮用水、地下水、乳酪、盐卤、烟雾中，是高度致突变的化合物，对人体有致癌活性。它主要来源是工业产品，如火箭燃料、增塑剂、电池等产生的污染。环境中的天然来源是含氮前体物的微生物转化。

亚硝胺类被确认为饮用水消毒副产物，包括N-亚硝基二甲胺（NDMA）、N-亚硝基吡咯烷（NPYR）、N-亚硝基吗啉（NMOR）、N-亚硝基哌啶（NPIP）和N-亚硝基二苯胺（NDPHA）。其中NDMA是亚硝胺类消毒副产物的典型代表，是氯胺化时重要的消毒副产物，当水的pH值大时其生成量减少，它的前体物是地表水中的亲水有机物。NDMA易溶于水，不易生物积累、吸附、生物降解或挥发，常规水处理难以将其去除。饮用水中NDMA的浓度约在9～10ng/L左右，因在水中的浓度低，并由于水/辛醇分配系数小，使NDMA浓度的测定非常困难。美国环境保护署规定的NDMA最大浓度为7ng/L。5种亚硝胺类物质的分子结构式如图1-5所示。

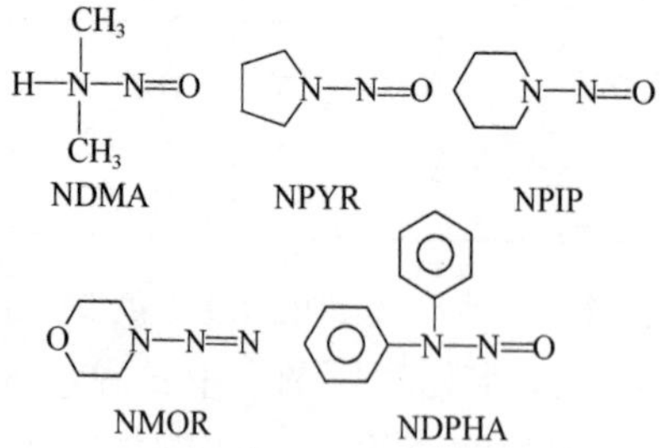

图1-5　5种亚硝胺类物质的分子结构式

1.4.6 卤乙酰胺（HAcAms）

卤乙酰胺（HAcAms）是饮用水中继 HANs、HNMs 和 NDMA 之后发现的高毒性消毒副产物。Kransner 和 Richardson 等在 2000～2002 年对美国 12 家水厂出水中消毒副产物的浓度分布进行了调查，发现 HAcAms 广泛存在于美国水厂加氯之后的饮用水中，并且其浓度为 μg/L 级。毒理学研究发现，相对于 THMs、HAAs 和 MX 以及 HANs、HNMs 和 NDMA 等消毒副产物来说，HAcAms 具有更高的慢性细胞毒性和急性遗传毒性。

已被确认为饮用水消毒副产物的 HAcAms 共有 5 种，即一氯乙酰胺（MCAcAm）、二氯乙酰胺（DCAcAm）、三氯乙酰胺（TCAcAm）、一溴乙酰胺（DCAcAm）和二溴乙酰胺（TCAcAm）。在饮用水中二氯乙酰胺的浓度较高，分布较为广泛，三氯乙酰胺浓度次之。饮用水中 5 种 HAcAms 的分子结构式见图 1-6。

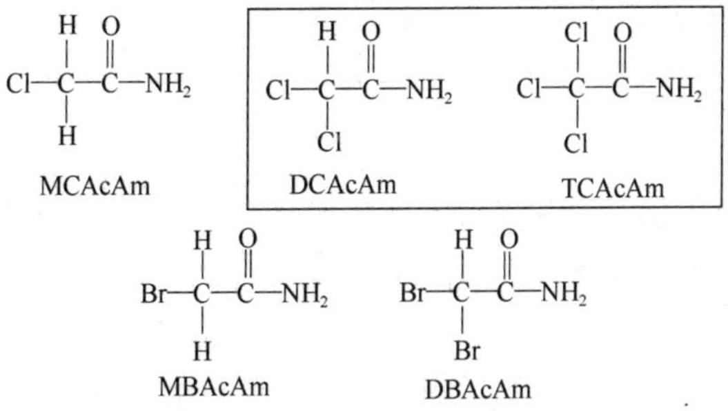

MCAcAm　DCAcAm　TCAcAm

MBAcAm　DBAcAm

图 1-6　饮用水中 5 种 HAcAms 的分子结构式

二氯乙酰胺（DCAcAm）和三氯乙酰胺（TCAcAm）的物理化学性质见表 1-4。

DCAcAm 和 TCAcAm 的物理化学性质　　**表 1-4**

物理化学参数	二氯乙酰胺（DCAcAm）	三氯乙酰胺（TCAcAm）
化学结构式	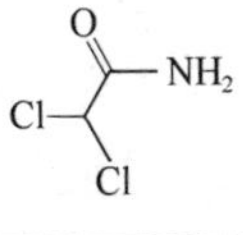	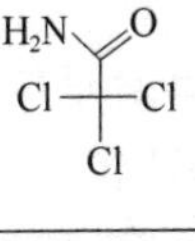
分子式	$C_2H_3Cl_2NO$	$C_2H_2Cl_3NO$
分子量	126.9	162.4
熔点（℃）	98～100	139～141
沸点（℃）	233～234	238～240
外观性状	单斜柱状结晶体	白色结晶或粉末
水溶解性	易溶于热水、醇、醚、酯等	易溶于热水、醇、醚、酯等

1.4.7　卤化呋喃酮

卤化呋喃酮(MX)最早是在氯化漂白的纸浆废液中发现的，新近在饮用水中也检测到。MX 为极性，极易溶于水，分子量为 215.9Da，水/辛醇分配系数小，因此使测定困难。MX 与其同分异构体 E-MX[E-2-氯-3-(二氯甲基)-4-氧-丁二烯酸]和其甲酯形式 Me-MX[3-氯- 4-(二氯甲基)-5-甲氧基-2(5H)-呋喃酮]等在水中有可能互相转化。MX 的分子结构式见图 1-7。

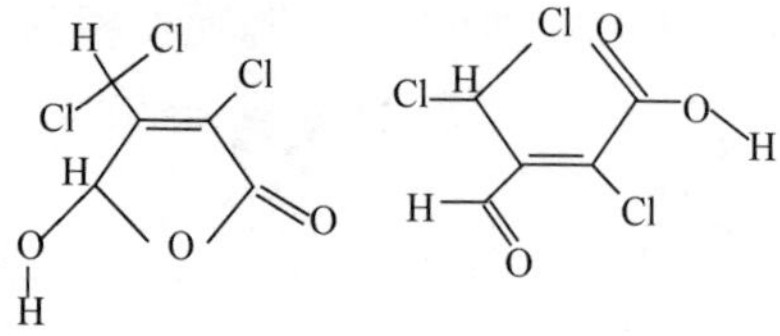

MX　　E-MX

图 1-7　MX 的分子结构式

在氯与水中天然有机物或其他前体物相互反应时可生成 MX，在低 pH 值、高有机物含量及高投氯量条件下，MX 生成量较高，它是迄今在氯化后饮用水中检出的一种最强致突变物。许多国家的饮用水中都检测到了 MX，浓度约为几 ng/L 到 100ng/L，但饮用水中的 MX 浓度远低于对人体引起毒性的浓度。

1.4.8　卤代酚

卤代酚中主要包括氯酚和溴酚。经检测出的氯酚有 2-氯酚、3-氯酚、2,4-二氯酚、2,6-二氯酚和 2,4,6-三氯酚，后三种是苯酚氯化过程中的主要氯酚类产物。卤代酚的分子结构式见图 1-8。

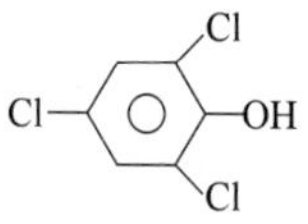

2,4,6-三氯酚

图 1-8　卤代酚的分子结构式

氯酚是氯与酚类化合物反应的产物，几种氯酚的最高生成量均发生在氯与酚的浓度比为 3 左右，当该比值大于 4 时，三卤甲烷生成量明显增加，表明氯酚被氧化破坏。

溴酚也是一种氯化消毒过程中的副产物，因为次溴酸(HOBr) 比次氯酸 (HOCl) 的卤代作用更强。

1.5　饮用水中消毒副产物生成的影响因素

根据原水中前体物的浓度，生成消毒副产物的影响因素主要有：水质（温度、pH 值、TOC、溴化物、氨、碳酸盐碱度等）和处理条件（消毒剂投加点投加量、接触时间、余氯量和消毒剂投加点前的前体物去除情况等）。

1.5.1　温度对消毒副产物形成的影响

水温升高，氯和有机物的反应加快，氯化消毒副产物的生成量高，二卤乙腈和卤代酮的分解加快。

温度升高，HAA 生成量增加，在 21～29℃时二氯乙酸生成量增多。但在温度高时，因生物活性随之增大，使配水管网系统中的 HAA 浓度降低。

1.5.2 消毒剂投加量

加氯量是指投加到水中的氯量，剩余氯指在一定接触时间后的氯浓度，而需氯量等于加氯量减去剩余氯量。THMs 生成速率和加氯量以及剩余氯浓度有很大关系，加氯量增大时 THMs 浓度增加。

1.5.3 天然有机物

水中的腐殖质对 THMs 的生成有很大关系，分子量较高的腐殖酸成分比富里酸有较多的活性位，因此有较高的三氯甲烷生成量。腐殖酸消耗较多的氯，比富里酸生成较多的三氯甲烷，两者的生成量分别为 58.6μg $CHCl_3$/mg TOC 和 42.6μg $CHCl_3$/mg TOC。较高的 TOC 浓度有较高的三卤甲烷生成量，并且夏、秋季比春、冬季的三卤甲烷浓度高。

氯胺化消毒时，主要的消毒副产物是二卤乙酸（DXAA），不考虑溴化物和碘化物影响时，疏水性天然有机物比亲水性成分易于反应生成二氯乙酸，高 SUVA 值的水有较高的二氯乙酸反应性。一般，pH 升高、Cl_2/N 比例和溴化物浓度减少时，生成的二氯乙酸减少。

投加 O_3 和 ClO_2 时，天然有机物和溴化物离子（Br^-）是生成消毒副产物的前体物。

1.5.4 溴化物对消毒副产物形成的影响

研究表明，在 196 种氯代有机物副产物中，有 28 种是只有溴存在的条件下才能生成。溴有机副产物的浓度低，以 μg/L 计。

溴消毒副产物有：三溴甲烷、溴乙酸、溴丙酮、二溴乙腈等。

水中有溴化物时会影响 THMs 的生成速率，溴离子浓度高时则 THMs 生成速率快，因为溴有机消毒副产物的生成过程是借助于次氯酸而使溴化物先氧化为次溴酸（HOBr）：

$$HOCl + Br^- \rightleftharpoons HOBr + Cl^- \tag{1-1}$$

$$HOCl + HOBr + NOM \longrightarrow DBPs \tag{1-2}$$

溴化物影响消毒副产物形成的原理主要是通过氯将溴氧化生成 HOBr，其性质类似于 HOCl。然后 HOBr 再与有机物反应生成卤代消毒副产物。溴化物可影响 THMs 的生成和产量，溴化物浓度高的水，THMs 的生成率也高。Cl_2/Br^- 摩尔比增大时，$CHClBr_2$，$CHCl_2Br$ 和 $CHCl_3$ 的浓度增加，而 $CHBr_3$ 则减小。

溴化物可增加 HAA 的生成量，但在饮用水的 Br^-/DOC＜100μg/mg 条件下，HAA 的生成量不会增加很多。

Pourmoghaddas 等研究了 4 个不同溴化物浓度（0，0.5mg/L，1.5mg/L 和 4mg/L）条件下三卤甲烷和卤乙酸的生成量，发现总有机卤素 TOX 随着溴化物浓度增加而增加。Yang 等研究发现，增加溴化物浓度会大大增加含溴多的消毒副产物生成，如二溴一氯甲烷、三溴甲烷、三溴乙酸、二溴一氯乙酸和二溴乙酸，对于含溴少的消毒副产物也会随溴化物浓度增加而增加到 1mg/L，但到 2mg/L 时则降低。溴（Br^-）浓度增大时，溴消毒副产物浓度也会随着增加，并且和 pH 有很大关系，较低的 pH 有利于 HOBr 和溴消毒副产物的生成，较高的 pH 有利于 OBr^- 和 BrO_3^- 的生成。

1.5.5　pH 对消毒副产物的影响

饮用水的 pH 是二氯乙酸生成的最重要因素。pH 的影响比较复杂，氯化和氯胺化时 pH 对 HAAs 生成的影响并不相同。氯化时如 pH 值为 6～9，则一氯乙酸和二氯乙酸的生成量基本相同，但三氯乙酸生成量随 pH 值增大而下降，THMs 则随 pH 增大而增加。氯胺化时如 pH 值为 6～9，一氯乙酸和二氯乙酸的生成量随 pH 增大而减少，有条件的水厂可设法提高 pH 值，以减小二氯乙酸的生成。三氯乙酸和三卤甲烷的生成量极少，可忽略不计。

一般情况下，随着 pH 值降低，有利于三氯乙酸的形成，随着 pH 值升高，有利于三卤甲烷的生成。研究表明，20℃时，当 pH 值从 6 升高到 8 时，会导致三卤甲烷的生成量增加，三氯乙酸的生成量下降，而对二氯乙酸生成量影响则较小。此外 pH 值对总有机卤的影响也比较明显，在高 pH 值时，总有机卤素生成量下降最大，挥发性副产物如卤代酮减少。

1.5.6　反应时间

反应时间是指消毒剂和水中有机物的接触时间，它对不同的氯化副产物有不同影响。THMs 和 HAAs 随反应时间的增加而增加，而卤乙腈和卤乙酮由于水解或和余氯反应则相应减少。Yang 等研究了反应 1min 和 24h 后，卤乙酸和三氯甲烷生成情况，发现 1min 后生成的三卤甲烷和卤乙酸的量远小于 24h 后生成的量。

1.5.7　其他化合物，对消毒副产物的影响

氨对消毒副产物生成的影响是明显的，水中的氨会优先与 HOBr 和 HOCl 反应，因而阻碍与有机物反应生成消毒副产物。含氮有机化合物对消毒副产物的影响主要包括氨基乙酸、谷氨酸、双甘氨肽、甲胺和二乙胺，研究发现它们与自由

氯反应生成 THMs 和 HAAs 的量按顺序排列为：二乙胺＞双甘氨肽＞甲胺≈氨基乙酸＞谷氨酸。

1.6 消毒副产物对健康的影响

氯是目前世界应用最广的消毒剂，虽然是水厂中应用的最经济消毒剂，但由于氯可和水中天然有机物或无机物，如地表水中的溴化物和合成有机物等相互反应，可以生成复杂的混合物，即消毒副产物，其中有一些消毒副产物在动物试验中证明有致癌、致畸和致突变性。

自从 20 世纪 80 年代中期起，流行病学研究发现，膀胱癌和饮用加氯的水之间有潜在的联系，也可能和结肠癌及直肠癌有关。近期还发现氯化后饮用水与生殖及发育的健康也有关系。

经过氯消毒的饮用水，虽然杀灭了微生物，具有卫生安全性，但在饮用时仍存在风险，因为消毒剂和消毒副产物可通过饮用而进入人体，或在淋浴和游泳时吸入挥发性和水溶性消毒副产物。当消毒副产物的浓度越高，与其接触的时间越长，风险也随之增加。

世界卫生组织和其他一些科研成果对各种消毒副产物的毒性和剂量-响应关系作出以下说明。

1.6.1 三卤甲烷（THMs）

哺乳动物饮用氯化后饮用水或吸入 THMs 后，很快被吸收、代谢和清除。THMs 积聚在脂肪、肝脏和肾脏等细胞组织中的浓度最高。三种溴化物（二溴一氯甲烷、一溴二氯甲烷、三溴甲烷）都代谢较快，比三氯甲烷快得多。

当受到 THM 慢性影响时，致癌是主要的风险。在达到细胞毒性的剂量时，长期接触的情况下，三氯甲烷可使动物致癌。

老鼠和小鼠用胃管喂养食用玉米油后，一溴二氯甲烷（BDCM）会在肝、肾、大肠等部位生瘤。

二氯甲烷（DCM）有弱的致突变性。

二溴一氯甲烷 DBCM 在雌性小鼠中会生肝瘤，而在老鼠中不会出现。

溴化 THMs 有致突变性。

1.6.2 卤乙酸（HAAs）

卤乙酸是一种弱酸性致癌风险大的难降解物质，在饮用水中普遍存在，增加了饮用水的不安全性。流行病学研究表明，膀胱癌、直肠癌和结肠癌的发病率与摄入的氯消毒水量存在潜在的相关性。卤乙酸对人类健康所造成的危害主要有：代谢紊乱，神经中毒，眼损伤，不产生精子，增加肝的过氧化物酶体。

在消毒副产物的总致癌风险中，卤乙酸的致癌风险占91.9%以上，而三卤甲烷的致癌风险只占8.1%以下。因此，消毒副产物的致癌风险主要由卤乙酸致癌风险构成。在卤乙酸的致癌风险中，二氯乙酸的致癌风险一般低于三氯乙酸的致癌风险，但二者在卤乙酸致癌风险中占的比例并不恒定。

二卤乙酸（DCAA）和三卤乙酸（TCAA）的动力学和代谢作用明显不同，TCAA的主要反应发生在微粒部分，而90%以上的DCAA是在细胞溶质内。在人体内TCAA的半衰期为50h。DCAA在低剂量时半衰期很短，剂量增加时半衰期可以快速增加。氯化饮用水中那样的低剂量，DCAA不大可能有致突变性。

大量数据说明二溴乙酸（DBAA）对雄性生殖系统有影响。

1.6.3 卤乙腈（HANs）

20世纪80年代，体内致畸实验研究发现，HANs具有胚胎毒性，可使产期仔鼠存活率下降以及生长发育缓慢。20世纪90年代初，试验证明DCAN和TCAN具有潜在的致畸危害。毒理学研究结果表明，HANs的细胞毒性远大于THMs和HAAs。2006年，Muellner等采用中国仓鼠卵巢（CHO）细胞试验，系统的开展了7种HANs的慢性细胞毒性和急性遗传毒性试验研究，研究结果表明，慢性细胞毒性大小依次为：DBAN > IAN ≈BAN > BCAN > DCAN > CAN > TCAN；急性遗传毒性大小依次为：IAN > BAN≈DBAN > BCAN > CAN > TCAN > DCAN。可以发现，碘代和溴代乙腈的慢性细胞毒性和急性遗传毒性普遍高于氯代乙腈。

卤乙腈的代谢产物包括氰化物、甲醛、甲酰氰化物和甲酰卤化物。二氯乙腈（DCAN）和二溴乙腈（DBAN）均有毒性。HANs其他成分缺乏风险性资料。

HANs和HNMs的慢性细胞毒性和急性遗传毒性都远远大于HAAs，并且溴代HANs、碘代HANs和HNMs的慢性细胞毒性和急性遗传毒性都高于其对应的氯代HANs和HNMs。在含有同种卤素原子的情况下，含有卤素原子最少的HANs和HAAs，其慢性细胞毒性和急性遗传毒性反而最大；而HNMs则没有明显的区别，这可能与细胞受到DBPs刺激所产生的氧化应急机制有关。

1.6.4 N-亚硝基二甲胺（NDMA）

亚硝胺类消毒副产物中，NDMA是发现最早、浓度最高的亚硝胺类化合物，可以导致人体和动物体发生癌变、突变和畸变。自从20世纪60年代，毒理学家已经开始对亚硝胺进行研究，然而，大部分学者所研究的亚硝胺主要来源于食物和工业制品中，特别是啤酒、熏肉、烟草和橡胶制品。1998 年在饮用水中首次检测到 NDMA 消毒副产物，USEPA 已将其确定为高致癌风险物质，NDMA 的致癌风险（95.71×10^{-6}）明显大于 THMs（5.32×10^{-6}）和 HAAs。

1.6.5 卤代硝基甲烷（HNMs）

毒理学研究表明，HNMs 的动物细胞遗传毒性甚至超过了 MX，HNMs 所包括的 9 种物质都具有强烈的致突变性。其慢性细胞毒性和急性遗传毒性的等级依次为：DBNM > DBCNM > BNM > TBNM > BDCNM > BCNM > DCNM > CNM > TCNM 和 DBNM > BDCNM > TBNM> TCNM > BNM > DBC-NM > BCNM > DCNM >CNM。其中，溴代的硝基甲烷对人体健康的危害更大，已被 USEPA 列入优先控制 DBPs 的最高等级。

1.6.6 卤乙酰胺（HAcAMs）

卤乙酰胺是继 HANs、HNMs 和 NDMA 之后新发现的高毒性饮用水消毒副产物。毒理学研究发现，相对于 THMs、HAAs、MX、HANs、HNMs 和 ND-MA 等消毒副产物来说，HAcAms 具有更高的慢性细胞毒性和急性遗传毒性。

1.7 饮用水水质标准中消毒副产物指标

20 世纪初期，在自来水厂内采用加氯消毒以控制水中致病微生物以来，在保证人体健康减少流行病方面取得了明显的成效。但最近的 30 多年来，研究发现，氯可与天然有机物或无机物发生反应，生成卤代（氯代、溴代和碘代）消毒副产物，而这些副产物有潜在的致畸、致突变和（或）致癌性，为了控制饮用水中消毒副产物的浓度，许多机构和国家在其颁布的饮用水水质标准或准则中都作出了规定，以控制饮用水中的消毒副产物。所制定的准则或标准，一般都列入不同消毒剂的副产物，如三卤甲烷、卤乙酸、溴酸盐、次氯酸盐等的限值。由于消毒副产物的种类繁多，其生成、毒性和控制都需要长期的研究和评估，所以水质标准也必须及时进行修订。

在实验室中进行动物试验时，发现 THMs、HAAs 和其他消毒副产物是致癌物或对生殖和发育系统有不利的影响，因此为了健康原因，在饮用水水质标准中订出了允许的最大浓度。

美国环境保护署（USEPA）对于消毒副产物订出了最大剩余消毒剂浓度和卤代消毒副产物，包括总三卤甲烷、5 种卤乙酸、溴酸盐和次氯酸盐的最大浓度水平（MCLs）。为去除消毒副产物的前体物，即天然有机物，提出了强化混凝和强化沉淀软化处理技术。还出版了《消毒剂和氧化剂手册》(1999)，提出控制消毒副产物生成的方法。2006年1月发布了《2阶段消毒剂和消毒副产物准则》，以强化去除微生物污染，减小消毒副产物潜在的健康风险，对三氯甲烷、一氯乙酸和三氯乙酸制订出最大浓度水平目标。

欧盟（EU）的欧盟指令98/83/EC是针对欧盟成员国的饮用水水质而订出的较严格标准，要求自来水龙头处的水质应符合标准的要求。指令中包括新的有害物质，如消毒副产物，要求各成员国采取一切措施加以保证。指令中规定的指标有三卤甲烷和溴酸盐。

随着科学和毒理学知识的进展，各成员国在指令98/83/EC的基础上，根据各国国情订出饮用水中消毒副产物的允许浓度，例如：意大利的限值为总三卤甲烷30μg/L、溴酸盐10μg/L、次氯酸盐200μg/L；西班牙订出的参数值为总三卤甲烷100μg/L，溴酸盐10μg/L；德国饮用水法对总三卤甲烷的限值为50μg/L，以保证人体长期摄入不会产生有害影响；捷克卫生部则规定总三卤甲烷为100μg/L，溴酸盐为10μg/L，次氯酸盐为200μg/L。

世界卫生组织（WHO）的准则是基于国际上意见一致的风险评估方法，即从饮用水的微生物和化学污染物对人类健康的风险来考虑。对水质参数的建议用准则值（GV）表示，该值并不是正式标准或强制性限值，也不像美国环境保护署订出的“最大浓度水平（MCLs）”那样的严格，而是合理的最低要求以保护用户健康。建议的准则值（GV）是切实可行的为保护公众健康的指标，并且所制定的准则值高于常规实验室条件下的检测限。所建议的准则值同时考虑到现有用水处理工艺可以将污染物浓度降低到预期值的情况。

各机构和国家的消毒副产物指标见表1-5。

消毒副产物指标（以mg/L计） **表1-5**

类别	副产物	消毒剂	WHO (2004)	USEPA (2004) MCLG	USEPA (2004) MCL	中国（2006）	欧盟 98/83/EC MCL
三卤甲烷 (THMs)	TCM	氯	0.2	0.07		0.06	
	BDCM	氯	0.06	0		0.06	
	DBCM	氯	0.1	0.06		0.1	
	BCM	氯，臭氧	0.1	0		0.1	
	总三卤甲烷 (TTHM)	氯，臭氧			0.08	该类化合物中各种化合物的实测浓度与其各自限值的比值之和不超过1	0.1

续表

类别	副产物	消毒剂	WHO (2004)	USEPA (2004) MCLG MCL		中国 (2006)	欧盟 98/83/EC MCL
卤乙酸 (HAAs)	MCAA	氯	0.02				
	DCAA		0.05	0		0.05	
	TCAA		0.2	0.3		0.1	0.1
	HAA5				0.06		
卤乙腈 (HANs)	DCAN	氯，氯胺	0.02				
	DBAN		0.07				
氯酚 (CPs)	2,4,6−CP	氯	0.2			0.2	
卤化氰 (CNX)	CNCl	氯胺	0.07			0.07，以 CN^- 计	
醛	甲醛	氯，臭氧	0.9			0.9	
无机副产物	氯酸盐	二氧化氯，次氯酸盐，氯胺，臭氧	0.7			0.7	
	溴酸盐	臭氧	0.01	0	0.01	0.01	0.01
	次氯酸盐	二氧化氯	0.7	0.8	1.0	0.7	

1.8　消毒副产物的控制

为提高饮用水安全性，必须控制饮用水中的消毒副产物。控制方法可以概括为 3 个方面：

（1）消毒之前去除水中消毒副产物的前体物，这样就可以减少消毒时所投加的消毒剂（Cl_2，氯胺，ClO_2，O_3 等）以及与前体物反应所生成的消毒副产物。

（2）改变消毒工艺参数或消毒方式以减少消毒副产物的生成量。所谓改变消毒工艺参数，即在保证消毒杀菌效果的基础上，降低消毒剂的使用量来降低消毒副产物的形成；或改变消毒方式，即替换现有消毒工艺或在现有消毒工艺的基础上增加新的消毒工艺，譬如将氯化消毒改为氯胺消毒，从而降低 THMs 等消毒副产物的形成。

（3）对已经形成的消毒副产物加以去除。

控制和减少前体物是有效的消毒副产物控制方法，因此选择前体物浓度低的水源极为重要，应力求在消毒剂投加点之前去除前体物，这样不但可以提高饮用水的水质，还可以降低水厂运行成本。对于原水水质应注意有机物、藻类、溴化物和碘化物等的浓度和出现频率。须筛选出消毒副产物的主要前体物，例如天然有机物是 THMs 和 HAAs 的前体物，氨基酸、蛋白质和藻类等是 HANs 的前体物，而 NO_2^-、二甲胺是 HNMs 和 NDMA 等的前体物。以往对于上述前体物的去除目的，不是为了控制消毒副产物，譬如对藻类的去除是防止其代谢过程中产生藻毒素或嗅味化合物等，而不是在于藻类可能会产生消毒副产物。

对于消毒副产物的另一种控制方法，是根据原水水质选用适宜的消毒剂/氧化剂。常用的是改变消毒剂种类，即采用除 Cl_2 以外的消毒剂，如氯胺、O_3、ClO_2、高锰酸钾、UV 辐照和膜过滤等消毒方式，使不生成消毒副产物或只生成低浓度的消毒副产物。

大量研究表明，氯胺消毒可以降低 THMs 等消毒副产物的形成，但氯胺消毒会生成毒性更大的消毒副产物，包括 HANs、NDMA 等。O_3 消毒常与 Cl_2 消毒联用，后者作为二次消毒以保证管网水中的余氯，达到持续消毒杀菌的效果，并且投加 O_3 可以降低 THMs 的形成，但也会促进三氯乙醛（TCAld）和 HNMs 的形成。ClO_2 消毒具有一定的持续杀菌能力，但是 Domanska 等调查了 14 个城市配水管网水中 Cl_2 和 ClO_2 的衰减速率，发现 ClO_2 的衰减速率高于氯的衰减速率，而 ClO_2 的持续消毒能力低于 Cl_2。ClO_2 是控制 THMs 的适用技术，如以 ClO_2 作为预氧化剂，用以去除部分前体物，二次消毒时再用氯，就可减少 THMs 的生成量。UV 消毒也可与 Cl_2 消毒联用，Cl_2 用于二次消毒以保证消毒效果，另外，大量的光化学氧化工艺研究表明，UV 光氧化法不可能完全矿化有机物，相反可能会产生一些有毒的副产物。

可用氯胺、二氧化氯或臭氧以代替氯进行预氧化，而将加氯点的位置移动到过滤之后，这时氯成为二次消毒时的消毒剂。因经过混凝沉淀和过滤，原水中的前体物已得到部分去除，滤后加氯就可以减少 THMs 的生成量。

在水厂水处理流程中不同位置投加两种消毒剂/氧化剂，以避免在仍有高浓度前体物处生成消毒副产物。季节性或间歇性地投加粉末活性炭，也可去除 THMs 前体物，减少 THMs 的生成。

在消毒剂投加点之前将消毒副产物的前体物去除的特点在于，因为 THMs 和 HAAs 的浓度会随着接触时间的延长而增加，如将加氯点移到水处理流程的末端，可以减小副产物生成的时间，也就可以减少 THMs 和 HAAs 的生成量。此外，经过水厂各单元的处理，去除了一些前体物，就可以使 THMs 和 HAAs 生成潜能降为最小。

地表水处理时，可采用强化混凝、GAC 吸附、膜过滤技术等去除消毒副产物的前体物。控制消毒副产物的最好办法是去除前体物，否则在出厂水中会继续生成消毒副产物。在消毒副产物生成以后，宜用适当的水处理工艺加以去除。

混凝是去除前体物的经济适用方法，有时只要稍为改变现有水厂的处理工艺，就可达到去除前体物和减小消毒副产物生成量的目的。混凝去除前体物的效果和下列因素有关：

（1）天然有机物的性质，如亲水性、疏水性、分子量等；

（2）DOC 浓度和性质，如有胶体性质的腐殖质；

（3）混凝剂种类，如铁盐、铝盐、聚合物等；

（4）混凝剂投加量，以 mg/L 计；

（5）水的 pH。

在常规处理的水厂为提高消毒副产物去除效果，可以采取强化混凝的工艺，所谓强化混凝是指在常规处理的水厂，为提高消毒副产物前体物去除效果的工艺。美国环境保护署提出了根据 TOC 的强化混凝性能标准，共分两步，第一步是根据原水的 TOC 和碱度，需要去除一定百分数进水中的 TOC 到符合要求。第二步是不能符合上述要求的水厂就须采用强化混凝，这时应进行搅拌试验以确定 TOC 的去除要求。

根据消毒副产物的物理化学特性，可以采用生物、物理和化学等方法将它们从饮用水中除去。

对于氯化消毒副产物在形成后的去除主要有颗粒活性炭（GAC）吸附和填充塔空气吹脱两种方法。三卤甲烷和其他可挥发性的消毒副产物，既可以采用吹脱法进行去除，同时它们易被活性炭吸附，可以采用活性炭吸附法去除。应用颗粒活性炭去除消毒副产物的效果取决于消毒副产物浓度和活性炭的吸附容量。采用活性炭吸附费用较高，但空气吹脱仅适于易挥发的消毒副产物，对不易挥发的消毒副产物组分（如卤乙酸类）却难以去除。活性炭是去除饮用水中有机物的有效吸附剂，水中大部分未经鉴别的 TOX 是高分子量消毒副产物，而高分子量氯化消毒副产物可被活性炭有效吸附。可是饮用水中已经鉴别的氯化消毒副产物，如三卤甲烷、卤乙酸、卤乙腈、卤乙酮等的分子量相对较小，活性炭不容易将其吸附。

利用滤池进行生物处理是控制消毒副产物的有效方法，滤池以活性炭作为滤料比石英砂和无烟煤好，因为活性炭颗粒上的生物量更多，可去除较多的天然有机物。有些水厂在快滤池之后投加臭氧并建造活性炭滤池进行生物处理，将天然有机物降解成为较易生物降解的可同化有机碳（AOC）。生物处理的优点如下：可去除 TOC 或 NOM，减少作为细菌养料（如氮）的数量，去除微污染物如农药和杀虫剂，改善水的嗅味，减少需氯量也就是降低消毒副产物的生成量。臭氧-生物活性炭还可以去除无机臭氧化副产物—溴酸盐，以及应用 ClO_2 的消毒时的无机消毒副产物—亚氯酸盐。

在活性炭滤池之前投加臭氧，可由池内的生物降解作用强化有机物的去除，包括因硝化作用将氨去除，其最终结果是降低了影响需氯量的氨氮和有机碳的浓度。氨氮减少后，二次消毒时的加氯量也明显减少，因此降低了生成氯化消毒副产物的可能。

第 2 章　消毒副产物的检测

迄今为止，已经鉴别的消毒副产物有数百种，这种有毒的有机或无机物多数对人体健康和环境有害，为了保证饮用水水质以减少各种风险，必须对饮用水中的消毒副产物进行灵敏和可靠的分析检测。

本章所述的消毒副产物检测方法是在我们实验研究中采用的方法，有些是依据现有的标准方法，如 THMs 和 HAAs 的测定，有些是在前人研究的基础上加以改进，如 HAcAms 和 7 种卤代挥发性消毒副产物的分析方法。

2.1　消毒副产物的分析方法概述

2.1.1　预处理技术

饮用水中的消毒副产物浓度较低，一般以 ng/L 或 μg/L 计，往往无法达到现有仪器的检测限，因而需要对样品进行预处理。通过样品预处理可以浓缩或转化被测物，以便下一步的仪器测定。不同性质的消毒副产物所采用的预处理技术不尽相同。最常用的水样预处理方法有液液萃取（LLE）、固相萃取（SPE）、固相微萃取（SPME）、顶空萃取（HS）、吹扫－捕集法（P&T）和膜萃取（ME）等，分述于后。

1. 液液萃取（LLE）

LLE 预处理因其不受待测组分挥发性的限制，应用范围较广，是最为常用的消毒副产物水样测定预处理技术。从 20 世纪 80 年代至今便采用 LLE 预处理技术，对含有三卤甲烷（THMs）、卤乙酸（HAAs）、卤乙腈（HANs）、卤化硝基甲烷（HNMs）、卤代酮（HKs）、氯酚（CP）、氯醛水合物（CH）等消毒副产物的水样进行浓缩和提取。在消毒副产物的 LLE 萃取中，正己烷、正戊烷、甲基叔丁基醚（MTBE）、乙酸乙酯（ETAC）等有机溶剂是较为常用的萃取剂。另外，在某些消毒副产物的萃取过程中，常需要投加少量无机盐，以便对该消毒副产物进行更好的分离提纯。在 USEPASW—846 号方法基础上，有采用 100～300mL 的二氯甲烷进行 LLE 预处理的方法，萃取时间约为 6～18 h，并通过氮气吹脱，将二氯甲烷萃取剂浓缩至 1mL 以下，提高了萃取效果，但不能达到饮用水中 NDMA 的 ng/L 级检测水平。LLE 法的缺点是所需时间长，并且要使用有毒的化学溶剂（萃取剂）。

2. 固相萃取（SPE）

近年来，SPE 预处理技术得到快速发展，其原理是根据萃取组分与样品基质及其他成分在固定相填料上作用力强弱的不同使彼此分离，达到样品分离富集的目的。与 LLE 预处理技术相比，SPE 预处理技术处理水样量大、使用少量有机溶剂，是水中痕量消毒副产物富集的理想方法。NDMA 样品的预处理大多采用 SPE 技术，而 HANs、HNMs 等较少采用 SPE 技术。

3. 固相微萃取（SPME）

SPME 法是以固相萃取为基础发展起来的新方法，集采样、萃取、浓缩、进样于一体，快速灵敏且不用溶剂。SPME 由手柄和萃取头组成，萃取头是一根涂有不同色谱固定相或吸附剂的熔融石英纤维头。由于萃取头的种类很多，根据分子量和极性不同，可对样品进行选择性的富集。SPME 主要用于挥发性、半挥发性的有机物。20 世纪 90 年代已有 SPME 技术应用于饮用水中消毒副产物分析的报道，包括 THMs、碘代甲烷等。Grebel 等采用 SPME 技术对水中 NDMA 进行了富集浓缩，得到了 30 ng/L 的 NDMA 检测限。SPME 对 HANs、HNMs 等水样的预处理报道并不多，可能是 LLE 萃取已能满足测定需要，且 SPME 操作相对繁琐、回收率相对较低。

4. 顶空萃取（HS）

HS 法是通过样品基质上方的气体成分来测定这些组分在原样品中的含量。其基本原理是在一定条件下气相和凝聚相（液相和固相）之间存在着分配平衡。HS 是一种气相萃取方法，即用气体作“溶剂”来萃取样品中的挥发性成分。LLE 以及 SPE 预处理技术都是将样品溶在液体中，不可避免地会有一些共萃取物干扰分析。况且溶剂本身的延迟性也有可能对后续的色谱分析产生影响。THMs 和 HANs 都可以用 HS 进行萃取，但 HS 对被测组分不能浓缩，方法灵敏度较低，因此现在多与 SPME 联用，以提高分析的灵敏度。

5. 吹扫—捕集法（P&T）

P&T 是以惰性气体（氦气或氮气）连续通过样品，将其中的挥发性组分吹脱出水样后在捕集阱中富集，并通过提高温度迅速脱附待测组分，以便后续仪器的测定。P&T 预处理技术富集效果好、易于实现自动化，对于沸点较低、易挥发的消毒副产物，如 THMs、氯酚（CP）、HANs 等有较好的富集效果，可提高整个分析方法的检测限，但 P&T 技术一般需要专门的仪器设备（吹扫捕集浓缩仪），费用相对较高。

6. 膜萃取（ME）

ME又称固定膜界面萃取，是基于非孔膜技术发展起来的一种样品预处理方法，是膜技术和LLE技术相结合的新的分离技术。在ME过程中，萃取剂和料液不直接接触，萃取相和料液相分别在膜两侧流动，其传质过程分为简单的溶解—扩散过程和化学位差推动传质，即通过化学反应不断给流动载体提供能量，使其可能从低浓度区向高浓度区输送溶质。在消毒副产物的分析中，ME主要与质谱（MS）联用组成膜导入质谱（MIMS）。20世纪90年代，MIMS被用于THMs的测定，随后报道了MIMS对氯胺的测定性能。目前还没有MIMS用于HANs、HNMs和NDMA的测定报道。

2.1.2 消毒副产物的分析方法

1. 气相色谱（GC）

GC是一种有效的消毒副产物分析技术，适用于低分子量、挥发性、热稳定性好的消毒副产物，常用于THMs的分离。采用涂有二甲基硅氧烷的非极性毛细管柱（HP—1、DB—5、HP—5MS）或中等极性的毛细管柱（DB—17、DB—1701等）来分离消毒副产物。GC中不同的检测器对不同的消毒副产物响应程度不同。对于HANs、HNMs等DBPs都可以采用电子捕获检测器（GC/ECD）来检测，ECD对具有电负性的物质有很好的响应，电负性越强，灵敏度越高。除THMs外，卤代酮（HKs）、HAAs、MX等经衍生化后也可通过GC/ECD进行测定。

2. 气相色谱/质谱（GC/MS）

GC/MS在消毒副产物的定性与定量中发挥着重要作用。饮用水中从THMs、HAAs到HANs、HNMs和HAcAms等绝大部分消毒副产物都是通过GC/MS识别和确认。GC/MS可以和LLE、SPE、SPME、HS或P&T组成一套完整的分析测定方案，可以对多种消毒副产物包括HANs、HNMs和NDMA等进行联合测定。MS具有多种不同类型的离子源，包括电子轰击（EI）、化学电离（CI）、负化学电离（NCI）等，其中EI是GC/MS中最为典型的离子源，可以测定的消毒副产物的数量最多。除GC/MS之外，GC也与双MS联用（GC/MS/MS），用于测定水中痕量物质。

3. 液相色谱（LC）

液相色谱条件温和，色谱操作参数（色谱柱、流动相等）的选择与优化十分灵活，对高沸点、热稳定性差、亲水基质的消毒副产物测定显示出独特的优越性。

4. 液相色谱/质谱（LC/MS）

质谱检测器（MS）是液相色谱（LC）分析中使用较多的一种，LC/MS对高极性的消毒副产物是一种非常有用的测量手段，但是对极性和亲水性较低、挥发性较高的卤代消毒副产物并不适用。LC/MS 或 LC/MS/MS 可用于 ng/L 级 NDMA 的测定。

2.2 三卤甲烷检测方法

三卤甲烷属挥发性消毒副产物，主要采用液液萃取，用带电子捕获检测器（ECD）或质谱检测器（MSD）的气相色谱检测，采用外标法，根据已知浓度的三卤甲烷对色谱峰的响应面积，来计算未知样品的浓度。

2.2.1 测试方法

移取一定量的三氯甲烷、一溴二氯甲烷、二溴一氯甲烷及三溴甲烷标准物质，溶于 1L 去离子水中，配成一定浓度的标准储备液，然后用一系列 100mL 容量瓶进行逐级稀释，用于标准曲线绘制。

用移液管移取 10mL 的待测水样进入 15mL 的带聚氟乙烯衬垫的安培瓶中，再移取 1mL 的正戊烷，盖好瓶盖，振摇 2min，静置 2min，然后用进样针准确吸取上层萃取有三卤甲烷的有机溶剂 1μL，注入气相色谱进行检测分析。

2.2.2 气相色谱条件

进样口参数为：进样口温度 180℃，采用分流进样，分流比 1∶20，总流量 22.9mL/min，柱流量 0.90mL/min，吹扫流量 4.0mL/min。

柱温参数如下：为分离 4 种三卤甲烷物质，设定色谱柱程序升温，升温程序如下：

$$40℃ \xrightarrow{2min} 40℃ \xrightarrow{10℃/min} 100℃ \xrightarrow{20℃/min} 240℃ \xrightarrow{1min} 240℃$$

电子捕获检测器（ECD）温度设定为 280℃，吹扫流量为 30 mL/min。

2.2.3 标准 GC 图谱及标准曲线图

根据以上色谱条件和升温程序，将 4 种三卤甲烷物质经气相色谱分离，结果见图 2-1。

由图 2-1 可见，三卤甲烷 4 种物质能够完全分离，各物质的出峰时间分别为：三氯甲烷 2.46min，一溴二氯甲烷 3.25min，二溴一氯甲烷 4.27min，三溴甲烷 5.86min。在此基础上进行定量分析，在 0.5～150μg/L 范围和 100～1000μg/L 依次作出标准曲线，0.5～150μg/L 范围的标准曲线如图 2-2～图 2-5 所示。

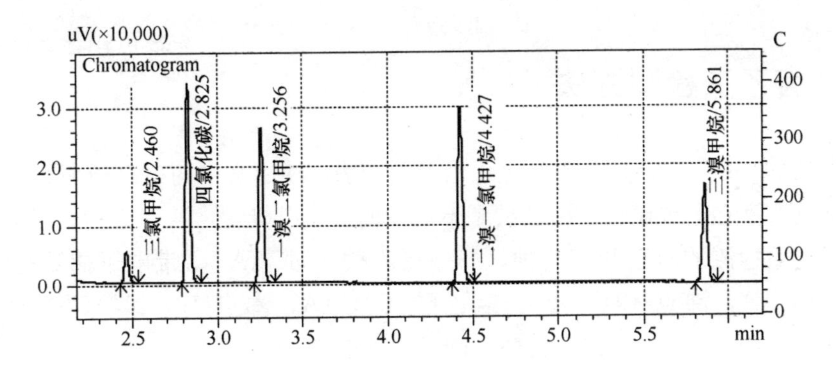

图 2-1　三卤甲烷气相色谱图

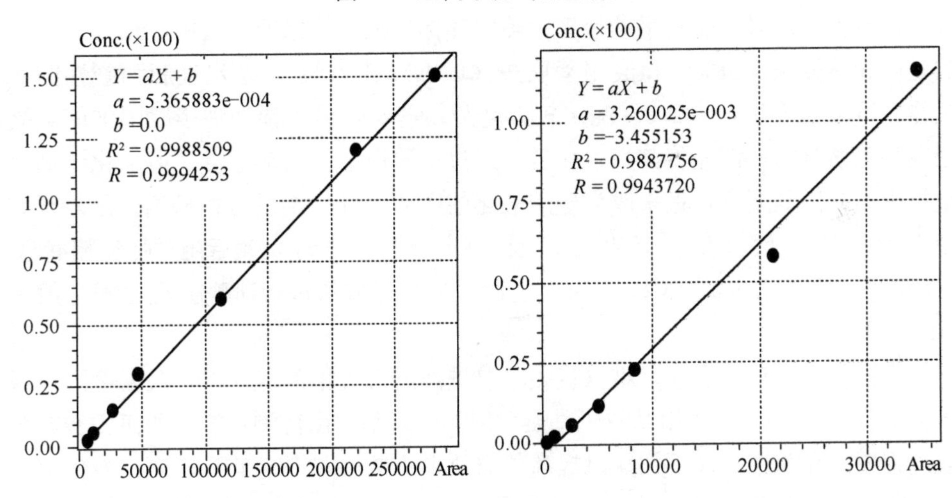

图 2-2　三氯甲烷（TCM）标准曲线　　图 2-3　一溴二氯甲烷（BDCM）标准曲线

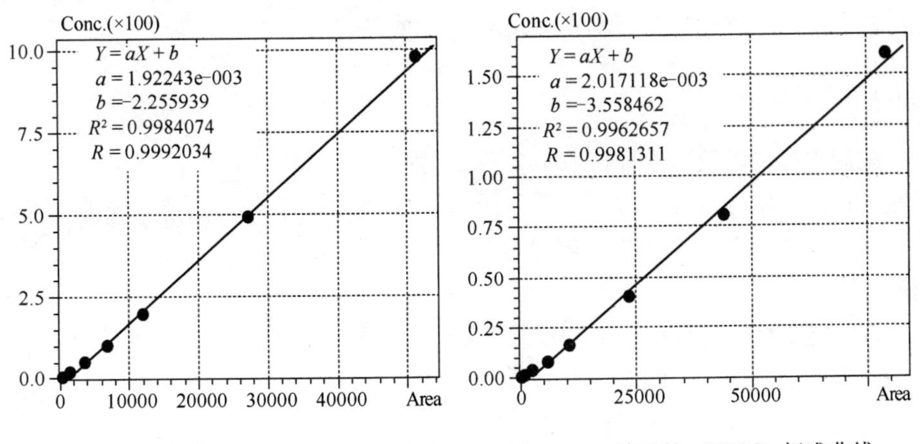

图 2-4　二溴一氯甲烷（DBCM）标准曲线　　图 2-5　三溴甲烷（TBM）标准曲线

2.3 卤乙酸检测方法

卤乙酸（HAAs）是重要的氯化消毒副产物，饮用水中的检出频率和THMs相同，具有潜在的致癌性。卤乙酸是不挥发的卤代有机物，共有9种，目前较常被用于定量检测的卤乙酸有5种，即一氯乙酸（MCAA，沸点187.8℃）、二氯乙酸（DCAA，沸点194℃）、三氯乙酸（TCAA，沸点197.5℃）、一溴乙酸（MBAA，沸点208℃）、二溴乙酸（DBAA，沸点195℃）。

HAAs在饮用水中浓度一般为μg/L级，往往低于分析仪器的检测限，因此分析检测前，须对样品富集预处理；美国环保署推荐的标准方法中，预处理采用的是固相萃取法（SPE）和液相萃取法（LLE）。HAAs是亲水性和强酸性的有机物，pKa值为0.63～2.9，测定较为复杂，需要较多的预处理步骤，不能直接用气相色谱分析；需先将其衍生化后，通过检测衍生物酯来定量。衍生化试剂为重氮甲烷，因其剧毒，近来改为硫酸酸化的甲醇。HAAs的分析检测，国外研究较多的是样品预富集、衍生化以及GC分析；同时也对高性能液相色谱（HPLC）、毛细管电泳（CF）、离子色谱（IC）等方法进行研究，检测限一般为μg/L级。

卤乙酸的平均沸点高，难以直接萃取进样进行气相色谱分析。根据美国环保署标准方法6233，先用甲基叔丁基醚（MTBE）萃取出待测水样中的卤乙酸，萃取过程中，在酸性条件下加盐以提高萃取效果；然后取一定量萃取液与酸化甲醇进行衍生化酯化反应，生成低沸点的卤乙酸甲酯；之后再次加盐萃取卤乙酸甲酯，取上层萃取液注入气相色谱分析检测。该测试方法采用内标法，能够抵消操作过程中的一些系统误差，提高分析的精确度。

2.3.1 测试步骤

配制内标物溶液：准确称取1,2—二溴丙烷125mg放入25mL洗净干燥的容量瓶中，加入甲醇定容，得到5000μg/mL的内标物储备液；再准确移取该储备液150μL至25mL洗净干燥的容量瓶中，甲醇定容，即为30μg/mL的内标物使用液。

取一定量标准物质溶于25mL的甲基叔丁基醚中，配成一定浓度的卤乙酸储备液，取一定量的卤乙酸储备液和100mL的容量瓶，用去离子水配成一系列已知浓度的标准溶液，供绘制标准曲线用。

用20mL移液管移取标准溶液40mL到带聚四氟乙烯衬垫的安培瓶中，依次加入12g无水硫酸钠、1.5mL浓硫酸、3mL甲基叔丁基醚和30μL的内标物使用液，振摇 3min，静置 3min；然后用定量移液枪移上层有机溶剂 1mL 放入 15mL 的带聚四氟乙烯衬垫的安培瓶中，再加入硫酸酸化的甲醇（浓硫酸：甲醇=1：10，按容积计），盖好瓶盖摇匀；放入 50℃的恒温水浴锅中酯化 1h 后，取出冷却，依次加入硫酸钠溶液（Na_2SO_4 ：H_2O=1：10，以质量计）和 1mL 甲基叔丁基醚，振摇 3min，静置 3min，用进样针取上层有机溶剂 1μL，进行气相色谱分析。

2.3.2 卤乙酸测试分析程序

以上分析步骤的流程图，如图 2-6 所示。

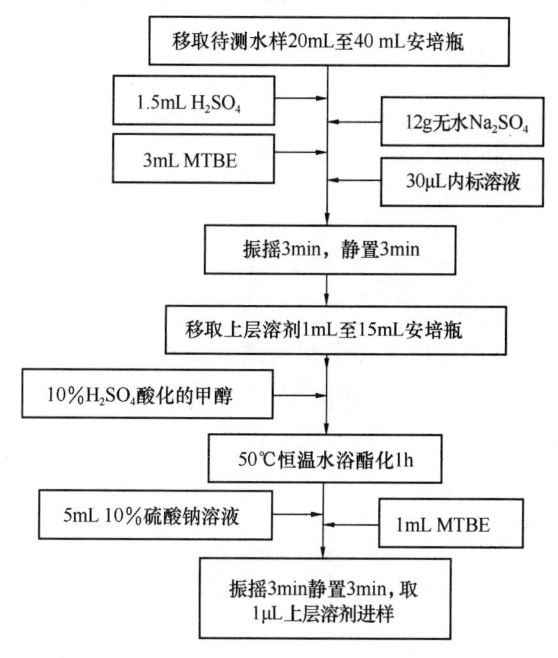

图 2-6 卤乙酸分析流程图

2.3.3 气相色谱条件

进样口温度 240℃，采用分流进样，分流比为 1：10，压力平衡控制为 71.3kPa，总流量 13.4 mL/min，柱流量 1.95 mL/min，线性速率 24.6 cm/s，吹扫流量 3.0 mL/min。

为使 5 种卤乙酸及内标分离，采用色谱柱程序升温的方法，升温程序如下：

$$40℃\xrightarrow{5\text{min}}40℃\xrightarrow{10℃/\text{min}}90℃\xrightarrow{1\text{min}}90℃\xrightarrow{20℃/\text{min}}240℃\xrightarrow{1\text{min}}240℃$$

整个程序所需时间为 19.5min。

检测器温度 280℃，吹扫流量为 30mL/min。

2.3.4　标准 GC 图谱及标准曲线图

按照以上参数设定气相色谱运行参数，对 4 种卤乙酸进行分离，并定量分析，标准图谱如图 2-7 所示。

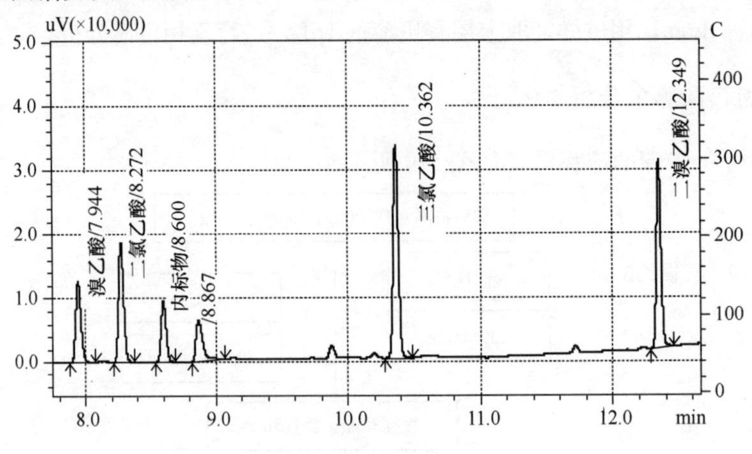

图 2-7　卤乙酸气相色谱图

由图 2-7 可见，在以上升温程序和色谱参数条件下，历经 19.5min，4 种卤乙酸物质能够达到完全分离，并且内标物质的峰正好处于 4 种卤乙酸标准物质出峰的中间。在此基础上，对卤乙酸进行定量分析，在 1～100μg/L 范围内制作标准曲线，如图 2-8～图 2-11 所示。

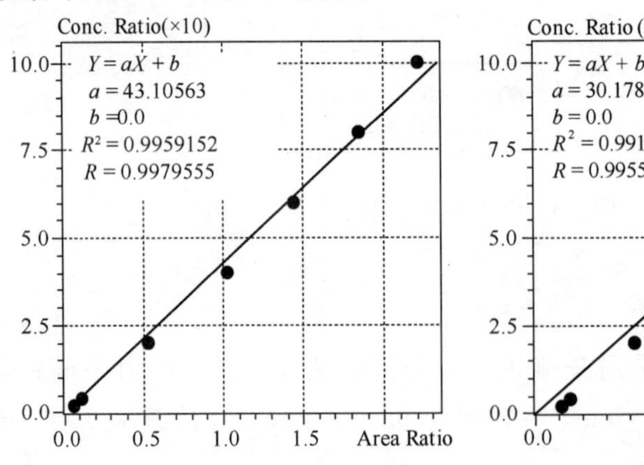

图 2-8　一溴乙酸（MBAA）标准曲线 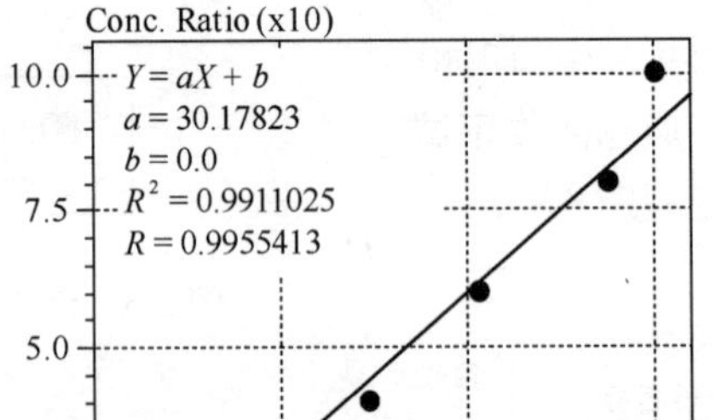　　图 2-9　二氯乙酸（DCAA）标准曲线

根据图 2-8～图 2-11 可见，上述卤乙酸标准曲线相关系数 R^2 均在 0.99 以上，该方法检测限：一溴乙酸(MBAA)为 1μg/L，二氯乙酸(DCAA)为 0.05μg/L，三氯乙酸(TCAA)为 0.05μg/L，二溴乙酸(DBAA)为 1μg/L。

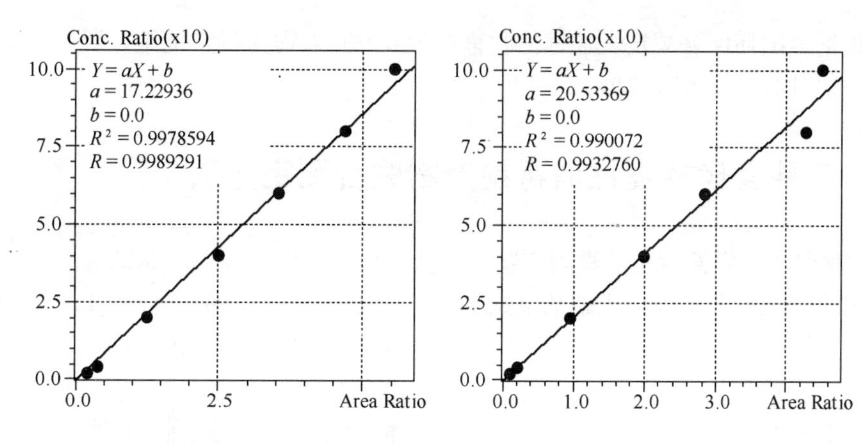

图 2-10 三氯乙酸（TCAA）标准曲线　图 2-11 二溴乙酸（DBAA）标准曲线

2.3.5 卤乙酸测定方法的加标回收率

为验证所建立的卤乙酸测定方法的可靠性，根据美国环保署所规定的 Q/A 方法，进行加标回收率的测试。在水样中加入一定量已知浓度的标准溶液，然后测定水样中卤乙酸浓度，该浓度时的加标回收率按照下式计算：

$$R=\frac{(C_d-C_0)}{C_s} \tag{2-1}$$

式中 C_s——加标后根据加入标准物质和水样体积计算的待测物浓度；

C_0——加标前水样中的待测物浓度；

C_d——加标后水样中的待测物浓度。

在加标回收率试验中，所取二氯乙酸、三氯乙酸、一溴乙酸和二溴乙酸的加标浓度分别为 5μg/L、20μg/L 和 50μg/L，试验结果见表 2-1。

四种卤乙酸物质的加标回收率　**表 2-1**

物质名称	自来水本底浓度（μg/L）	加标浓度（μg/L）	加标水样测定平均值（μg/L）	加标回收率（%）
二氯乙酸	8.84	5	14.34	110.00
		20	28.80	99.80
		50	56.97	96.26
三氯乙酸	8.43	5	13.90	109.40
		20	28.16	98.65
		50	57.05	97.24
一溴乙酸	0	5	6.21	124.20
		20	19.75	98.75
		50	46.67	93.34
二溴乙酸	7.55	5	12.87	106.41
		20	29.66	110.55
		50	61.37	107.64

根据美国环保署规定，加标回收率在 100±30%均为正常范围，所以认为该分析方法具有可靠的准确度。

2.4　7 种卤代挥发性消毒副产物联合测定方法

7 种卤代挥发性有机消毒副产物，包括 4 种卤乙腈 HANs（DCAN、TCAN、BCAN、DBAN）、1 种卤代硝基甲烷 HNMs（TCNM）、2 种 HAces[1,1-二氯丙酮(DCAce)]和 1,1,1-三氯丙酮[(TCAce)]的分析方法是在美国环保署 551 方法的基础上，根据消毒副产物的性质和仪器工作原理，采用液液萃取（LLE）＋GC/MS 和吹扫捕集（P&T）＋GC/MS 两种测定方法，测定上述 7 种消毒副产物。

液液萃取流程如图 2-12 所示，首先将水样经过 0.45μm 微孔滤膜过滤，向水样中投加一定量的抗坏血酸以消除水中余氯［抗坏血酸的投加量（以摩尔浓度计）是水中余氯的 2～3 倍］，再向放有 20mL 水样的试管中投加 4g 无水硫酸钠，置于试管振荡器上振荡 1min，使得无水硫酸钠充分溶解，水样液面有所上升。之后投加 2mL 萃取剂并振荡 3min，静置 10min，用移液枪吸取上层萃取剂溶液 1mL，置于 1.5mL 进样瓶中，将进样瓶放于自动进样器中，等待仪器测定。所用萃取剂为 MTBE。

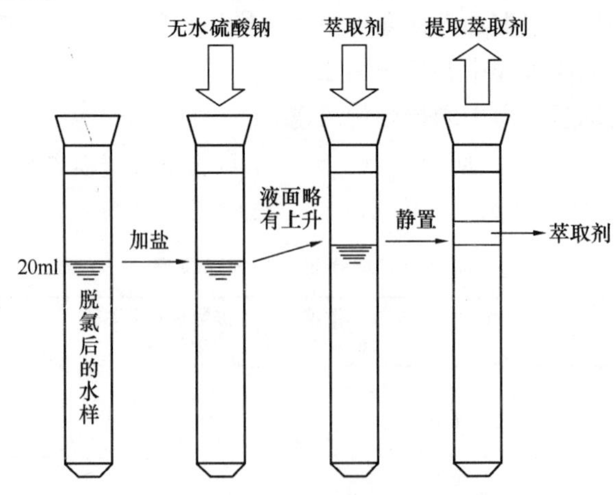

图 2-12　萃取操作流程图

吹扫捕集（P&T）的条件如下：

吹扫：样品温度为 40℃，吹扫气体流量为 40mL/min，预吹扫时间为 0min，预热时间为 5min，吹扫时间为 11min，捕集管温度为 20℃。

水管理器温度：吹扫时为 100℃，脱附时为 0℃，烘焙时为 240℃。

烘焙：烘焙时间20min，捕集管温度为210℃。

脱附：脱附预热温度为180℃，脱附时间为2min，捕集管温度为190℃。

GC/MS运行条件如下：

载气流量控制方式：压力控制；

柱头压：65.7kPa；

进样量：3.0μL；

总流量：31.1mL/min；

进样方式：无分流进样（当采用P&T前处理方式时，采用分流进样）；

进样口温度：110℃；

MS检测器温度：250℃；

离子源：EI源；

电子能量：70eV；

扫描质量范围：30～200m/z；

检测模式：全扫描检测（SCAN）和选择离子检测（SIM）；

溶剂延迟：4.5min；

升温程序：初始温度为30℃，保持10min，以7℃/min的速率升温至72℃，保持1min；再以40℃/min的速率升温至220℃，保持1min。

2.4.1　LLE+GC/MS方法

1. 进样量和进样口温度的选取

由于7种消毒副产物对进样量和进样口温度有着相似的响应规律，以下主要以DCAce和TCAce为例，说明GC/MS进样量和进样口温度的确定过程。控制其它仪器条件不变，仪器为全扫描检测（SCAN）模式，将进样量分别设定为1μL、2μL、3μL、4μL和5μL，考察对应物质的峰面积。对比发现，当进样量从1μL增加到3μL时，所测得对应物质的峰面积成比例增加；当进样量增加到4μL，MTBE保留时间增加，对DCAce的峰面积产生较大影响；当进样量增加到5μL时，MTBE对离子源产生较大污染；因此设定进样量为3μL。

仪器默认进样口温度为180℃，然而DCAN、TCAN、TCNM、DCAce和TCAce等标准物质均易受热分解，因而需降低进样口温度。将进样口温度分别设定为90℃、110℃、130℃、150℃和170℃，对比不同温度下的峰面积变化，结果如图2-13所示（将110℃时的峰面积响应值定义为100%）。当进样口温度在110～170℃范围内时，随着温度的降低，DCAce和TCAce对应的峰面积逐渐增大，当进样口温度降为90℃时，峰面积略有减小，可能是进样口温度过低导致DCAce和TCAce未能同时完全气化；因此设定进样口温度为110℃。

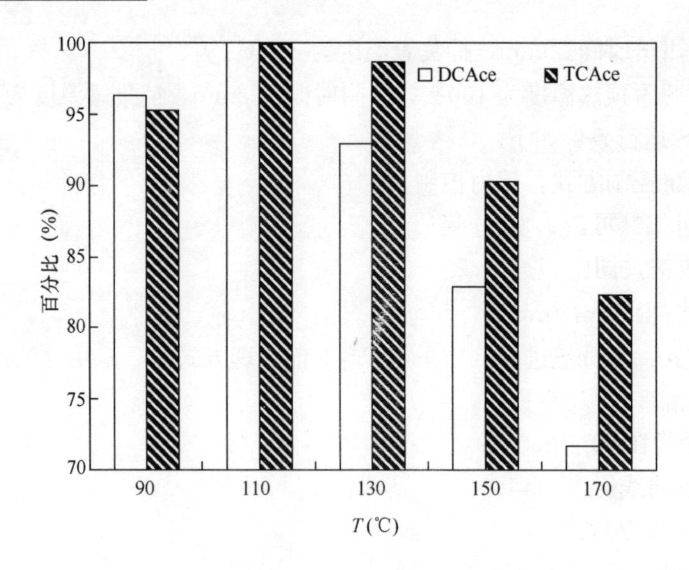

图 2-13　DCAce 和 TCAce 响应值随进样口温度的变化

2. 萃取剂和氯化终止剂（脱氯剂）的选取

选取甲基叔丁基醚（MTBE）和乙酸乙酯（ETAC）两种萃取剂对加标量为 100μg/L 的水样进行 LLE 前处理，萃取效果如图 2-14 所示。回收率＝（3 次全扫描检测模式下测定的峰面积平均值/100μg/L 标准溶液对应峰面积）×100％。MTBE 作为萃取剂时，萃取加标量为 100μg/L 的水样所得回收率在 90％以上，优于 ETAC，因此将 MTBE 选为萃取剂。

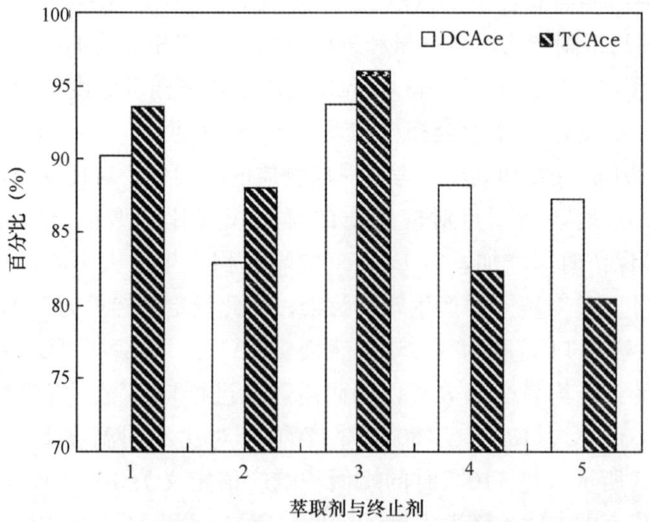

图 2-14　不同萃取剂的萃取效果与不同终止剂对 DCAce 和 TCAce 稳定性的影响

1—甲基叔丁基醚（MTBE）；2—乙酸乙酯（ETAC）；

3—抗坏血酸；4—亚硫酸钠；5—硫代硫酸钠

饮用水中的余氯通常在0.05～4.0mg/L之间，需要添加氯化终止剂来消除余氯，避免余氯对消毒副产物测定的影响，因此研究氯化终止剂对DCAce和TCAce稳定性的影响。配制100μg/L的DCAce和TCAce水样，全扫描检测模式下立即测得峰面积M，另外分别向含有100μg/L DCAce和TCAce的水样中投加0.3mmol/L（可消去10mg/L以下的余氯）的终止剂，如抗坏血酸、硫代硫酸钠和亚硫酸钠，同时投加一定量的冰醋酸将水样调至弱酸性（避免DCAce和TCAce发生碱催化水解），避光反应24h后，测定DCAce和TCAce对应峰面积N，将峰面积N与峰面积M对比，即（N/M）×100%。试验结果如图2-14所示，抗坏血酸对DCAce和TCAce的影响最小，反应24h后DCAce和TCAce在水中的含量均在90%以上，因而抗坏血酸作为氯化终止剂较为合适。

3. 标准曲线

图2-15为全扫描检测模式下，7种消毒副产物（TCAN、DCAN、DCAce、TCNM、BCAN、TCAce和DBAN）经GC/MS测定后所得总离子色谱（TIC）图。图2-16为7种物质的MIC图。TCAN、DCAN、DCAce、TCNM、BCAN、TCAce和DBAN7种DBPs的特征离子分别为：108、74、43、117、74、43和120。为提高GC/MS的识别率，根据图2-16对上述TCAN、DCAN、TCNM、BCAN和DBAN5种消毒副产物分别设置参考离子：110、82、119、76和118。DCAce和TCAce皆只有特征离子43强度较高，其他离子的强度都很低，所以没有选择参考离子。

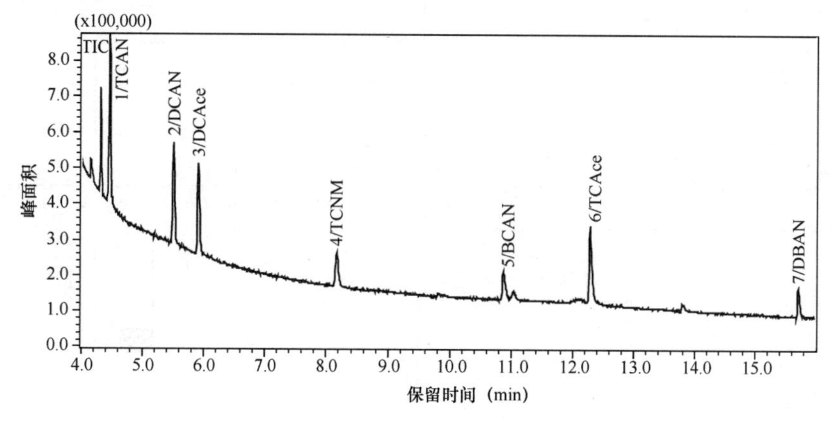

图2-15 7种消毒副产物的总离子色谱图

对上述物质设置特征离子和参考离子后，在GC/MS的选择离子检测模式下，测定7个质量浓度水平（10μg/L，20μg/L，50μg/L，80μg/L，100μg/L，500μg/L，1000μg/L）的校正标准液，得到如图2-17和表2-2所示的质谱图和标准工作曲线。

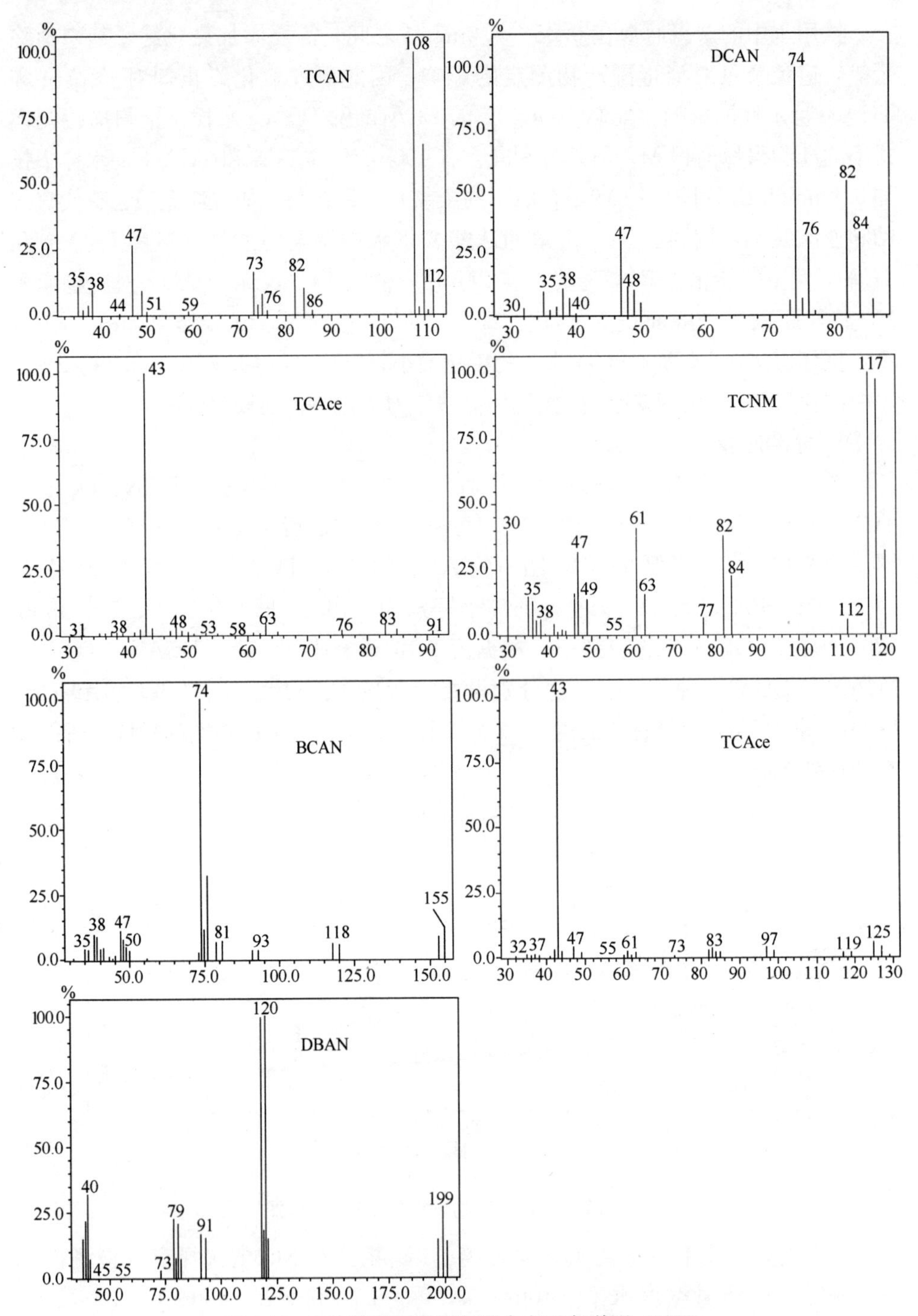

图 2-16　7 种消毒副产物的混合离子色谱图（MIC）

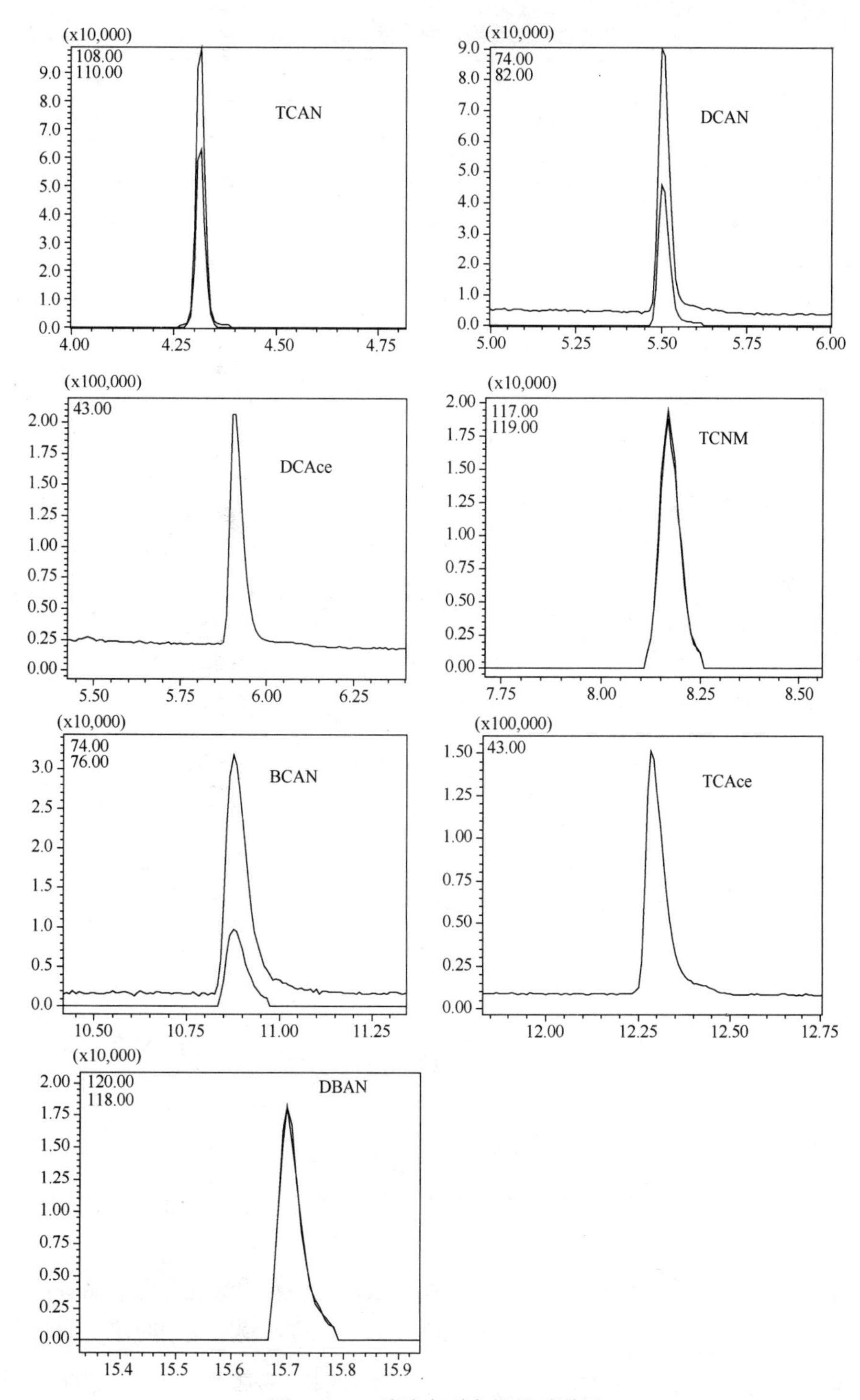

图 2-17　7 种消毒副产物的质谱图

7 种卤代消毒副产物的标准工作曲线　　表 2-2

DBPs	标准工作曲线	R^2
TCAN	$Y^a=428.7778X^b+5376.928$	0.9993
DCAN	$Y=428.7778X+5376.928$	0.9991
DCAce	$Y=428.7778X+5736.928$	0.9927
TCNM	$Y=139.9719X+3627.897$	0.9972
BCAN	$Y=105.8221X-1582.486$	0.9960
TCAce	$Y=343.0858X-10935.14$	0.9958
DBAN	$Y=193.5081X+7151.02$	0.9970

[a] 纵坐标：相对峰面积（%）；[b] 横坐标：相对浓度（%）

4. 精密度与检测限

采用 7 个超纯水加标样品进行平行测定（加标量为 10μg/L），计算 7 种消毒副产物的标准偏差（*SD*）、相对标准偏差（*RSD*）、检测下限（RQL）和方法检测限（MDL），结果如表 2-3 所示。可以看出，加标超纯水样品中，7 种消毒副产物的相对标准偏差控制在美国环保署标准方法 552.3 中规定的检测限临界值（≤ 20%）以内。其中，DCAce 和 TCAce 的标准偏差、方法检测限、检测下限和相对标准偏差都高于其他 5 个消毒副产物。

超纯水加标样品（10μg/L）中 7 种消毒副产物的检测结果（$n=7$）　　表 2-3

消毒副产物	测定值 (μg/L)							*SD* (μg/L)	MDL (μg/L)	RQL (μg/L)	*RSD* (%)
TCAN	10.25	10.09	10.28	10.41	10.96	9.43	9.43	0.51	1.59	5.24	4.99
DCAN	9.57	9.22	10.52	9.77	9.26	10.63	10.32	0.55	1.72	5.67	5.52
DCAce	10.36	10.53	9.12	10.65	10.32	11.41	11.21	0.69	2.16	7.13	6.54
TCNM	9.75	9.31	10.69	9.72	10.72	9.65	9.85	0.50	1.57	5.18	5.01
BCAN	10.81	10.75	11.36	10.29	11.32	11.17	10.12	0.45	1.43	4.7	4.19
TCAce	9.64	9.37	10.35	10.37	9.19	10.33	10.85	0.57	1.79	5.91	5.69
DBAN	9.26	9.33	9.97	10.52	9.57	8.67	9.77	0.54	1.71	5.63	5.67

5. 准确度

使用超纯水配制浓度约为 10μg/L 的本底水样，加入适量混合标准储备液，配制成加标量分别为 10μg/L，50μg/L 和 100μg/L 的水样，测定其回收率，回收率=（测定值/（本底浓度+加标量））×100%，结果如图 2-18 所示。可以看出，7 种卤代消毒副产物的回收率均在美国环保署标准方法 552.3 要求的± 30%之内。

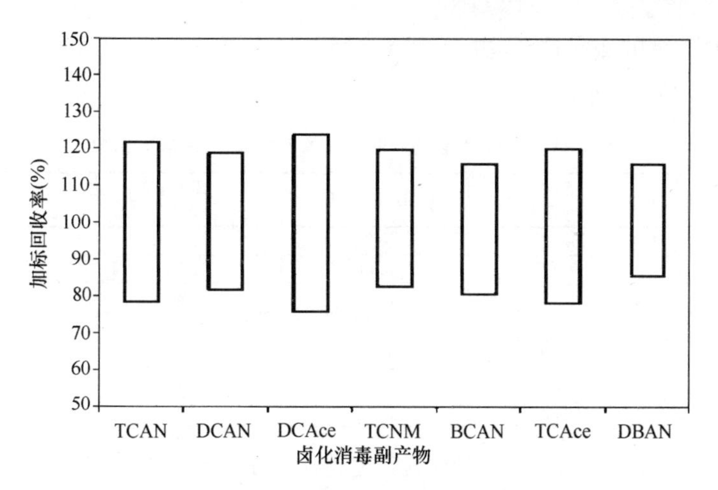

图 2-18 7种卤代消毒副产物的加标回收率

2.4.2 吹扫捕集（P&T）+GC/MS方法

考虑到 P&T 对沸点较低、易挥发的消毒副产物有较好的富集效果，且 P&T 的引入取代了有机萃取剂的使用，避免了萃取剂对 TCAN 和 DCAN 等出峰较早消毒副产物的干扰。图 2-19 为 P&T + GC/MS 测定上述 7 种消毒副产物所得总离子色谱图，与图 2-15 相比，图 2-19 中的 TCAN、DCAN、DCAce、TCNM 四个峰不再受萃取剂的影响，具有较平稳的基线。

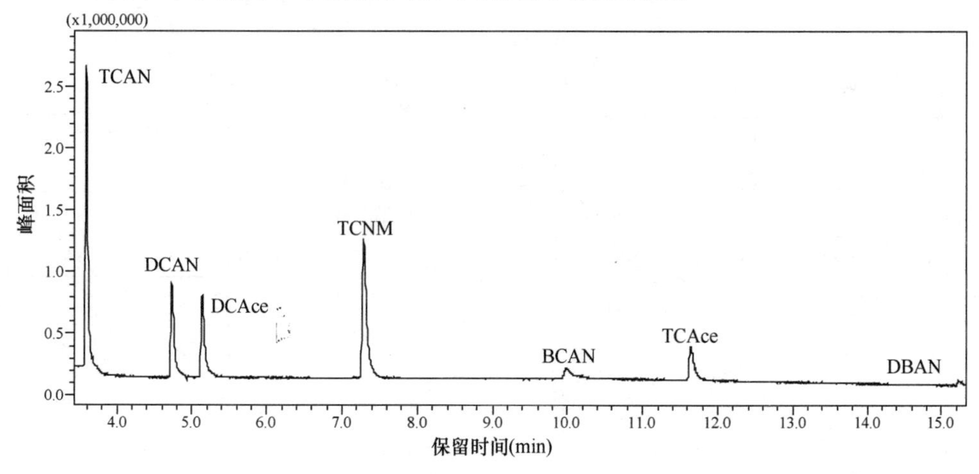

图 2-19 7种消毒副产物的总离子色谱图

P&T + GC/MS 方法对 7 种消毒副产物的测定结果如表 2-4 所示，采用 P&T 预处理技术后，提高了 GC/MS 对 TCAN、DCAN、DCAce 和 TCNM 四种消毒副产物的测定效果，检出限（MDL）皆在 1.0μg/L 以下；P&T+GC/MS 对

BCAN 和 TCAce 的测定效果也略有提高，MDL 分别由 1.43μg/L 和 1.79μg/L 降低到 1.02μg/L 和 1.19μg/L。

超纯水加标样品中 7 种消毒副产物的 P&T+GC/MS 检测结果（$n=7$） 表 2-4

DBPs	*SD* (μg/L)	MDL (μg/L)	RQL (μg/L)	*RSD* (%)
TCAN	0.12	0.36	1.20	1.16
DCAN	0.17	0.56	1.83	1.78
DCAce	0.32	0.99	3.28	3.16
TCNM	0.25	0.81	2.69	2.61
BCAN	0.32	1.02	3.39	3.50
TCAce	0.38	1.19	3.92	3.78
DBAN	0.85	2.65	8.75	8.09

吹扫捕集（P&T）+ GC/MS 测定上述 4 个消毒副产物的标准工作曲线如图 2-20 所示。与 LLE+GC/MS 测定的标准工作曲线（表 2-1）相比，P&T+GC/

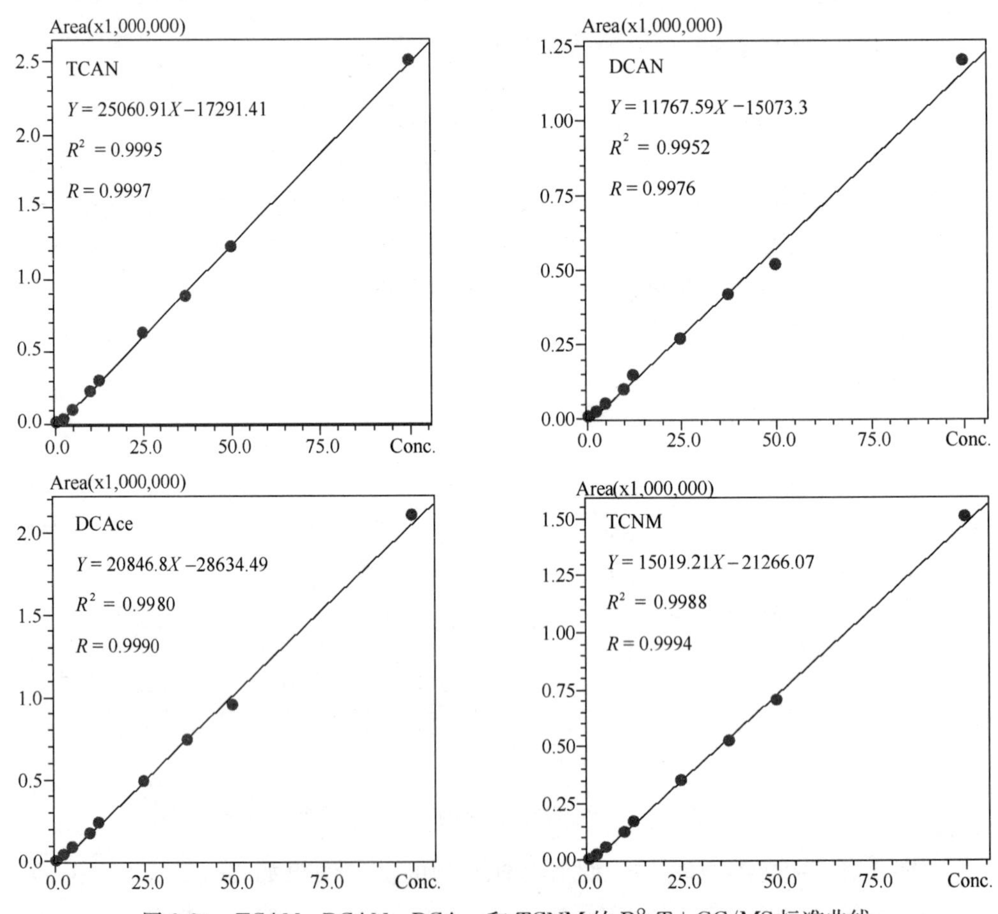

图 2-20　TCAN、DCAN、DCAce 和 TCNM 的 P&T+GC/MS 标准曲线
[纵坐标：相对峰面积（%）；横坐标：相对浓度（%）]

MS测定的标准曲线斜率远大于LLE＋GC/MS测定时，即在相同的TCAN、DCAN、DCAce和TCNM浓度条件下，P&T＋GC/MS测定的峰面积远大于LLE＋GC/MS测定的峰面积。这也是P&T＋GC/MS测定上述4种消毒副产物时检测限较小的原因。

总之，LLE＋GC/MS和P&T＋GC/MS两种分析方法在对TCAN、DCAN、DCAce、TCNM、BCAN、TCAce和DBAN等7种DBPs进行测定时，各有优缺点，一般在测定DCAN、TCAN、TCNM时可选取P&T＋GC/MS法；测定BCAN、DBAN等溴代DBPs时，或在水样体积不足时，可选取LLE＋GC/MS法。

2.5 卤乙酰胺（HAcAms）分析方法

卤乙酰胺（HAcAms）已被确认的有5种，其中最常见的是二氯乙酰胺（DCAcAm）和三氯乙酰胺（TCAcAm），两者都具有一定挥发性，且易溶于有机溶剂和热水，因而，可以用气相色谱进行测定，检测器采用质谱（MS）和电子捕获检测器（ECD）。

2.5.1 卤乙酰胺的稳定性

在水样分析之前应研究HAcAms在饮用水中的稳定性，分析不同pH和氯投加量条件下，5种HAcAms在水中的水解动力学和氯化动力学规律，同时考察脱氯对HAcAms稳定性的影响，以明确水样保存方法。

1. 卤乙酰胺的水解特性

图2-21为pH对HAcAms稳定性的影响，可以看出，在7d的反应过程中，DCAcAm在碱性环境中水解较为迅速，pH＝8～10时，DCAcAm浓度呈指数递减，并且pH越大水解速率越大。酸性环境中水解反应较为缓慢，只有在酸性相对较强的情况下（pH＝4）才有明显的水解现象；pH＝5时DCAcAm基本保持稳定，水解非常缓慢。由图2-21B可以看出，弱酸性条件下（pH＝4～6）TCA-cAm未表现出明显的水解现象；在pH＝7时呈线性递减，并且随着碱性的增强，水解速率逐渐增大；当pH ＞ 8时，呈指数关系递减；在pH＝10的条件下，初始浓度约为1.1μmol/L的TCAcAm，反应7d后已无法检出。综合起来发现，在pH＝5时，DCAcAm和TCAcAm皆较为稳定，没有明显的水解现象，对于无法立即测定的DCAcAm和TCAcAm水样，可将水样pH调至5左右，以便保存。

从图2-21可以看出，在碱性环境中，DCAcAm和TCAcAm水解反应符合一级反应动力学，可以求得不同pH条件下的水解速率常数k_1，结果见表2-5，从表2-5可以看出，随着pH值的增加，5种HAcAms的水解速率常数皆呈增大趋势。

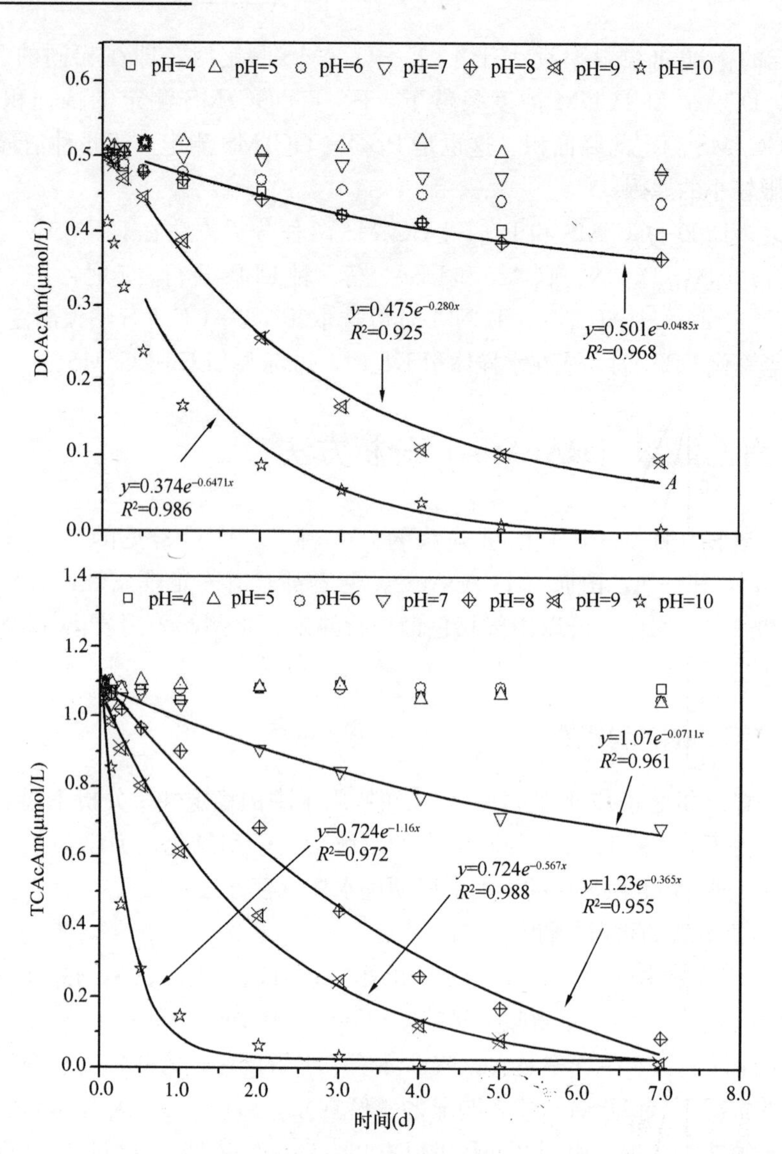

图 2-21　不同 pH 条件下 HAcAms 的水解特性

5 种 HAcAms 的水解速率常数 k_1（d^{-1}）　　　　**表 2-5**

卤乙酰胺 HAcAms		一氯乙酰胺 MCAcAm	二氯乙酰胺 DCAcAm	二氯乙酰胺 TCAcAm	一溴乙酰胺 MBAcAm	二溴乙酰胺 DBAcAm
k_1（d^{-1}）	pH8	3.86×10^{-3}②	4.85×10^{-2}①	3.65×10^{-1}①	3.35×10^{-3}②	3.86×10^{-2}②
	pH9	1.15×10^{-1}②	2.80×10^{-1}①	5.67×10^{-1}①	1.10×10^{-1}②	2.58×10^{-1}②
	pH10	3.11×10^{-1}②	6.47×10^{-1}	1.16①	2.99×10^{-1}②	6.06×10^{-1}②

①试验测得值；

②通过线性自由能关系计算得出。

2. 卤乙酰胺的氯化特性

图 2-22 所示为饮用水中不同的余氯浓度（0.10～5.0mg/L）对 HAcAms 稳定性的影响，可以看出，当水中余氯量≥0.5mg/L 时，DCAcAm 和 TCAcAm 的氯化反应皆符合一级反应动力学，并且随着水中余氯量的增加，DCAcAm 和 TCAcAm 的氯化反应速度加快；在相同余氯量条件下，DCAcAm 的氯化反应速率小于 TCAcAm。

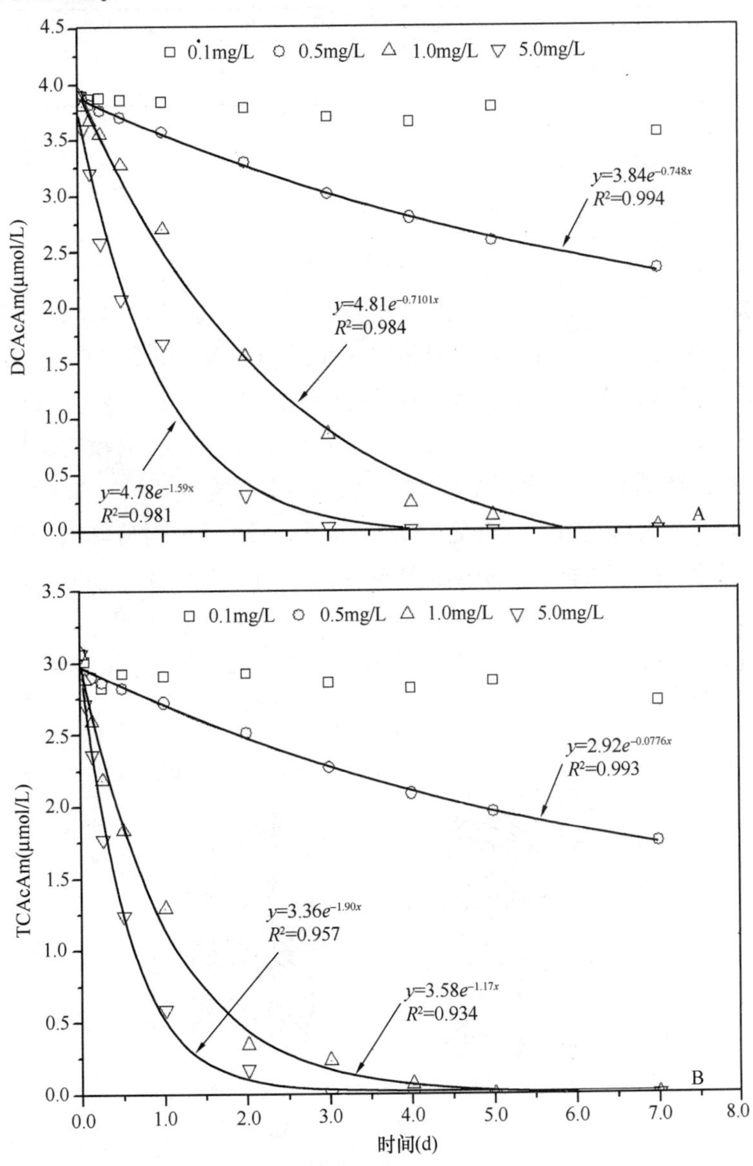

图 2-22　不同加氯量条件下的 HAcAms 氯化特性

HAcAms的氯化反应可依据试验测得的DCAcAm和TCAcAm氯化反应速率常数k_2，结合线性自由能关系理论，求得其余3个HAcAms的氯化反应速率常数k_2，结果如表2-6所示，可以看出随着氯投加量的增加，5种HAcAms的水解速率常数呈增大趋势。

5种HAcAms的氯化速率常数k_2（h^{-1}） **表2-6**

HAcAms		MCAcAm	DCAcAm	TCAcAm	MBAcAm	DBAcAm
k_2（h^{-1}）	0.50③	7.21×10^{-2}②	7.48×10^{-2}①	7.76×10^{-2}①	7.20×10^{-2}②	7.45×10^{-2}②
	1.00③	3.81×10^{-1}②	7.10×10^{-1}①	1.17①	3.68×10^{-1}②	6.71×10^{-1}②
	10.0③	1.26②	1.59①	1.90①	1.24②	1.55×10^{-1}②

① 试验测得值；

② 通过线性自由能关系计算所得值；

③ 加氯量，mg/L

3. 脱氯试剂对HAcAms稳定性的影响

氯对水中HAcAms的稳定性有较大影响，因此应研究脱氯试剂对DCAcAm和TCAcAm稳定性的影响。分别配制1000μg/L DCAcAm和TCAcAm的水样，在全扫描检测模式下测得峰面积M，另外分别向含有1000μg/L DCAcAm和TCAcAm的水样中投加0.3mmol/L的抗坏血酸、硫代硫酸钠和亚硫酸钠，同时投加一定量的冰醋酸将水样调至弱酸性（pH=5），避免DCAcAm和TCAcAm发生水解，避光反应24h后，测定DCAcAm和TCAcAm对应峰面积N，将该峰面积N与未加脱氯剂时测定的峰面积M对比，即（N/M）×100%。试验结果如图2-23所示，抗坏血酸对DCAcAm和TCAcAm的影响最小，反应24 h后DCAcAm和TCAcAm在水中的含量均在90%以上，可见抗坏血酸对DCAcAm和TCAcAm稳定性的影响较小。

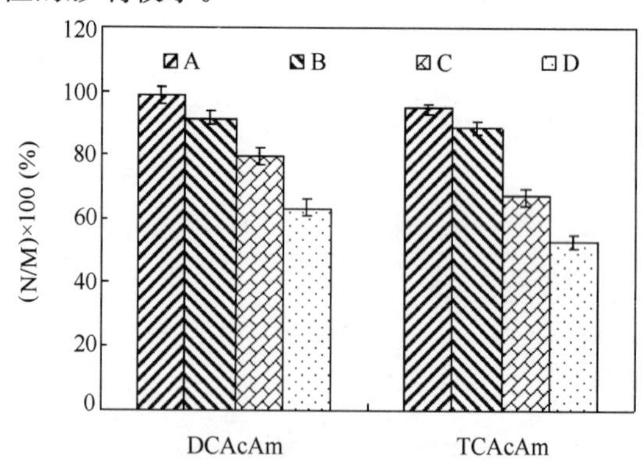

图2-23 不同脱氯试剂对DCAcAm和TCAcAm稳定性的影响

A—未添加任何氯化终止剂；B—抗坏血酸；C—亚硫酸钠；D—硫代硫酸钠

不同 pH、氯浓度和脱氯试剂对水中 HAcAms 稳定性影响归纳如下。

HAcAms 水样保存方法：对于无法立即测定的 HAcAms 水样，需投加脱氯试剂——抗坏血酸消除余氯，并采用冰醋酸调节水样 pH 至 5 左右，放入冰箱于 4℃下保存待用。同 HAcAms 的稳定性相似，水中的 HANs 和 HNMs 在弱酸性条件下更为稳定，而 NDMA 受水中酸碱性的影响较小；因此，在保存上述混合 N-DBPs 水样时，同样须将水样 pH 值调至弱酸性。

DCAcAm 和 TCAcAm 在碱性条件下水解较为迅速，在弱酸性条件下较为稳定；在 5 种 HAcAms 中，TCAcAm 具有最高的水解反应速率常数和氯化反应速率常数，分别为 $1.16d^{-1}$ 和 $1.90h^{-1}$。饮用水消毒过程中，增加加氯量会增加 THMs 和 HAAs 的浓度，同时可能会降低毒性更强的 HAcAms 的含量，因此，确定氯的投加量时需要综合考虑。

2.5.2 HAcAms 分析步骤

以下主要研究两种测定方法，即酸催化水解＋GC/ECD 和直接液液萃取（LLE）＋GC/MS 的分析步骤。在测定时，HAcAms（DCAcAm 和 TCAcAm）与溴代 HANs 的出峰时间相近，易于混淆。为避免上述现象，一是将 HAcAms 酸催化水解为 HAAs，以改变其出峰时间，采用 GC/ECD 测定；二是直接用具有定性识别功能的 GC/MS 测定。

HAcAms（DCAcAm 和 TCAcAm）通过酸催化水解转化为相应的 HAAs（DCAA 和 TCAA），根据美国环保局标准方法 552.3 测定 HAAs 的浓度。酸催化水解反应如式（2-2）和（2-3）所示：

$$CHCl_2CONH_2 + H_2O \rightarrow CHCl_2COOH + NH_3 \quad (2\text{-}2)$$

$$CCl_3CONH_2 + H_2O \rightarrow CCl_3COOH + NH_3 \quad (2\text{-}3)$$

酸催化水解方法如下：将 2mL 浓度为 2mg/L 的 TCAcAm 和 5mL 浓硫酸加入带聚四氟乙烯衬垫的 40mL 安培瓶中，用超纯水定容至 20mL，TCAcAm 浓度为 200μg/L，常温下反应 1h，然后按照 USEPA552.3 规定，进行萃取和衍生化酯化等操作，并进行 GC/ECD 测定。

液液萃取（LLE）见图 2-12。

GC/MS 运行条件：

载气流量控制方式：压力控制；

柱头压：125.2kPa（压力过高或过低时导致信噪比降低）；

总流量：56.9mL/min；

进样量：1.0μL；

进样方式：无分流进样；

进样口温度：180 ℃；

MS 检测器温度：250 ℃；

离子源：EI 源；

电子能量：70eV；

扫描质量范围：20～200m/z；

检测模式：全扫描检测（SCAN）和选择离子检测（SIM）；

溶剂延迟：6.5min；

升温程序：初始温度为 40 ℃，保持 10min，再以 40℃/min 的速率升温至 220℃，保持 5min。

1. 两种分析方法和萃取剂的回收率

在超纯水中加入适量三氯乙酰胺（TCAcAm）标准储备液，配置加标量为 200μg/L 的水样，测定两种分析方法的 TCAcAm 回收率，结果如表 2-7 所示。TCAcAm 完全酸催化水解时，200μg/L 的 TCAcAm 将转化 201.2μg/L 的三氯乙酸（TCAA）。

不同分析方法所测得回收率　　表 2-7

分析方法	萃取剂	测得浓度①(μg/L)	标准浓度(μg/L)	回收率(%)
酸催化水解	MTBE	113.2	201.2	56.3
LLE+GC/MS	MTBE	157.3	200.0	78.7
酸催化水解	ETAC	105.7	201.2	52.5
LLE+GC/MS	ETAC	173.7	200.0	86.9

① 测得浓度由对应萃取剂所作标准曲线测得。

由表 2-7 可以看出，LLE+GC/MS 的回收率高，所以选择作为 HAcAms 的主要分析方法。

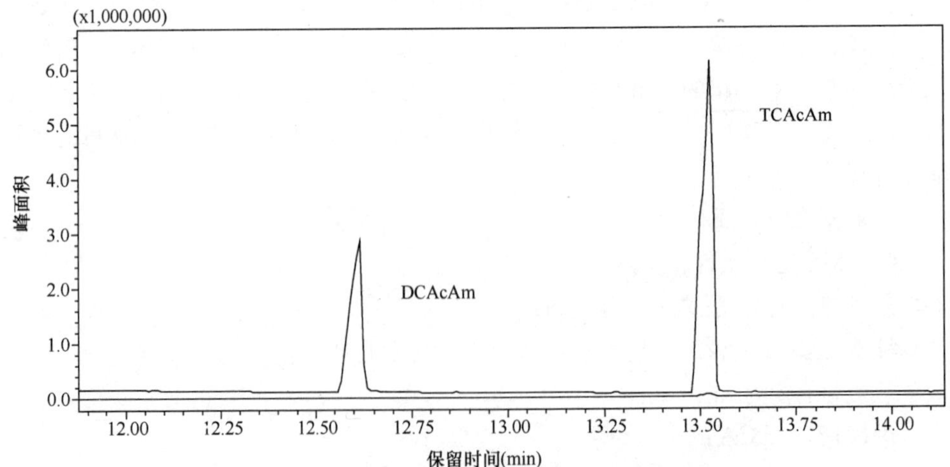

图 2-24　DCAcAm 和 TCAcAm 的总离子色谱图

选取 MTBE 和 ETAC 两种萃取剂对加标量为 200μg/L 的水样进行 LLE 预处理，萃取效果如表 2-7 所示。ETAC 作为萃取剂时，回收率达到 86.9%，因此在以后试验时采用 ETAC。

2. HAcAms 分析方法的标准曲线

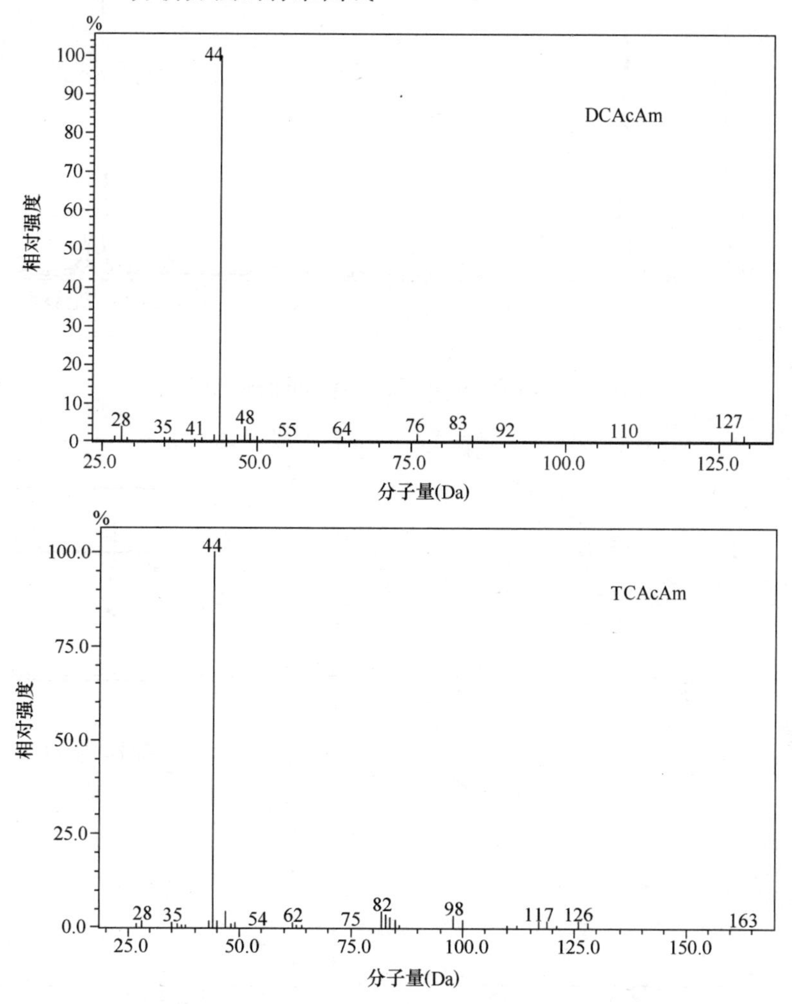

图 2-25 DCAcAm 和 TCAcAm 的混合离子色谱图

图 2-24 为全扫描检测模式下，DCAcAm 和 TCAcAm 经 GC/MS 测定后所得总离子色谱图（TIC）。DCAcAm 出峰时间分别在 12.5～12.7min 和 13.3～13.6min 之间。图 2-25 为 DCAcAm 和 TCAcAm 的混合离子色谱图（MIC），两者的特征离子皆为 44，为区别于其他消毒副产物，需要设置 DCAcAm 的参考离子为 83、127，TCAcAm 的参考离子为 82、98，从而得到全扫描检测模式下测定出的 DCAcAm 和 TCAcAm 质谱图（MC），如图 2-26 所示。

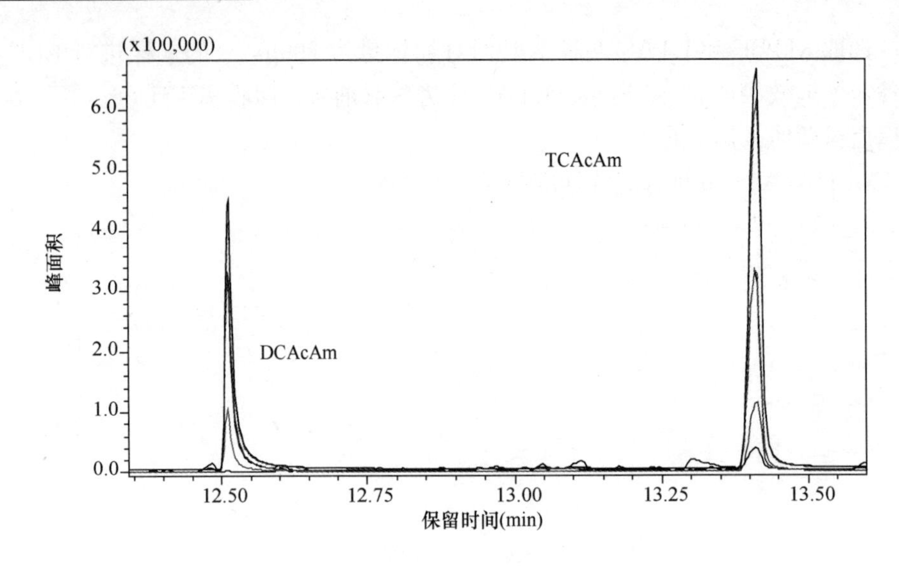

图 2-26 DCAcAm 和 TCAcAm 的质谱图

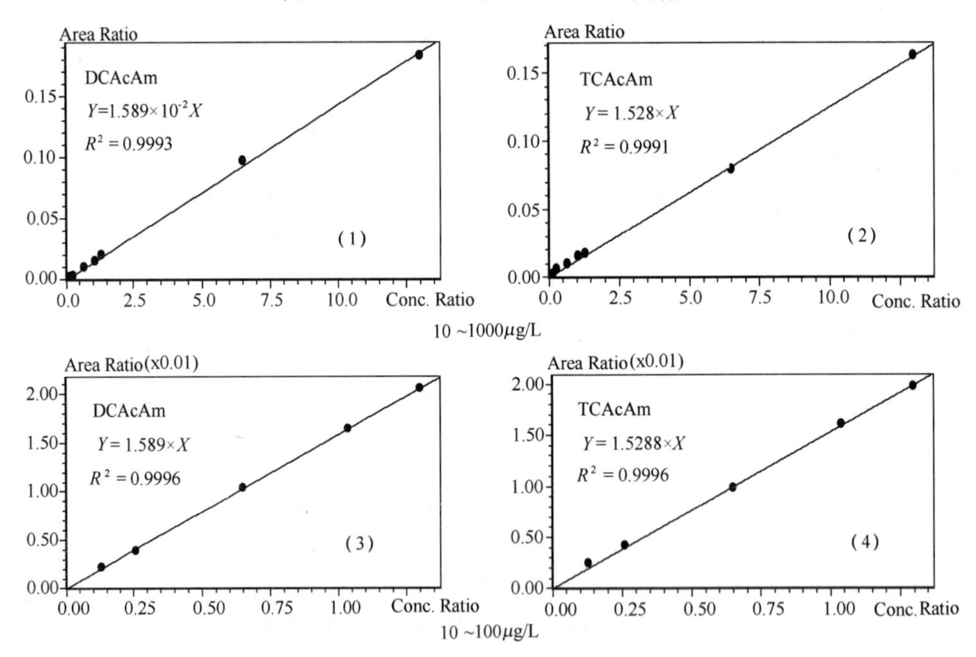

图 2-27 DCAcAm 和 TCAcAm 的标准工作曲线

[纵坐标：相对峰面积（%）；横坐标：相对浓度（%）]

在选择离子检测模式下，测定 7 个浓度（10μg/L、20μg/L、50μg/L、80μg/L、100μg/L、500μg/L 和 1000μg/L）的校正标准液，得到标准工作曲线如图 2-27 所示。图 2-27（1）和（2）分别为选取 10～1000μg/L 范围内的 7 个质量浓度水平时，所获得的标准工作曲线，而图 2-27（3）和（4）分别为选取

10～100μg/L范围内的5个质量浓度水平时所获得的标准工作曲线。各标准工作曲线的线性相关系数R^2都在0.9990以上。浓度范围在10～100μg/L之间的5点标准工作曲线适用于含有微量DCAcAm和TCAcAm的水样测定，而浓度范围在10～1000μg/L之间的7点标准工作曲线适用于较高浓度HAcAms的测定。

3. HAcAms分析方法的精密度与检测限

采用7个超纯水加标样品进行平行测定（加标量为1μg/L），基于测定值分别计算DCAcAm和TCAcAm两种组分的标准偏差（*SD*）、相对标准偏差（*RSD*）、方法检出限（MDL）和检测下限（RQL），结果如表2-8所示。根据美国环保署552.3方法，MDL = $SD \times t_{(n-1,1-a=0199)}$，其中*SD*为标准偏差，$t_{(n-1,1-a=0199)}$是自由度$n-1$、可信度99%时的$t$分布函数，$n=7$时$t$为3.143；国际理论和应用化学联合会（IUPAC）规定10倍空白*SD*相对应的浓度值作为RQL，约为MDL的3.3倍，置信水平为90%，即RQL=3.3×MDL。由表2-8可看出，加标超纯水样品中DCAcAm和TCAcAm测定的*RSD*控制在了USEPA552.3方法中规定的检测限临界值（≤20%）以内。其中，DCAcAm的*SD*、MDL、RQL和*RSD*都高于TCAcAm，这可能是因为DCAcAm对MS本身的响应程度低于TCAcAm所致。

超纯水加标样品（1μg/L）中HAcAms的检测结果（n=7） **表2-8**

HAcAms	测定值（μg/L）							*SD*（μg/L）	MDL（μg/L）	RQL（μg/L）	*RSD*（%）
DCAcAm	1.10	0.96	1.03	0.86	0.96	0.85	0.83	0.093	0.29	0.96	9.82
TCAcAm	1.06	1.04	0.85	0.87	0.93	0.92	0.93	0.072	0.23	0.75	7.63

4. HAcAms分析方法的准确度

使用超纯水配制浓度约为10μg/L的本底水样，加入适量混合标准储备液，配制成加标量分别为1μg/L、10μg/L和100μg/L的水样，测定其回收率，回收率=［测定值/（本底浓度+加标量）］×100%，结果如表2-9所示。本试验的回收率为82.0%～111.9%，控制在美国环保署552.3要求的±30%之内，可见本试验的准确度同样也被标准认可。试验发现，回收率在低浓度样品中偏离期望值程度大于高浓度样品，低浓度样品中DCAcAm的回收率偏离期望值程度大于TCAcAm。

水中DCAcAm和TCAcAm的加标回收率 **表2-9**

HAcAms	本底浓度（μg/L）	加标量（μg/L）	测定值（μg/L）	回收率（%）
DCAcAm	9.77	1.00	9.37	87.0
	9.63	10.00	18.25	93.0
	9.57	100.00	89.84	82.0

续表

HAcAms	本底浓度 (μg/L)	加标量 (μg/L)	测定值 (μg/L)	回收率 (%)
TCAcAm	10.69	1.00	12.25	104.8
	10.35	10.00	20.87	102.6
	9.83	100.00	122.84	111.9

5. HAcAms 分析方法的进一步优化

在原水卤乙酰胺生成潜能（HAcAmFP）的研究中，由于 HAcAms 前体物的浓度随季节变动幅度较大，有时无法达到上述 HAcAms 方法的检出限，为了尽可能的检测到卤乙酰胺生成潜能试验中 HAcAms 的生成量，在调查不同季节 HAcAmFP 时，对分析方法进行了改进，即提高萃取倍数和提高进样量。萃取倍数的提高主要是通过增大被萃取水样体积实现的，即将被萃取水样由 20mL 增大到 100mL。提高进样量是将 GC/MS 的进样量由 1μL 增加到 3μL。进样量的增加也就意味着进入到仪器中的萃取剂 ETAC 的增加，为避免 ETAC 对被测物质峰的干扰以及污染离子源，需将升温程序中的初始温度保持时间由 10min 增加到 20min，溶剂截取时间由 6.5min 增加到 15min。通过改进可以将 DCAcAm 和 TCAcAm 的检出限由原来的 0.29μg/L 和 0.23μg/L 降低到 0.1μg/L 以下，但是该改进措施对无水硫酸钠的消耗较大，并且增加了测定样品所需时间。

2.6　2-氯酚分析方法

采用 LLE+GC/MS 建立了 2-氯酚（2-CP）的分析方法。

液液萃取（LLE）所用萃取剂为 MTBE。

GC/MS 运行条件如下。

载气流量控制方式：压力控制；

柱头压：125.2 kPa；

总流量：51.6mL/min；

进样方式：不分流进样；

进样口温度：180 ℃；

MS 检测器温度：250 ℃；

离子源：EI 源；

电子能量：70 eV；

扫描质量范围：30～200m/z；

检测模式：全扫描检测（SCAN）和选择离子检测（SIM）；

溶剂延迟：5.5min；

升温程序：初始温度为 40℃，保持 10min，以 40℃/min 的速率升温至 220℃，保持 10min。

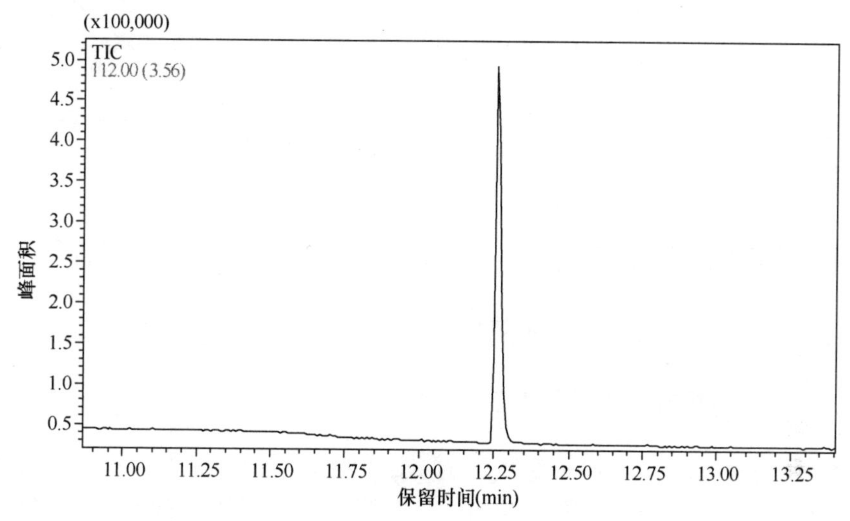

图 2-28　2-氯酚的总离子色谱图

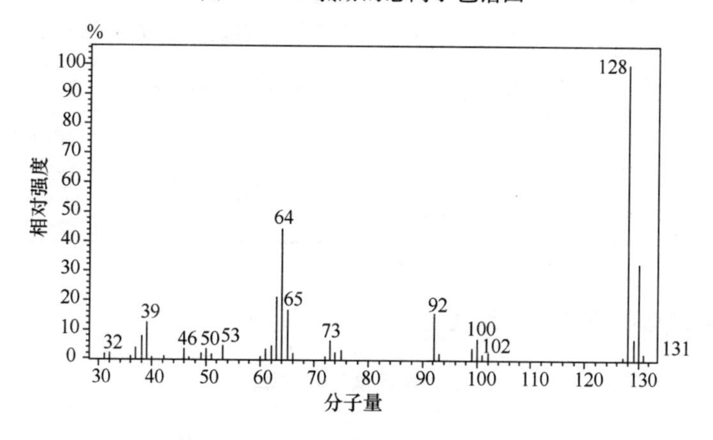

图 2-29　2-氯酚的混合离子色谱图

2.6.1　2-氯酚的标准曲线

图 2-28 为全扫描检测模式下，2-氯酚经 GC/MS 测定后所得总离子色谱图。图 2-29 为 2-氯酚的混合离子色谱图，特征离子为 128。对 2-氯酚设置 2 个参考离子：64 和 130。在 GC/MS 的选择离子检测模式下，测定 5 个质量浓度水平（20μg/L、40μg/L、80μg/L、100μg/L 和 200μg/L）的校正标准液，得到质谱图和标准工作曲线，如图 2-30 所示。

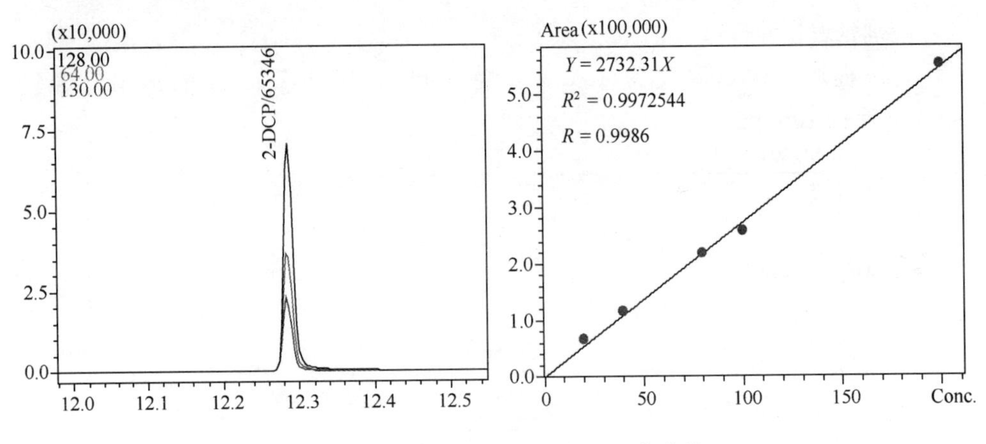

图 2-30　2-氯酚的质谱图和标准工作曲线

2.6.2　2-氯酚分析方法的精密度与检测限

采用7个超纯水加标样品进行平行测定（加标量为10μg/L），计算2-氯酚的标准偏差（*SD*）、检测上限（MDL）、检测下限（RQL）和相对标准偏差（*RSD*），结果如表2-10所示。由表2-10可看出，加标超纯水样品中2-氯酚的*RSD*≤5%，MDL和RQL分别在1.5μg/L和5.0μg/L以下。

超纯水加标样品（10.0μg/L）中2-氯酚的检测结果（n=7）　　表2-10

2-氯酚	测定值 (μg/L)							*SD* (μg/L)	MDL (μg/L)	RQL (μg/L)	*RSD* (%)
	10.95	9.63	9.73	9.82	9.85	9.71	9.89	0.42	1.32	4.36	4.23

2.6.3　2-氯酚分析方法的准确度

2-氯酚的加标回收率　　表2-11

	本底浓度 (μg/L)	加标量 (μg/L)	测定值 (μg/L)	回收率 (%)
2-氯酚	50.57	1.00	55.35	91.4
	49.26	10.00	97.37	98.1
	51.41	100.00	157.64	104.1

使用超纯水配制浓度约为50μg/L的本底水样，加入适量混合标准储备液，配制成加标量分别为10μg/L、50μg/L和100μg/L的水样，测定其回收率=测定

值/[(本底浓度+加标量)]，结果如表 2-11 所示，回收率在 91.4%～104.1%之间，可满足分析准确度的要求。

2.7 氯胺及其他指标的分析方法

2.7.1 氯胺分析和测试

1. 方法提要

试验中采用 N，N-二乙基-1，4-苯二胺（DPD）分光光度法分别测定自由氯、一氯胺（NH_2Cl）、二氯胺（$NHCl_2$）和三氯胺（NCl_3），该方法的原理如下：

在 pH=6.2～6.5 条件下，水样中不含碘化物离子时，自由氯立即与显色剂 DPD 反应变红，分光光度计（510nm 波长）读数记为 A；加入少量（约 0.1mg）KI，起催化作用，使 NH_2Cl 也与试剂反应显色，此时读数记为 B；加入过量（约 0.1g）KI 时，可使 $NHCl_2$ 迅速与试剂反应而显色，此时 NCl_3 也包括在内，读数记为 C。由于一般情况下一氯胺和三氯胺不能共存，而试验中控制溶液 4<pH<9，故对三氯胺不予考虑。因此，A 表征自由氯，B-A 表征一氯胺，C-B 表征二氯胺。方法适用于 0.0004～0.07mmol/L（0.03～5mg/L）自由氯或氯胺（以 Cl_2 计）的测定，样品浓度较高时，需进行稀释。

2. 主要试剂和仪器

分析使用试剂均为分析纯级。

（1）缓冲溶液，pH=6.5：在去离子水中依次溶解 60.5g 十二水合磷酸氢二钠（$Na_2HPO_4 \cdot 12H_2O$）和 46g 磷酸二氢钾（KH_2PO_4），加入 0.8g 二水合 EDTA 二钠（$C_{10}H_{14}N_2O_8Na_2 \cdot 2H_2O$），稀释至 1000mL，混匀；

（2）DPD 溶液，1.1g/L：将 250mL 水、2mL 硫酸（ρ=1.84g/mL）和 0.2g 二水合 EDTA 二钠溶液体混合，溶解 1.1g 无水 DPD 硫酸盐于此混合液中，稀释至 1000mL，混匀。试液装在棕色瓶内，于冰箱内保存；

（3）KI，晶体以及 5g/L 的溶液：溶液需临用的当天配制，贮于棕色瓶中；

（4）碘酸钾标准使用溶液，10.06mg/L：1.00mL 此标准使用溶液含 10.01g KIO_3，相当于 0.141molCl_2；

（5）硫酸，约 1mol/L；

（6）氢氧化钠溶液，2mol/L；

（7）NH_4Cl 溶液，1g/L：以 N 计；

（8）次氯酸钠，500mg/L：以 Cl_2 计，由商用次氯酸钠稀释而成。

分光光度计采用 HACH 余氯仪。

3. 测试步骤

（1）标准曲线的绘制：向一系列 100mL 容量瓶中，分别加入 0.0mL、0.30mL、0.50mL、1.00mL、5.00mL、10.0mL、20.0mL、30.0mL、40.0mL 和 50.0mL 碘酸钾标准使用溶液，各瓶中加入 1.0mL 硫酸；1min 后，各加 1.0mL 氢氧化钠溶液，稀释至标线。各瓶中氯浓度 $C(Cl_2)$ 分别为 0.00μmol/L、0.423μmol/L、0.705μmol/L、1.41μmol/、7.05μmol/L、14.1μmol/L、28.2μmol/L、42.3μmol/L、56.4μmol/L 和 70.5μmol/L（即 0.00mg/L、0.03mg/L、0.05mg/L、0.10mg/L、0.50mg/L、1.00mg/L、2.00mg/L、3.00mg/L、4.00mg/L 和 5.00mg/L）。

向 250mL 锥形瓶中各加入 5.0mL 缓冲溶液和 5.0mLDPD 试液，并在不超过 1min 将上述各容量瓶中刚稀释到标线的标准溶液分别倒入锥形瓶中（不要淋洗），摇匀，用余氯仪测量各标准比色液的吸光度（比色时间勿超过 2min）。绘制标准曲线，每天核对标准曲线中的一个点。

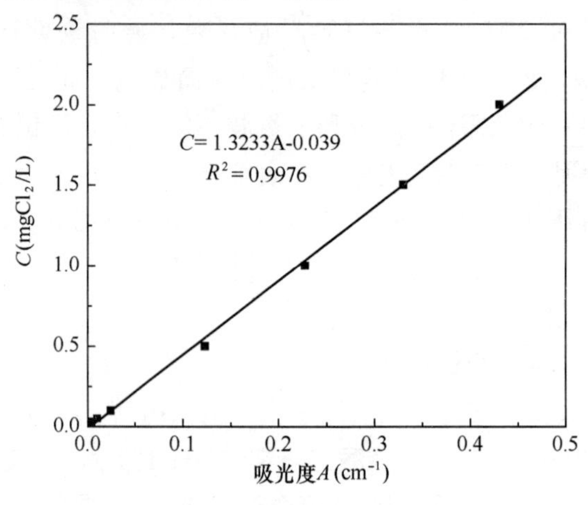

图 2-31　有效氯的标准曲线

（2）自由氯的测定：转移 100mL 水样于盛有 5.0mL 缓冲液和 5.0mL DPD 试液的 250mL 锥形瓶中，混匀，测量吸光度。

（3）一氯胺的测定：转移 100mL 相同水样于盛有 5.0mL 缓冲液和 5.0mL DPD 试液的 250mL 锥形瓶中，立刻加入 2 滴碘化钾溶液，混匀，测量吸光度，测得的浓度减去自由氯浓度即为一氯胺浓度。

（4）二氯胺的测定：转移 100mL 相同水样于盛有 5.0mL 缓冲液和 5.0mL DPD 试液的 250mL 锥形瓶中，立刻加入约 1g 碘化钾，混匀，将显色液倒入比色皿内，2min 后，测量吸光度，测得的浓度减去自由氯和一氯胺浓度即为二氯胺浓度。

4. 标准曲线图

按照标准曲线的绘制步骤，得到图 2-31。

由于试验用 HACH 余氯仪的单色性较差，浓度范围变窄，只适用于 0.02～2.0mg/L。因此，在此范围内，自由氯或氯胺的浓度（mg/L，以 Cl_2 计）与吸光度 A 的关系为 $C=1.3233A-0.039$，相关系数 $R^2=0.9976$。

常规测试项目、方法及仪器 **表 2-12**

分析项目	测试方法	测量范围	试验仪器
pH	玻璃电极法	—	PHSJ-3F 型 pH 计
浑浊度		—	美国 HACH 公司 HACH 2100N 浊度仪
DOC	DOC=TOC-IC	—	日本 Schimadu TOC-VCPH 测定仪
TN	HACH 方法 10071	—	HACH DR2800 并通过日本 Schimadu TOC-VCPH（TNM-1）测定仪验证
高锰酸盐指数	高锰酸钾酸性法	—	电热数字显示恒温水浴锅
UV_{254}	254nm 波长下紫外吸光度	—	Unico4802 紫外/可见双光束分光光度计
UV_{272}	272nm 波长下紫外吸光度	—	Unico4802 紫外/可见双光束分光光度计
NH_3-N	HACH 方法 8038	0.02～2.50mg/L	HACH DR2800
NO_2^--N	HACH 方法 8507	0.002～0.300mg/L	HACH DR2800
NO_3^--N	HACH 方法 8192	0.01～0.50mg/L	HACH DR2800

第3章　氯胺形态及一氯胺特性研究

氯胺包括3种形态：一氯胺（NH_2Cl）、二氯胺（$NHCl_2$）和三氯胺（NCl_3），这3种形态氯胺的消毒效果比较如下：$NHCl_2$ 的消毒效果优于 NH_2Cl，但是 $NHCl_2$ 具有臭味，NCl_3 消毒效果极差，并且具有恶臭味，所以在3种氯胺形态中，既能达到良好效果又不会对水质产生不利影响的形态是 NH_2Cl。因此，在氯胺消毒工艺中如何控制好反应条件，使反应更有利于向 NH_2Cl 方向进行，尽可能多生成 NH_2Cl，使 NH_2Cl 在饮用水消毒中发挥作用。本章主要研究了在不同加氯量和氨氮量的情况下各种形态氯胺的生成情况，考察了水体pH值对氯胺形态变化的影响，并且研究了初始浓度、离子强度、温度、总碳酸根浓度、Cl/N、pH值和腐殖酸浓度等因素对 NH_2Cl 自降解特性的影响情况。

3.1　氯胺形态研究

3.1.1　不同加氯量和氨氮量情况下不同形态氯胺的生成

试验取一定量氨氮储备液（1g/L的 NH_4Cl 溶液）溶于1000mL去离子水中，再投加不同量的次氯酸钠储备液，混匀，用1mol/L的NaOH或HCl调节pH=7±0.2，放入 T=25±2℃的恒温箱中静置30min，然后测定各种形态余氯的生成量。其中加氯量变化为0.2～7mg/L（以 Cl_2 计），氨氮浓度变化分别为0.3mg/L、0.5mg/L、1.0mg/L、1.5mg/L（以N计），试验结果见图3-1（*a*）～3-1（*d*）。

从图3-1（*a*）可以看到，当氨氮浓度 C_N 为0.3mg/L时，在加氯量约2.5mg/L处（总余氯为1.084mg/L）出现转折点。转折点前，自由氯、NH_2Cl 和 $NHCl_2$ 浓度各占了一定比例，其中当加氯量为1.5mg/L时，静置30min后生成自由氯约0.1mg/L、NH_2Cl 约1.0mg/L和 $NHCl_2$ 约0.4mg/L；随着加氯量的增加，自由氯的生成量增加，但 NH_2Cl 和 $NHCl_2$ 的生成量减少；到达转折点时，溶液中的化合性余氯主要以 NH_2Cl 和 $NHCl_2$ 的形态存在（分别约为0.3mg/L和0.5mg/L）；转折点过后，余氯基本上以自由氯形态存在。

当氨氮浓度 C_N 为0.5mg/L时，如图3-1（*b*）所示，在加氯量约2.5mg/L

处（总余氯为 2.485mg/L）出现峰点，约 4mg/L 处（总余氯为 1.302mg/L）出现转折点。其中当加氯量为 2mg/L 时，即 Cl/N（质量比）为 4∶1 时，反应 30min 后约 90%的余氯为 NH_2Cl；当加氯量增加到 3mg/L 时，即 Cl/N 为 6∶1，生成自由氯约 0.4mg/L、NH_2Cl 约 1.3mg/L 和 $NHCl_2$ 约 0.6mg/L（分别占总余氯的 17%、57%和 26%）。

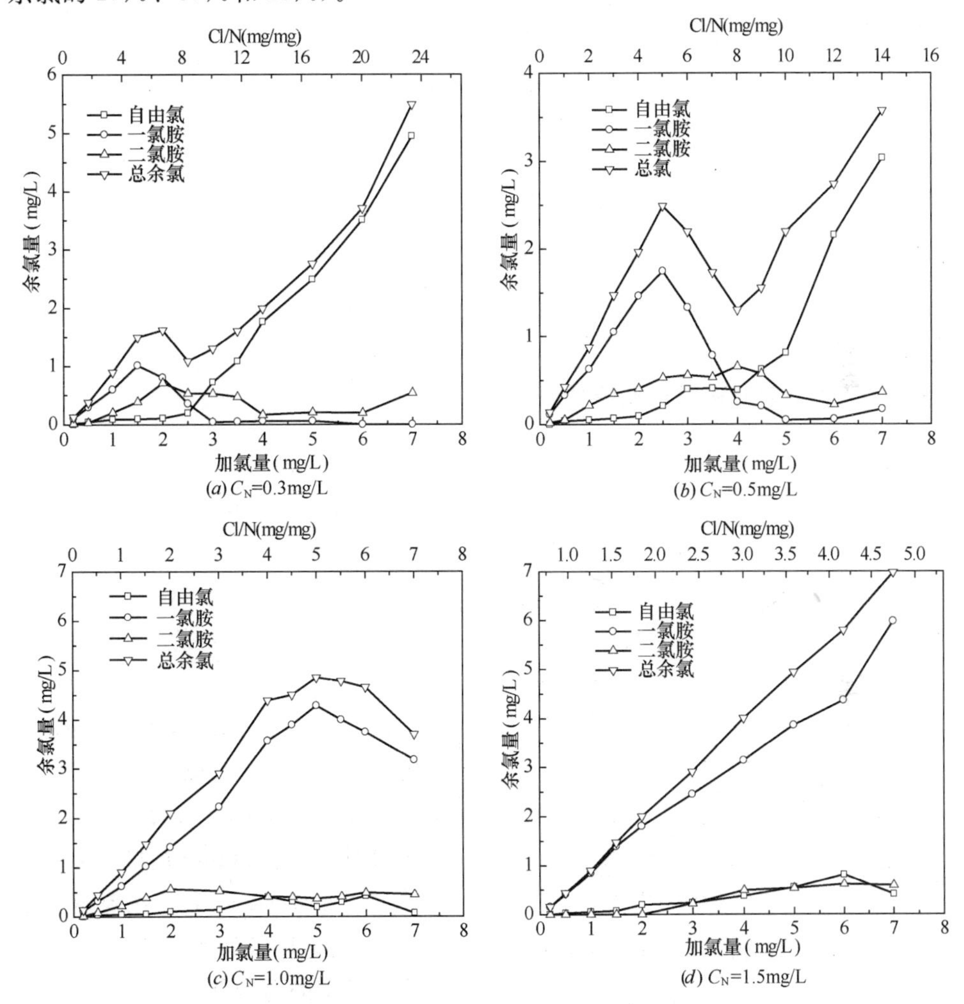

图 3-1 不同加氯量和氨氮浓度条件下各种形态氯胺的生成

从图 3-1（c）可以看到，当氨氮浓度为 1.0mg/L 时，在加氯量约 5mg/L 时出现峰点，此时总余氯为 4.848mg/L，其中自由氯约 0.2mg/L、NH_2Cl 约 4.3mg/L、$NHCl_2$ 约 0.3mg/L。随着反应溶液中氨氮浓度的继续增加，图 3-1（*d*）显示了氯化曲线中峰值之前的变化情况，在本试验的加氯量范围内，$NHCl_2$ 的生成浓度较低，90%左右的余氯均为 NH_2Cl。

综上所述，在 pH=7±0.2，T=25±2℃，静置反应 30min 的条件下，试验所得的氯化曲线中，在 Cl/N 为 5：1 左右时出现峰值，在 Cl/N 约 8：1 处出现转折点。峰点之前，主要以生成 NH_2Cl 的反应（式 3-1）为主；峰点后及转折点前，生成 $NHCl_2$ 的反应增强，NH_2Cl 的量减少（式 3-2～3-4）；当加氯量增加到转折点时，氨将被完全氧化（式 3-5）。由于本试验反应溶液的 pH 为中性，因此没有检测到在 pH<4.4 才逐步趋向占优势成分的 NCl_3。

$$HOCl + NH_3 \rightleftharpoons NH_2Cl + H_2O \tag{3-1}$$

$$HOCl + NH_2Cl \rightleftharpoons NHCl_2 + H_2O \tag{3-2}$$

$$2NH_2Cl + H^+ \rightleftharpoons NH_4^+ + NHCl_2 \tag{3-3}$$

$$2NH_2Cl + Cl_2 \rightleftharpoons N_2 + 4HCl \tag{3-4}$$

$$2NH_3 + 3Cl_2 \rightleftharpoons N_2 + 6HCl \tag{3-5}$$

3.1.2 氨氮浓度对氯胺形态的影响

在一系列含有不同氨氮浓度的 1L 去离子水中投加 3mg/L 的有效氯，用 1mol/L 的 NaOH 或 HCl 调节 pH=7±0.2，放入 T=25±2℃的恒温箱中静置反应 30min，然后测定各种形态余氯的生成量，结果见图 3-2。

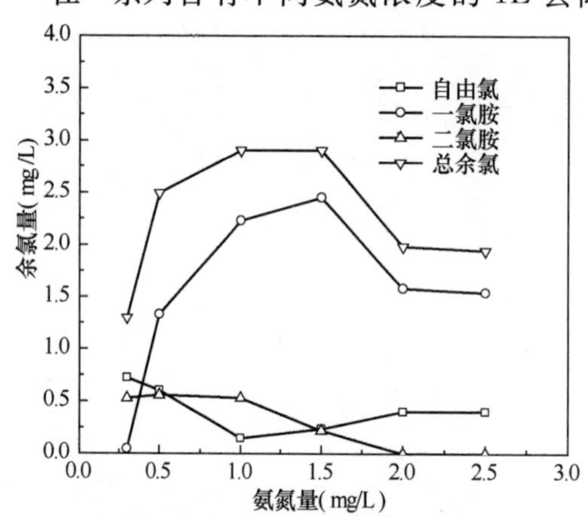

图 3-2 氨氮浓度对氯胺形态的影响

从图 3-2 可以看到，当加氯量为 3mg/L 时，氨氮浓度为 0.5～1.7mg/L，即 Cl/N 值约为 2：1～6：1时，反应 30min 后的总余氯保持在 2.5mg/L 以上。氨氮含量少于 0.5mg/L 或高于 1.7mg/L 均会消耗较多的有效氯。另外，随着氨氮浓度的升高，$NHCl_2$ 的生成量逐渐降低，至氨氮量大于 2mg/L 后检测不出。该规律与 Hand V.C. 等的研究大致相同，当氨氮浓度较大时，$NHCl_2$ 的分解速率（式 3-6 中 $k_1=2.2\times10^8 M^{-1}h^{-1}$）要比生成速率（式（3-7）中 $k_2=1.0\times10^6 M^{-1}h^{-1}$）大两个数量级。

$$NHCl_2 + NH_3 \xrightarrow{k_1} NH_2Cl + NH_2Cl \tag{3-6}$$

$$HOCl+NH_2Cl \xrightarrow{k_2} NHCl_2+H_2O \tag{3-7}$$

因此，在采用氯胺消毒时，Cl/N 值控制为 3∶1～4∶1 较宜，并且氯胺形态主要以 NH_2Cl 为主。

3.1.3 pH 值对氯胺形态的影响

在一系列含有 0.5mg/L 氨氮的 1 L 去离子水中投加 2mg/L 的有效氯，即 Cl/N 值为 4∶1，之后用 1mol/L 的 NaOH 或 HCl 分别调节 pH＝4、5、6、7、8、9，放入 $T=25\pm2$℃的恒温箱中静置反应 30min 后测定各种形态余氯的生成量，结果见图 3-3。

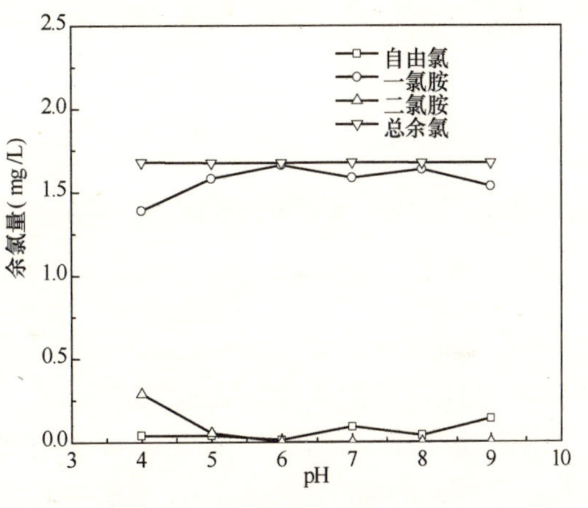

图 3-3 pH 值对氯胺形态的影响

从图 3-3 可以看到，在 Cl/N 为 4：1 的情况下，pH 的变化对总余氯影响较小，当 pH＝5～8 时，余氯基本上以 NH_2Cl 的形态存在，占 95%左右；随着 pH 继续上升或下降，$NHCl_2$ 的浓度开始上升，当 pH=4 时，测得生成 $NHCl_2$ 约 0.3mg/L，占 18%左右。因此，从本试验可以看到，对于实际水体的 pH=6～8，控制 Cl/N=4∶1 时，水体中生成的氯胺基本上为 NH_2Cl，有利于氯胺对水体的氧化消毒反应。

3.2 NH_2Cl 自降解动力学研究

一氯胺在水体中是不稳定的，会通过一系列的反应进行自降解（式 3-8）以及氧化有机物（式 3-9）等，导致氨氮的被氧化和有效氯的减少，本节先对其自降解反应进行动力学研究。

$$3NH_2Cl \rightleftharpoons N_2+NH_3+3Cl^-+3H^+ \tag{3-8}$$

$$NH_2Cl+DOC \longrightarrow Products \tag{3-9}$$

3.2.1 NH_2Cl 自降解反应级数

在一氯胺初始浓度 $[NH_2Cl]_0=0.043$mmol/L（有效氯含量为 3.02mg/L，

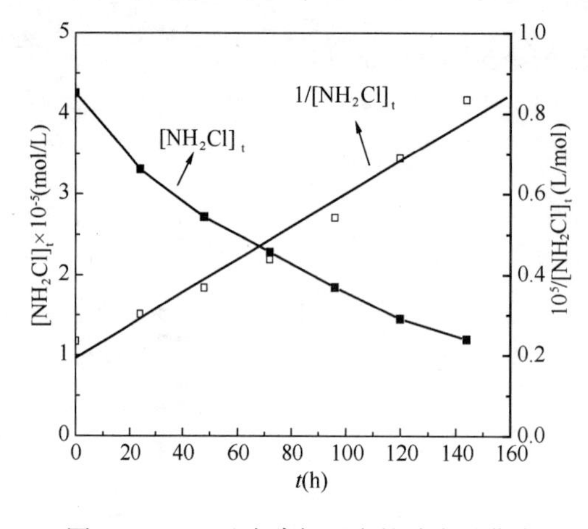

图 3-4　NH_2Cl 自降解反应的动力学曲线

Cl/N=4∶1)、初始 pH=7.1、T=25±2℃、离子强度 μ=0.01mol/L(投加 $NaClO_4$ 溶液控制)、总碳酸根浓度 $C_{TCO_3^{2-}}$=4mmol/L 的自降解反应中（见图 3-4)，随着反应时间增大到 144h，$[NH_2Cl]_t$ 降低到 0.012 mmol/L。同时，对 $1/[NH_2Cl]_t$ 和反应时间 t 进行拟合，发现呈良好的线性关系，R^2 = 0.9828。说明可以认为 NH_2Cl 的自降解反应是二级反应，即：

$$\frac{1}{c}=\frac{1}{c_0}-kt \tag{3-10}$$

式(3-10)中 c 为 NH_2Cl 浓度，c_0 为 NH_2Cl 初始浓度，k 为二级反应速率常数。

3.2.2　NH_2Cl 初始浓度对反应的影响

在初始 pH=7.1，T=25±2℃，离子强度 μ=0.01mol/L，总碳酸根浓度 $C_{TCO_3^{2-}}$=4mmol/L，Cl/N=4∶1 的条件下，试验考察了 NH_2Cl 的自降解随其初始浓度的变化。如图 3-5 所示。

由图 3-5 可知，随着 NH_2Cl 初始浓度的增大，其自降解速率逐渐增加。不同 NH_2Cl 初始浓度条件下的反应动力学方程式、速率常数及相关系数如表 3-1 所示。

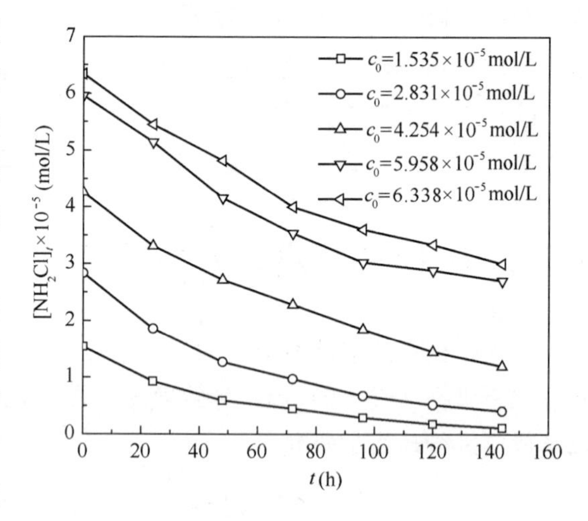

图 3-5　NH_2Cl 初始浓度对自降解反应的影响

由表 3-1 可知，NH_2Cl 初始浓度由 0.015mmol/L 增加到 0.063mmol/L 时，反应速率常数由 3464.6L/(mol·h) 减少为 123.31L/(mol·h)。试验所得反应速率常数 k 与 NH_2Cl 初始浓度的关系如图 3-6 所示，采用负指数关系拟合的两者关系式为 $k=7.0662\times10^{-6}[c_0]^{-1.8065}$，相关系数 R^2=0.9812。在试验设定的初始浓度范围内，初始浓度越低，反应的二级速率常数就越大，而反应速率受浓度影响，呈现增加的趋势。

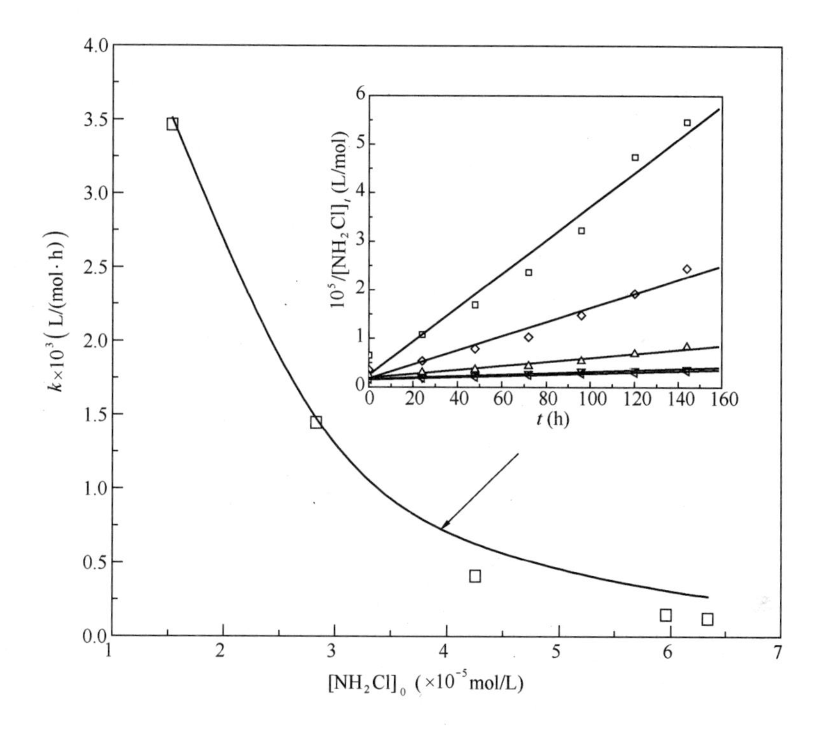

图 3-6 NH_2Cl 初始浓度对自降解反应速率常数 k 的影响

不同 NH_2Cl 初始浓度条件下的 $1/[NH_2Cl]_t$ 与时间 t 的线性方程式　　表 3-1

编号	$[NH_2Cl]_0$ ($\times10^{-5}$mol/L)	线性方程式	k [L/ (mol·h)]	R^2
①	1.535	$1/c=3464.6t+24923$	3464.6	0.9841
②	2.831	$1/c=1449.0t+17889$	1449.0	0.9832
③	4.254	$1/c=409.09t+19259$	409.09	0.9828
④	5.958	$1/c=148.66t+16900$	148.66	0.9907
⑤	6.338	$1/c=123.31t+15537$	123.31	0.9976

3.2.3 初始 pH 对反应的影响

在$[NH_2Cl]_0=0.043$mmol/L 左右、$T=25\pm2$℃、离子强度 $\mu=0.01$mol/L、$C_{TCO_3^{2-}}=4$mmol/L 及 Cl/N=4∶1 的条件下，试验考察了 NH_2Cl 的自降解随反应溶液初始 pH 的变化，见图 3-7。由图 3-7 可知，随着 pH 的升高，NH_2Cl 的自降解速度大幅度降低。当反应 144h 即 6d 后，残留的 NH_2Cl 由 pH 为 6.05 时的 0.004mmol/L 增大到 pH 为 10 时的 0.036mmol/L，即自降解程度由 91%减小到 16%。因此，较高的溶液 pH 有利于 NH_2Cl 的反应持久性。这是因为随着 pH 的降低，反应逐渐生成少量的 $NHCl_2$，$NHCl_2$ 较快的分解速率从而使得 NH_2Cl 的自降解速率更快。

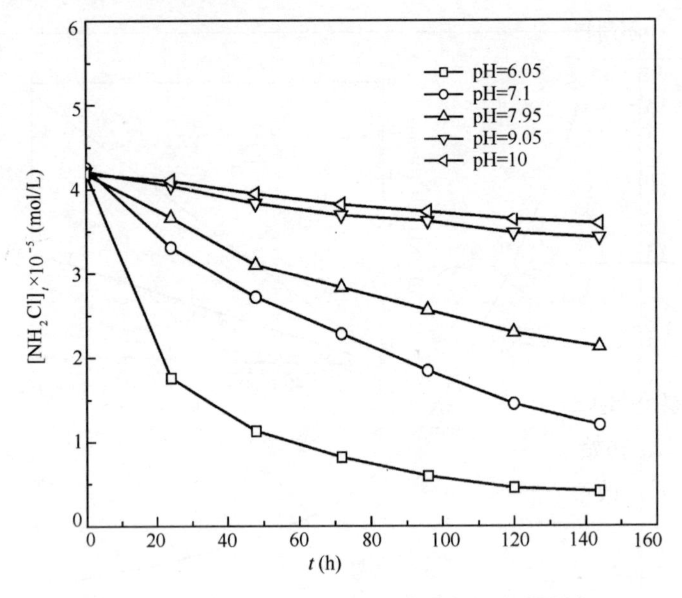

图 3-7　初始 pH 值对 NH_2Cl 自降解反应的影响

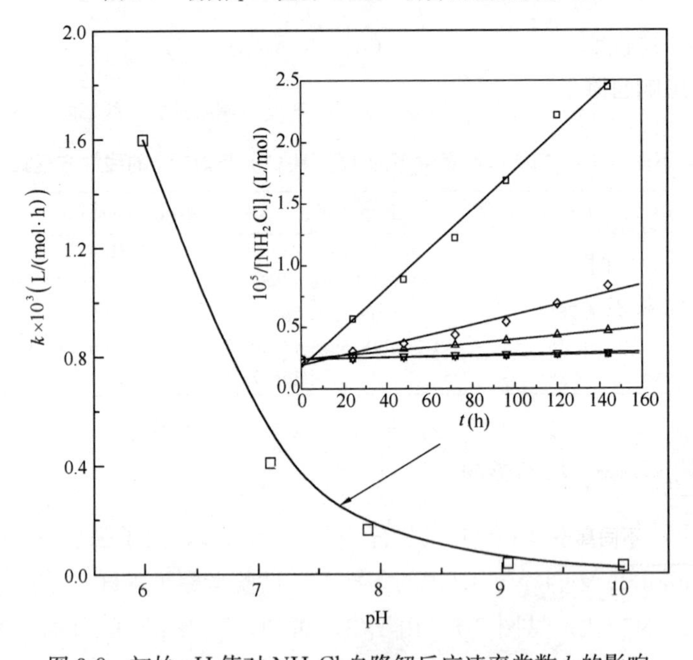

图 3-8　初始 pH 值对 NH_2Cl 自降解反应速率常数 k 的影响

由表 3-2 可知，初始 pH 由 6.05 增大到 10 时，反应速率常数由 1597.00L/(mol·h)减少为 28.69L/（mol·h）。对反应速率常数和 pH 值的关系进行拟合，结果如图 3-8 所示。拟合关系式为 $k=5\times10^{9}\ [\mathrm{pH}]^{-8.3794}$，方程相关系数为 0.9865。因此，水体的 pH 值对 NH_2Cl 的稳定性具有很重要的影响。

不同初始 pH 条件下的 $1/[NH_2Cl]_t$ 与时间 t 的线性方程式　　　表 3-2

编号	pH	线性方程式	k（L/（mol·h））	R^2
①	6.05	$1/c=1597t+17530$	1597	0.9917
②	7.1	$1/c=409.09t+19259$	409.09	0.9828
③	7.95	$1/c=161.58t+23852$	161.58	0.9979
④	9.05	$1/c=38.62t+23973$	38.62	0.9838
⑤	10	$1/c=28.691t+23922$	28.69	0.9886

3.2.4　离子强度对反应的影响

为了考察 NH_2Cl 自降解反应随溶液离子强度的变化，在 $[NH_2Cl]_0$ 约为 0.043mmol/L、初始 pH=7.1 左右、$T=25\pm2$℃、$C_{TCO_3^{2-}}=4$mmol/L 及 Cl/N=4∶1的条件下，改变溶液离子强度为 0.005mol/L、0.01mol/L、0.03mol/L、0.05mol/L、0.1mol/L，试验结果见图 3-9。

如图 3-9 所示，随着溶液离子强度的升高，NH_2Cl 的自降解速度越来越小，这说明了溶液离子强度的改变会影响自降解反应的平衡浓度，离子强度越高，越不利于 NH_2Cl 的自降解反应。从表 3-3 可以看到，当离子强度由 0.005mol/L 升高到 0.1mol/L 时，其自降解速率常数 k 由 856.3L/（mol·h）减小到 116.96L/（mol·h）。拟合反应速率常数 k 和离子强度的关系见图 3-10。其拟合关系式为 $k=22.65[\mu]^{-0.6597}$，相关系数为 0.9737。

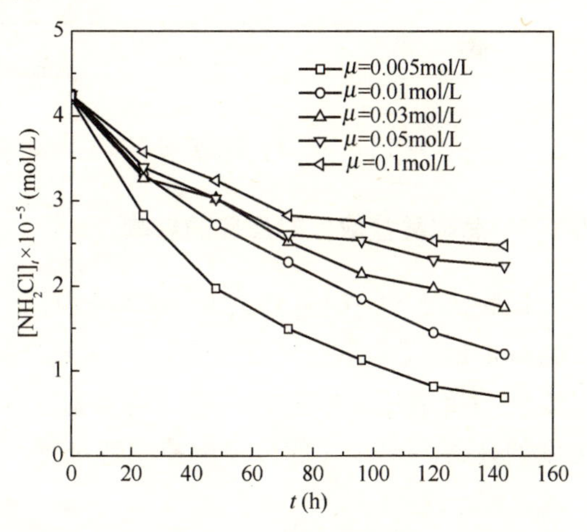

图 3-9　离子强度对 NH_2Cl 自降解反应的影响

不同离子强度条件下的 $1/[NH_2Cl]_t$ 与时间 t 的线性方程式　　　表 3-3

编号	离子强度（mol/L）	线性方程式	k［L/（mol·h）］	R^2
①	0.005	$1/c=856.3t+14476$	856.30	0.9724
②	0.01	$1/c=409.09t+19259$	409.09	0.9828
③	0.03	$1/c=229.83t+23698$	229.83	0.9923
④	0.05	$1/c=145.12t+25518$	145.12	0.9615
⑤	0.1	$1/c=116.96t+24971$	116.96	0.9645

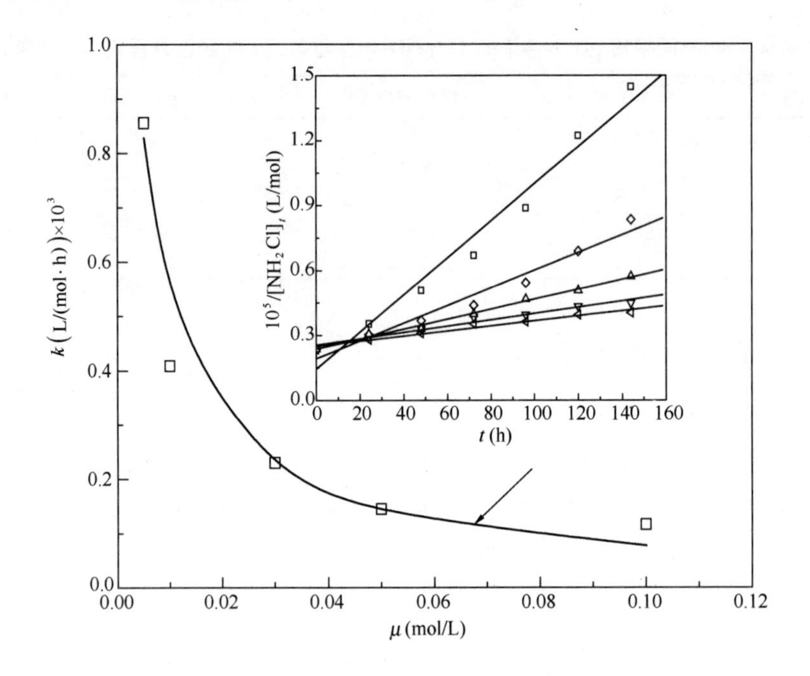

图 3-10　离子强度对 NH_2Cl 自降解反应速率常数 k 的影响

3.2.5　总碳酸盐浓度对反应的影响

试验在 $[NH_2Cl]_0$ 约为 0.043mmol/L、初始 pH=7.1 左右、离子强度 μ=0.01mol/L、T=25±2℃及 Cl/N=4∶1 的条件下，研究了不同总碳酸盐浓度对 NH_2Cl 自降解反应的影响。试验结果见图 3-11，由图可以看出，随着总碳酸盐浓度的升高，NH_2Cl 的自降解速率逐渐增大。有关研究表明通用的酸催化剂如

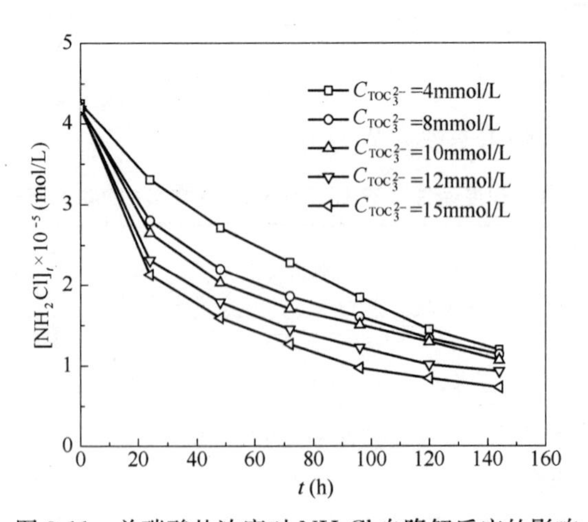

图 3-11　总碳酸盐浓度对 NH_2Cl 自降解反应的影响

磷酸盐、硫酸盐等能加速 NH_2Cl 的歧化反应，因此具有 pH 缓冲能力的碳酸根同样也可以作为酸催化剂来加速 NH_2Cl 的自降解。用二级反应动力学拟合试验结果，所得直线的方程、斜率和相关系数如表 3-4 和图 3-12 所示。

不同总碳酸盐浓度条件下的 $1/[NH_2Cl]_t$ 与时间 t 的线性方程式　　表 3-4

编号	总碳酸跟浓度 (mol/L)	线性方程式	k [L/ (mol·h)]	R^2
①	0.004	$1/c=409.09t+19259$	409.09	0.9828
②	0.008	$1/c=425.79t+24137$	425.79	0.9945
③	0.010	$1/c=453.71t+25397$	453.71	0.9908
④	0.012	$1/c=576.41t+27046$	576.41	0.9945
⑤	0.015	$1/c=775.05t+25673$	775.05	0.9973

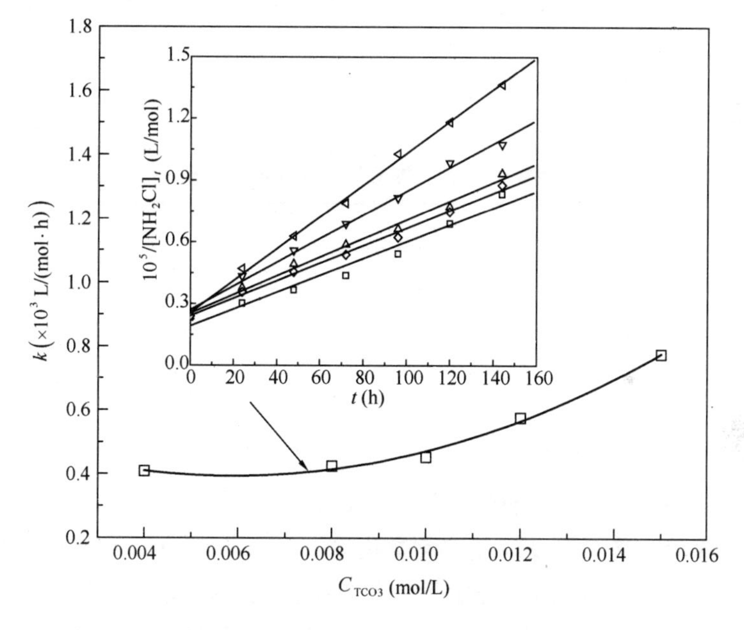

图 3-12　总碳酸盐浓度对 NH_2Cl 自降解反应速率常数 k 的影响

由表 3-4 可知，当总碳酸根浓度由 0.004mol/L 增加到 0.015mol/L 时，反应速率常数由 409.09L/ (mol·h) 增大为 775.05L/ (mol·h)。考察总碳酸根浓度与反应速率常数的关系，发现用二次多项式拟合情况较好，设：

$$k=a\left[C_{TCO_3^{2-}}\right]^2+b\left[C_{TCO_3^{2-}}\right]+c \tag{3-11}$$

式中 a、b 和 c 为系数常数，由表 3-4 中列出的数据拟合得 $a=5\times10^6$，$b=-54116$，$c=553.38$。即 $k=5\times10^6\left[C_{TCO_3^{2-}}\right]^2-54116\left[C_{TCO_3^{2-}}\right]+553.38$，$R^2=0.9939$。在试验设定的总碳酸根浓度范围内，其浓度越低，反应的二级速率常数越小，即越不利于 NH_2Cl 的自降解反应。

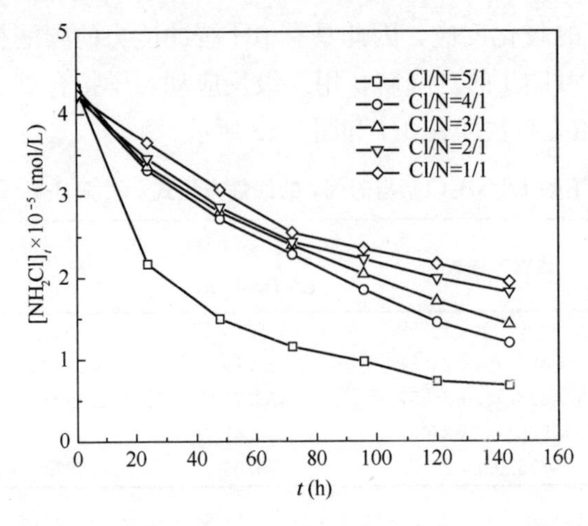

图 3-13　Cl/N（mg/mg）对 NH_2Cl 自降解反应的影响

3.2.6　Cl/N 质量比对反应的影响

前面对氯胺形态的研究已表明，不同的 Cl/N 对 NH_2Cl 的生成比例影响较大，因此研究 Cl/N 对 NH_2Cl 自降解反应的影响也有重要意义。在 $[NH_2Cl]_0$ = 0.043mmol/L 左右、初始 pH＝7.1 左右、离子强度 μ＝0.01mol/L、$C_{TCO_3^{2-}}$ ＝ 4mmol/L 及 T＝25±2℃的条件下，控制 Cl/N 分别为 5/1、4/1、3/1、2/1、1/1。图 3-13 为试验结果，二级反应拟合结果见表 3-5 和图 3-14。

不同 Cl/N 条件下的 1/［NH_2Cl］$_t$ 与时间 t 的线性方程式　　表 3-5

编号	Cl/N (mg/mg)	线性方程式	k ［L/（mol·h）］	R_2
①	5/1	$1/c$＝879.7t＋23826	879.70	0.9929
②	4/1	$1/c$＝409.09t＋19259	409.09	0.9828
③	3/1	$1/c$＝316.21t＋21282	316.21	0.9819
④	2/1	$1/c$＝218.14t＋24162	218.14	0.9972
⑤	1/1	$1/c$＝194.81t＋23526	194.81	0.9931

从图 3-13 和表 3-5 可以看到，当 Cl/N 由 5/1 降低到 1/1 时，NH_2Cl 的自降解速率逐渐降低，其二级反应速率常数由 879.7L/（mol·h）减小为 194.81L/（mol·h），Cl/N 对 NH_2Cl 自降解反应的影响也较大。这可能是因为随着 Cl/N 的降低，溶液中的氨氮比例相对增大，使得反应（式 3-8）向左的速率也增大，从而整体上减小了 NH_2Cl 的自降解速率。图 3-14 显示采用二次多项式拟合 Cl/N 的方法与采用反应速率常数的关系的方法结果较好，k＝63.528［Cl/N］^{2}-225.09［Cl/N］＋380.06，相关系数 R^2＝0.9608。

3.2.7　温度对反应的影响

在［NH_2Cl］$_0$＝0.043mmol/L 左右，初始 pH＝7.1 左右，离子强度 μ＝0.01mol/L，$C_{TCO_3^{2-}}$＝4mmol/L，Cl/N＝4∶1 的条件下，研究反应温度对 NH_2Cl 自降解反应的影响，见图 3-15。

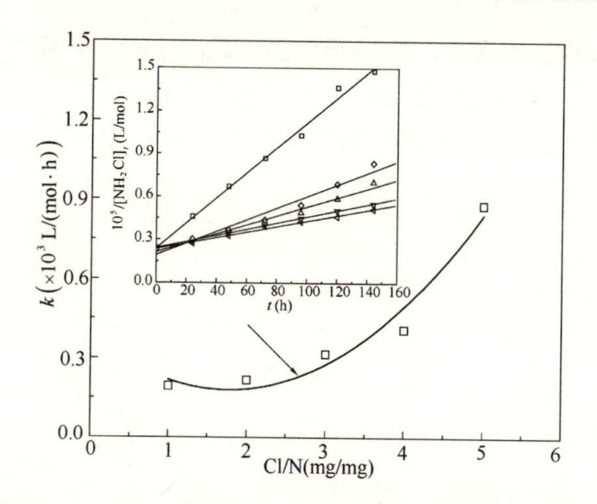

图 3-14 Cl/N 对 NH_2Cl 自降解反应速率常数 k 的影响

由图 3-15 可见，当反应温度为 8℃时，自降解反应较慢，0.04mmol/L 的 NH_2Cl 经反应 144h 后仍有 55%剩余，而当反应温度为 32℃时，反应 144h 后只剩下 24%。同时，由表 3-6 可知，随着温度的升高，反应速率常数不断增大，由 8℃时的 130.5L/(mol・h)增大为 32℃时 518.01L/(mol・h)。

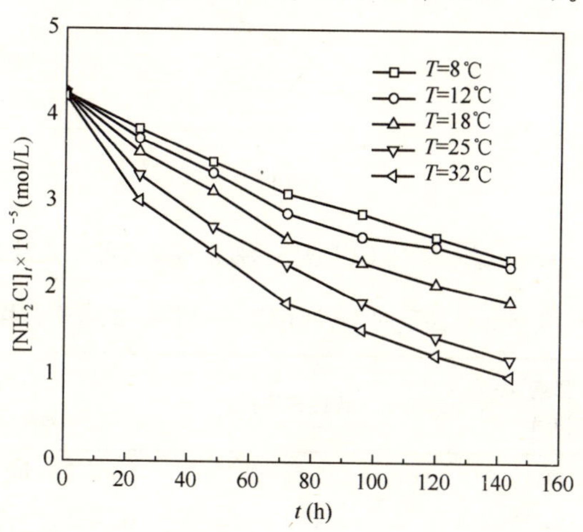

图 3-15 温度对 NH_2Cl 自降解反应的影响

一般来说，温度对速率的影响比浓度大得多，Van't Hoff 规则指出，对于一般反应，温度每升高 10℃，反映速率约增加 2～4 倍。1889 年 Arrhenius 根据他对蔗糖转化反应的研究指出了活化分子和活化能的概念，并逐步建立了 Arrhenius 定理。即对于一般反应，反应速率常数和温度之间的关系如式（3-12）所示：

$$\ln k = -\frac{E_a}{RT} + \ln A \tag{3-12}$$

式中，k 为反应速率常数；E_a 为反应的表观活化能；R 为气体常数；A 为常数，又称指前因子。将各温度下 ln$k$ 和 $1/T$ 的关系进行拟合（见图 3-16），发现 ln$k$ 和 $1/T$ 呈线性关系（$R^2=0.9733$），符合 Arrhenius 定理，其关系式为：

$$\ln k = -5371.7\frac{1}{T} + 23.907 \tag{3-13}$$

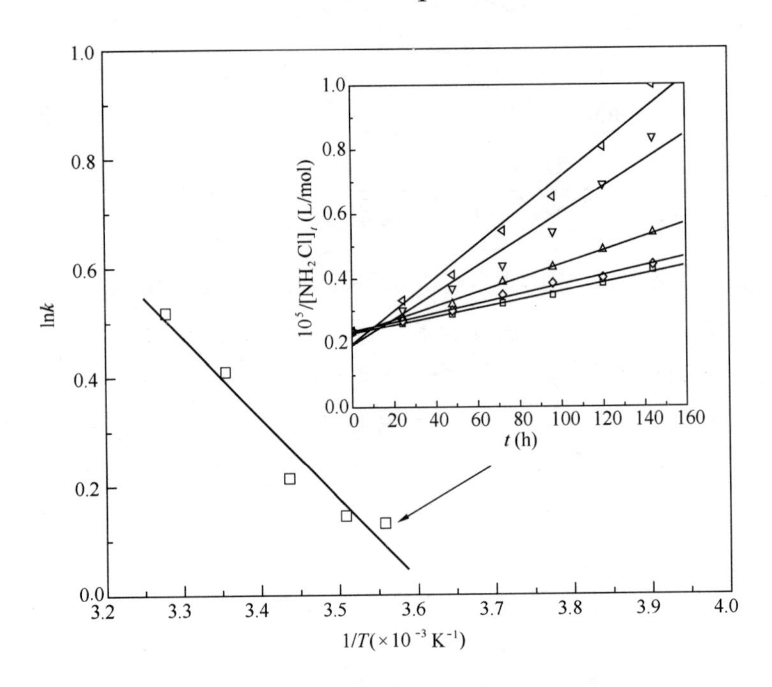

图 3-16 温度对 NH_2Cl 自降解反应速率常数 k 的影响

不同 Cl/N 比条件下的 $1/[NH_2Cl]_t$ 与时间 t 的线性方程式 **表 3-6**

编号	温度（℃）	线性方程式	k （L/（mol·h））	R^2
①	8	$1/c=130.5t+22939$	130.50	0.9944
②	12	$1/c=144.44t+23540$	144.44	0.9922
③	18	$1/c=213.54t+22904$	213.54	0.9944
④	25	$1/c=409.09t+19259$	409.09	0.9828
⑤	32	$1/c=518.01t+19606$	518.01	0.9802

由式（3-12）可以导出活化能的数学式：

$$E_a = -R\left(d\ln k/d\frac{1}{T}\right) \tag{3-14}$$

因此在本试验条件下，由于 ln$k$ 和 $1/T$ 之间呈线性关系，所以活化能 E_a 是独立于温度之外的常数。计算出 NH_2Cl 自降解反应的表观活化能 $E_a=44.6kJ/mol$。由于 $\ln A=23.907$ 的值相对 E_a/R 较小，从而较小的温度变化也会引起反应速率较明显的变化。因此降低反应温度，有利于 NH_2Cl 溶液的保存。

3.2.8 NH_2Cl 自降解反应的影响因素分析

设计正交试验进一步深入研究变量因素对 NH_2Cl 自降解反应的影响。考虑到在实际水体中，对离子强度、总碳酸盐浓度和温度 3 个因素进行调节的可能性较小，因此只综合考察另外 3 个因素即初始浓度、pH 值和 Cl/N。通过设计正交试验和进行交互效应分析，确定这 3 个因素对 NH_2Cl 存留率影响的程度，分析三因素中每两因素的交互作用对 NH_2Cl 存留率的影响情况。

正交试验各因素的取值水平　　表 3-7

水　平	因　素		
	(A) C_0 (mmol/L)	(B) pH	(C) Cl/N (mg/mg)
(1)	0.028	6.05	5/1
(2)	0.043	7.10	4/1
(3)	0.060	7.95	3/1

在进行试验时，按照实际应用范围，各因素的取值水平见表 3-7。采用 $L_9(3^4)$ 正交表安排试验，正交实验表和交互分析表见表 3-8，按 $L_9(3^4)$ 交互作用表设计表 3-8 表头。按表 3-8 中 9 次试验，将试验结果填入表中，对试验结果进行正交试验分析、极差计算，结果均见表 3-8。

表 3-8 中极差 R 是衡量数据波动大小的重要指标，极差越大的因素越重要。从表 3-8 中最后一行可以看出三因素在所取水平范围内影响的显著性次序是：

$$Cl/N > pH\text{值} > NH_2Cl\text{初始浓度}$$

正交试验结果分析　　表 3-8

试验号	A	B	C	$(A\times B)_2$ $(A\times C)_2$ $(B\times C)_2$	24h 后 NH_4Cl 的存留情况		
	$(B\times C)_1$	$(A\times C)_1$	$(A\times B)_1$		初始 (mmol/L)	存留 (mmol/L)	存留率 η (%)
1	0.028 (1)	6.05(1)	5/1(1)	(1)	0.027	0.010	37.04
2	0.028(1)	7.10(2)	4/1(2)	(2)	0.028	0.017	60.71
3	0.028(1)	7.95(3)	3/1(3)	(3)	0.028	0.021	75.00
4	0.043(2)	6.05(1)	4/1(2)	(3)	0.043	0.018	41.86
5	0.043(2)	7.10(2)	3/1(3)	(1)	0.042	0.034	80.95
6	0.043(2)	7.95(3)	5/1(1)	(2)	0.043	0.024	55.81
7	0.060(3)	6.05(1)	3/1(3)	(2)	0.060	0.027	45.00

续表

<table>
<tr><th rowspan="2">试验号</th><th>A</th><th>B</th><th>C</th><th rowspan="2">$(A\times B)_2$
$(A\times C)_2$
$(B\times C)_2$</th><th colspan="3">24h 后 NH_4Cl 的存留情况</th></tr>
<tr><th>$(B\times C)_1$</th><th>$(A\times C)_1$</th><th>$(A\times B)_1$</th><th>初始
(mmol/L)</th><th>存留
(mmol/L)</th><th>存留率 η
(%)</th></tr>
<tr><td>8</td><td>0.060(3)</td><td>7.10(2)</td><td>5/1(1)</td><td>(3)</td><td>0.058</td><td>0.024</td><td>41.37</td></tr>
<tr><td>9</td><td>0.060(3)</td><td>7.95(3)</td><td>4/1(2)</td><td>(1)</td><td>0.061</td><td>0.034</td><td>55.74</td></tr>
<tr><td>Σ(1)</td><td>172.75</td><td>123.9</td><td>134.22</td><td>173.73</td><td colspan="3" rowspan="8">表中 A 为 NH_2Cl 初始浓度（mmol/L），B 为反应 pH，C 为 Cl/N（mg/mg），(A×B)、(A×C)、(B×C) 均为交互效应因子；Σ（i）（第 m 列）为第 m 列中数字与“（i）”对应的去除率之和；极差 R（第 m 列）为第 m 列的 Σ（i）/3中最大值减最小值。</td></tr>
<tr><td>Σ(2)</td><td>178.62</td><td>183.03</td><td>158.31</td><td>161.52</td></tr>
<tr><td>Σ(3)</td><td>142.11</td><td>186.55</td><td>200.95</td><td>158.23</td></tr>
<tr><td>Σ(1)/3</td><td>57.58</td><td>41.30</td><td>44.74</td><td>57.91</td></tr>
<tr><td>Σ(2)/3</td><td>59.54</td><td>61.01</td><td>52.77</td><td>53.84</td></tr>
<tr><td>Σ(3)/3</td><td>47.37</td><td>62.18</td><td>66.98</td><td>52.74</td></tr>
<tr><td>极差 R</td><td>12.17</td><td>20.88</td><td>22.24</td><td>5.17</td></tr>
</table>

因此在以上试验条件下，NH_2Cl 自降解反应最主要的影响因素为 Cl/N。从表 3-8 中可以看出，9 个试验中 NH_2Cl 反应 24h 后存留率最高的试验条件是：NH_4Cl 初始浓度 0.043mmol/L、pH=7.95、Cl/N 为 3/1。

在多因素的试验中，除了考虑每个因素各个水平对试验结果产生的影响外，还需考虑两个因素在不同水平搭配上对试验结果所产生的影响，如因素 A 对试验结果的影响与因素 B 取什么水平有关，这称为两因素的交互效应。

在表 3-8 的基础上分析交互效应的影响，分析过程用表格形式表示，结果见表 3-9。

交互效应计算表 **表 3-9**

水平	(A×B)	(A×C)	(B×C)
1	(44.74+57.91)/2=51.33	(41.30+57.91)/2=49.61	(57.58+57.91)/2=57.75
2	(52.77+53.84)/2=53.31	(61.01+53.84)/2=57.43	(59.54+53.84)/2=56.69
3	(66.98+52.74)/2=59.86	(62.18+52.74)/2=57.46	(47.37+52.74)/2=50.06
极差 R	8.53	7.85	7.69

由表 3-9 分析可以看出三个交互效应相差不多，(A×B)影响稍微显著，即 NH_2Cl 初始浓度和反应 pH 值的交互作用对 NH_2Cl 自降解反应有所影响。

3.2.9 NH_2Cl 自降解反应动态模拟模型

1. 动态模型的建立

由 3.2.1 可知，NH_2Cl 自降解的过程符合二级反应动力学。从各因素影响

NH_2Cl 自降解的试验数据可知，NH_2Cl 初始浓度、pH 值和 Cl/N 也直接影响二级反应的表观速率常数 k。因此本文以 NH_2Cl 初始浓度、pH 值和 Cl/N 这三个因素为影响因子，采用数学统计的方式，对在这些不同影响因素下试验的 k 值进行多元非线性拟合，并选用包含各因子经验拟合公式的指数数学方程进行模拟，方程形式如式(3-15)所示，各因子的函数如式(3-16)、式(3-17)和式(3-18)所示。

$$k = F(X_1, X_2, X_3) = a \times f_1(X_1)^b \times f_2(X_2)^c \times f_3(X_3)^d \tag{3-15}$$

$$f(X_1) = 7.0662 \times 10^{-6} [X_1]^{-1.8065} \tag{3-16}$$

$$f(X_2) = 5 \times 10^9 [X_2]^{-8.3794} \tag{3-17}$$

$$f(X_3) = 63.528 [X_3]^2 - 225.09[X_3] + 380.06 \tag{3-18}$$

其中：X_1 为 NH_2Cl 初始浓度，单位为 mol/L；X_2 为 pH 值；X_3 为 Cl/N，单位为 mg/mg；a、b、c、d 为方程的参数。采用多元非线性进行方程拟合，拟合结果和 95%置信区间如表 3-10 所示。

拟合结果及其置信区间 **表 3-10**

系　数	系数值	置信区间	相关性
a	4.338×10^{-6}	[5.281×10^{-7}　3.564×10^{-5}]	$R^2=0.986$
b	0.995	[0.859　1.132]	$F=249.208$
c	1.067	[0.960　1.177]	$P=0.000$
d	0.953	[0.665　1.241]	

从表 3-10 可以看到，拟合结果的相关性 $R^2=0.986$，说明此模型与原数据相关性非常好，F 值远远超过 F 检验的临界值，同时 p 远小于置信度 $\alpha=0.05$，因而该模型从整体看是成立的。

这样将拟合出来的经验数学模型参数 k 值(表 3-10)带入动力学公式(3-15)，则 NH_2Cl 自降解动力学模型如式(3-19)所示。

$$k = 4.338 \times 10^{-6} \times [7.0662 \times 10^{-6} (c_0)^{-1.8065}]^{0.995} \times [5 \times 10^9 (\text{pH})^{-8.3794}]^{1.067} \times [63.528(\text{Cl/N})^2 - 225.09(\text{Cl/N}) + 380.06]^{0.093} \tag{3-19}$$

2. 反应动态模拟模型的分析

设定 NH_2Cl 初始浓度为 0.043 mmol/L，则二级反应速率常数 k 值随 pH 值和 Cl/N 的变化而变化的三维网格图如图 3-17 所示。

从图 3-17 可以看出，k 值受 pH 值和 Cl/N 的联合影响，整个图形从右往左基本呈抬升曲面；pH 越低，Cl/N 越大，k 值上升越迅速。

设定 pH 为 7.0，则二级反应速率常数 k 值随 NH_2Cl 初始浓度和 Cl/N 的变化而变化的三维网格图如图 3-18 所示。

从图 3-18 可以看到，三维网格呈现沿 NH_2Cl 初始浓度降低方向倾斜向上的趋势，同时受 Cl/N 的影响。

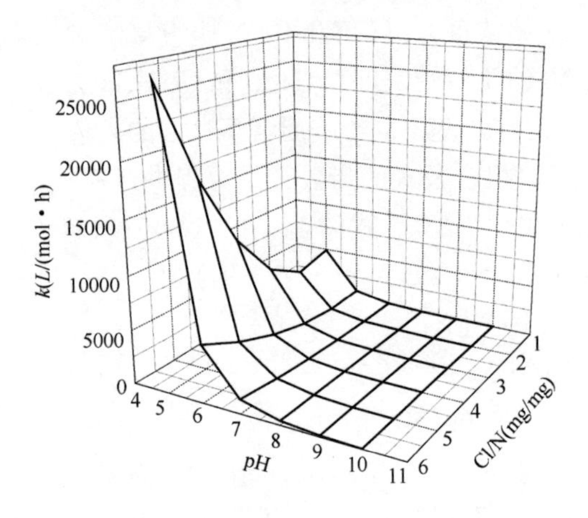

图 3-17　k 值随 pH 值和 Cl/N 变化的三维网格图

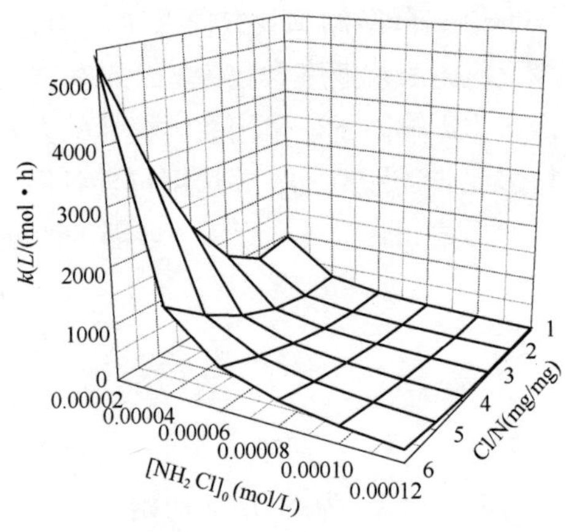

图 3-18　k 值随 NH_2Cl 初始浓度和 Cl/N 变化的三维网格图

设定 Cl/N 为 4/1，则二级反应速率常数 k 值随 NH_2Cl 初始浓度和 pH 值的变化而变化的三维网格图如图 3-19 所示。由该图可知，三维网格图呈现向低 NH_2Cl 初始浓度和低 pH 值方向倾斜向上的趋势，这与单因素的影响结果相一致。

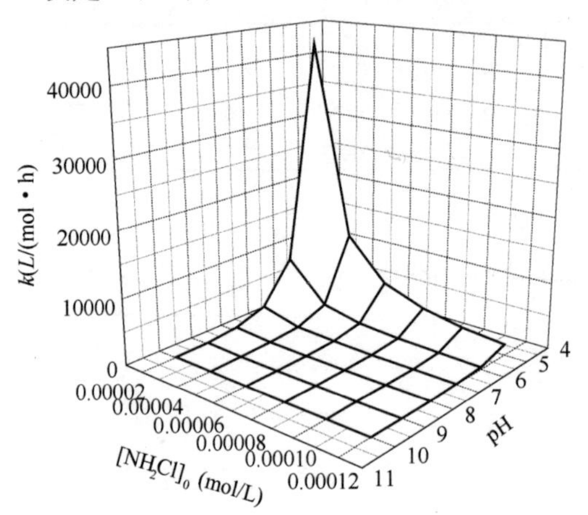

图 3-19　k 值随 NH_2Cl 初始浓度和 pH 变化的三维网格图

采用动态模拟方程可方便预测 k 的发生规律，对于指导试验具有良好的作用。

3.2.10　NH_2Cl 自降解反应的特点

NH_2Cl 自降解反应的特点如下：

(1) NH_2Cl 在水体中是不稳定的，在 $[NH_2Cl]_0=0.043$mmol/L、Cl/N=4∶1、初始 pH=7.1、$T=25\pm2$℃、离子强度 $\mu=0.01$mol/L 及总碳酸根浓度 $C_{TCO_3^{2-}}=$ 4mmol/L 的条件下，反应 24h 后剩下 0.033mmol/L；反应 144h 后残留 0.012mmol/L，约 28%。

(2) NH_2Cl 自降解反应符合二级反应动力学关系，自降解速度受到初始浓度、溶液 pH 值、温度、离子强度和总碳酸根浓度的影响。NH_2Cl 初始浓度、总碳酸根浓度以及温度的升高会不同程度地加快 NH_2Cl 的自降解；而溶液 pH 值、离子强度和 Cl/N 的影响趋势则相反。

(3)通过正交试验的研究分析，得到 Cl/N 对 NH_2Cl 自降解的速度影响最大，其次为溶液 pH 值的影响。随 Cl/N 由 5/1 降低到 1/1，自降解反应速率常数由 879.7L/(mol·h)减小为 194.81L/(mol·h)。

3.3 本底有机物对 NH_2Cl 自降解的影响

确定水中本底有机物对 NH_2Cl 自降解反应的影响，对不同地域的实际水处理具有重要意义。试验以腐殖酸作为本底有机物进行 NH_2Cl 自降解反应，通过配置不同浓度的腐殖酸溶液来考察不同本底有机物浓度(采用 UV_{254} 指标表示)对反应的影响。试验中$[NH_2Cl]_0$ 约为 0.043mmol/L、初始 pH=7.1 左右、离子强度 μ=0.01mol/L、$C_{TCO_3^{2-}}$ = 4mmol/L、Cl/N=4∶1、T=25±2℃，试验结果见图 3-20。

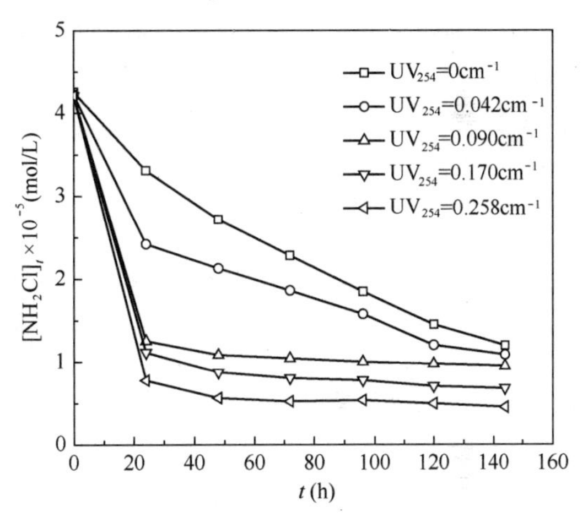

图 3-20 本底有机物对 NH_2Cl 自降解反应的影响

由图 3-20 可知，腐殖酸的存在加速了 NH_2Cl 的自降解，并且随着本底 UV_{254} 的升高，其自降解速度逐渐增大。当溶液中本底 UV_{254} 由 $0cm^{-1}$ 增加到 $0.090cm^{-1}$ 时，反应 24h 后的 NH_2Cl 分别残留了 77.8%和 29.8%，即自降解率大大增加；但当 UV_{254} 继续升高至 $0.258cm^{-1}$ 时，自降解反应 24h 后 NH_4Cl 残留 18.4%，自降解率增加幅度相对变缓。

研究表明，有机物促使的 NH_2Cl 自降解包括两部分，一部分是与 NH_2Cl 的直接反应引起的；另外一部分是因为有机物与 NH_2Cl 分解产生的 HOCl 反应，由于 HOCl 的减少而引起的 NH_2Cl 自降解。因此溶液中的有机物，不仅会直接消耗 NH_2Cl，并且也会成为 NH_2Cl 自降解的催化剂。

因此，本试验还进一步研究了有机物在 NH_2Cl 整个自降解过程中的反应情况。在$[NH_2Cl]_0$ 约为 0.035mmol/L、初始 pH = 7.1 左右、离子强度 μ = 0.01mol/L、$C_{TCO_3^{2-}}$ =4mmol/L、Cl/N=4∶1、T=25±2℃的条件下，分别投加 0.25mg/L 和 4.25mg/L 的氨氮，使得总氮分别约为 1mg/L 和 5mg/L。在同一总氮的条件下再分别投加腐殖酸母液使得 UV_{254} 分别为 $0.082cm^{-1}$ 和 $0.164cm^{-1}$，以此来考察 NH_2Cl 的自降解情况，试验结果见图 3-21。

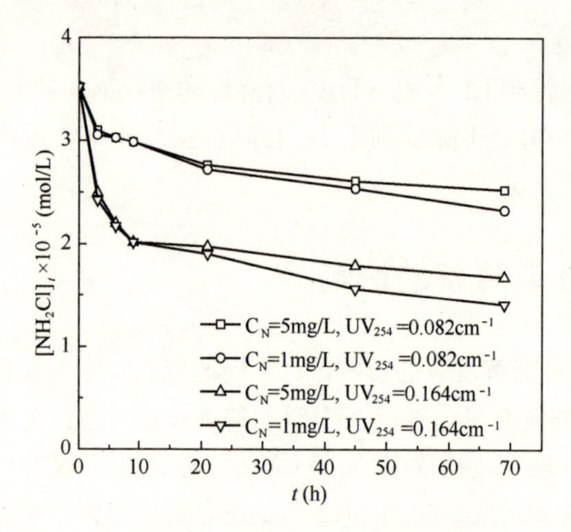

图 3-21 本底有机物在 NH_2Cl 自降解过程中的反应

从图 3-21 可以看到，当本底有机物浓度相同时，反应的前 20h，NH_2Cl 的自降解程度并未受到不同总氮浓度的影响，这说明了在反应的前 20h，有机物与 HOCl 的反应不是 NH_2Cl 自降解的主要原因，因为不同总氮浓度在溶液中会通过水解平衡产生不同浓度的 HOCl。因此，反应前 20h 内，有机物的参与主要以其与 NH_2Cl 的直接反应为主。但是 20h 以后，在较高浓度总氮的反应溶液中，NH_2Cl 的自降解速度变得稍微缓慢，这是 HOCl 的浓度相对变低所致，也就是说在反应 20h 后，有机物与 HOCl 的反应开始起到一定程度的影响。

第4章　有机物性质与消毒副产物关系

在国际上，有许多国家的水厂仍采用混凝、沉淀、过滤、消毒的传统工艺。该工艺对有机物，尤其是天然有机物（NOM）去除有限，过滤后水中剩余的有机物和氯消毒剂反应，生成了三卤甲烷和卤乙酸类消毒副产物。除此之外，在常规工艺前进行预氯化处理，虽然可提高混凝沉淀效果并控制藻类的生长，但同时也增加了消毒副产物的产生。其中，三卤甲烷和卤乙酸这两类消毒副产物不但浓度远远超过其他消毒副产物，而且其致癌风险也不断得到毒理学和生物学的证实，基于此，以往国内外对消毒副产物生成特性的研究主要集中于这两类消毒副产物上。

1993年，Nieminski等对美国犹他州35个水处理厂消毒副产物进行取样研究，发现采用氯作为预氧化剂或消毒剂会产生较多的卤代消毒副产物，其中三卤甲烷占总消毒副产物约64%，卤乙酸占总消毒副产物约30%，而卤代乙腈（HANs）、卤代酮（HK）、卤代醛和三氯硝基甲烷（TCNM）分别占总消毒副产物的3.5%、1.5%、1%和0.5%；在pH为5.5时，生成的卤乙酸与三卤甲烷的量基本相同；在pH值为7.0时，生成三卤甲烷的量高于卤乙酸。

为研究原水及常规处理工艺出水中消毒副产物的生成情况，试验时每月从水厂各处理单元取集水样，即原水、沉淀后出水、二次加氯前的过滤出水和出厂水各取水样1～2次，取样持续时间为1年。

4.1　测试方法

4.1.1　分子量分布测定方法

分子量分布测定方法发展至今天，已经有比较多的试验方法，如空间排斥色谱（GPC）、X射线衍射、凝胶层析、静态或动态光散射、分子过滤(超滤或纳滤)等。目前，凝胶液相色谱和超滤膜过滤方法是进行有机物分子量分析的有效手段。

试验时，采用美国Milipore公司生产的超滤膜，测定水中有机物分子量分布。超滤膜的材质为改性醋酸纤维素，截留分子量分别为30×10^3Da、10×10^3Da、3×10^3Da、1×10^3Da。超滤膜在使用前用超纯水过滤，直至出水的

UV_{254}和超纯水相同时为止。然后将膜浸泡在超纯水中，置于 4℃的冰箱保存待用。膜过滤采用平行法，即水样用 0.45μm 微滤膜过滤后，分别通过上述截留分子量的超滤膜，测定过滤液的 DOC 和 UV_{254}。各个分子量区间的有机物用差减法求得。膜过滤流程如图 4-1 所示。

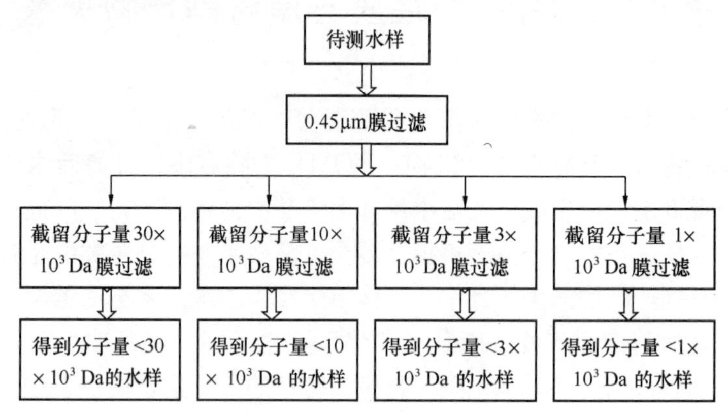

图 4-1　膜过滤分离流程图

4.1.2　消毒副产物生成潜能测试方法

水中有机物和无机物的种类很多，难以定量测定每一种消毒副产物的前体物，只能间接测定消毒副产物生成潜能，以表示前体物的种类和数量。例如，卤乙酸生成潜能（HAAFP）是指在保证加氯量足够的条件下，与氯反应足够长的时间后，水样中所能产生的 5 种卤乙酸的最大量。

消毒副产物在水中的生成量受到加氯量、反应温度、pH 值和反应时间的影响。根据实际生产情况，将反应温度设定为 25℃，pH 值设定为 7.0±0.2，在反应完成时游离余氯保持在 3～5mg/L。在一定条件下，随着反应时间的增加，消毒副产物在水中的生成量也不断增加，反应完成时生成量达到最大，此时即为最佳反应时间。

本试验中消毒副产物生成潜能的测定是在加氯反应 7d 后，测定水中生成的三卤甲烷和卤乙酸量。加氯时应用分析纯次氯酸钠，使用前用硫代硫酸钠滴定其有效氯含量；加氯前，测定水样的 DOC 值，然后按照 DOC∶有效氯＝1∶5 的比例投加次氯酸钠溶液，在 7d 反应结束后，余氯浓度可以达到所需的 3～5mg/L。试验时，先移取 1mL 磷酸盐缓冲溶液（68.1g 的 KH_2PO_4 和 11.7 g 的 NaOH 溶于 1L 水，pH 调至 7.0）至 40mL 的带聚四氟乙烯垫片盖的安培瓶中，接着加入计算好的次氯酸钠溶液，然后将待分析水样缓慢充满至瓶口，立即用带有聚四氟乙烯垫片的螺旋盖密封，充分混合后，存放在暗处 7 d 并保持温度 25±2℃；7 d

反应结束后，将 0.2 mL10%的亚硫酸盐还原溶液置于 40mL 瓶中，如果不立即测定 THMs 和 THAAs，则加入 1～2 滴的 HCl 到水样中，将 pH 降至 2 以下，用带聚四氟乙烯垫片的螺旋盖将瓶密封，在 4℃下保存，保存期最好不超过 7d。在分析前，使水样温度达到室温。

4.1.3 有机物亲疏水性测定

应用吸附法来分离有机物性质，采用串联式分离顺序，如图 4-2 所示，吸附树脂采用 Amberlite XAD-8 和 XAD-4 柱，将其保存在甲醇（HPLC 级）中，放置在冰箱内备用，使用前用超纯水浸泡 4h。

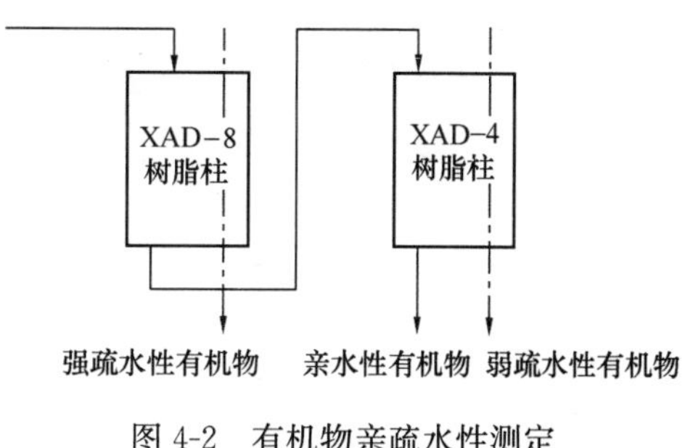

图 4-2 有机物亲疏水性测定

测定时将 1g 树脂装入树脂吸附柱压实，流程如图 4-2 所示，水样通过各树脂吸附柱的流速控制在 3～5mL/min。将 0.45 μm 膜过滤后水样的 pH 值调至 2.0，通过 XAD-8 树脂吸附柱，吸附在 XAD-8 树脂的溶解性有机物是强疏水性有机物，主要组成是溶解性腐殖酸和富里酸。吸附在 XAD-8 树脂上的有机物用 pH＝13 的超纯水洗脱。通过 XAD-8 树脂吸附柱后的水样，再通过 XAD-4 树脂吸附柱。吸附在 XAD-4 树脂的溶解性有机物主要为弱疏水性有机物，通过 XAD-4 树脂的溶解性有机物即为亲水性有机物。吸附在 XAD-4 树脂上的溶解性有机物同样用 pH＝13 的超纯水洗脱，此时试验水样中溶解性有机物被分为亲水性有机物、强疏水性有机物和弱疏水性有机物。亲水性有机物主要是蛋白质、氨基酸和碳水化合物。

4.2 有机物分子量和消毒副产物关系

杨树浦水厂供水量约为 140 万 m^3/d，原水经过预氯化后采用混凝、沉淀、过滤和消毒常规处理工艺。

4.2.1 杨树浦水厂常规工艺处理后有机物分子量和消毒副产物的关系

在杨树浦水厂内，取黄浦江原水、沉淀水、砂滤水和出厂水，采用超滤膜法分析水样中有机物分子量分布，用有机物替代参数 TOC、UV_{254}表征不同分子量有机物所占的比例，如图 4-3 和图 4-4 所示。

从图 4-3 和图 4-4 可知，原水中分子量$<1\times10^3$Da 的有机物（以 TOC 表示）占 53.67%，分子量$<1\times10^3$Da 的有机物（以 UV_{254}表示）占 54.46%，可见黄

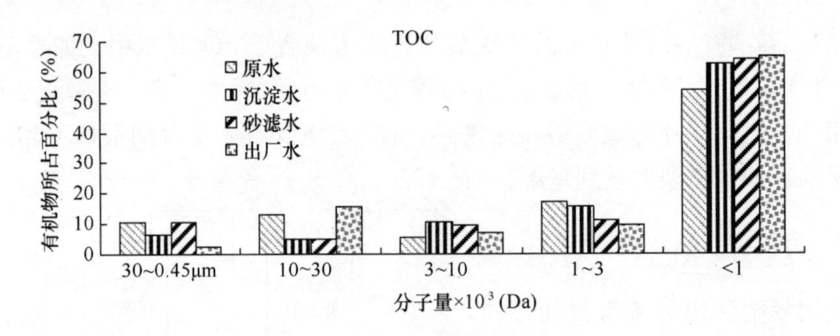

图 4-3 TOC表征的有机物分子量分布

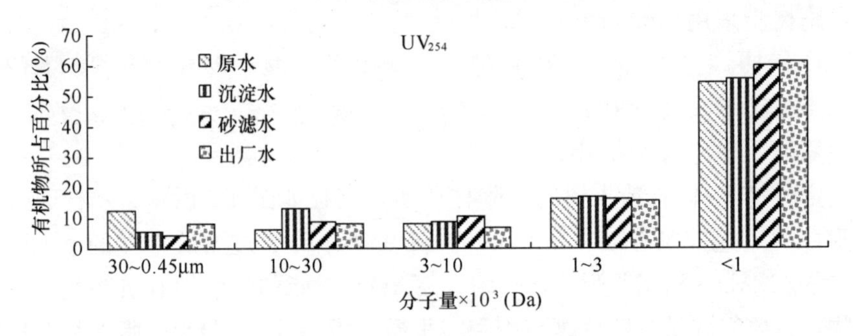

图 4-4 UV_{254}表征的有机物分子量分布

浦江原水中主要以分子量$<1\times10^3$Da的溶解性有机物为主。原水经过混凝沉淀、砂滤后，部分大分子有机物在处理过程中得到去除，使分子量$<1\times10^3$Da的有机物所占比例略有升高。出厂水中以TOC表征的分子量$>30\times10^3$Da有机物所占比例降至2.45%，而$<1\times10^3$Da的有机物所占比例升至65.14%。

4.2.2 常规工艺处理后不同分子量有机物的三卤甲烷生成潜能

将不同截留分子量的超滤膜所分离的水样，按照消毒副产物生成潜能分析测试方法，进行加氯、恒温25℃反应7d，然后分析水样中生成的消毒副产物，测得的三卤甲烷和卤乙酸量，即为不同分子量有机物的消毒副产物生成潜能。首先分析不同分子量有机物的三卤甲烷生成潜能，如图4-5～图4-8所示。

图4-5为黄浦江原水中不同分子量有机物的三氯甲烷、二氯一溴甲烷、一氯二溴甲烷和三溴甲烷的生成潜能。从图可见，各分子量区间不同消毒副产物的生成情况：在分子量为30×10^3Da～0.45μm区间的有机物，三氯甲烷生成潜能最大，其次为一氯二溴甲烷和二氯一溴甲烷，分别占该区间总三卤甲烷生成潜能的61.92%、19.78%和13.29%，三溴甲烷生成潜能最少，仅为5.01%，这与黄浦江原水中溴离子浓度有关；在分子量区间$(10\sim30)\times10^3$Da有机物，仍以三氯甲烷生成潜能最多，其次为二氯一溴甲烷和一氯二溴甲烷生成潜能，占该区间总三

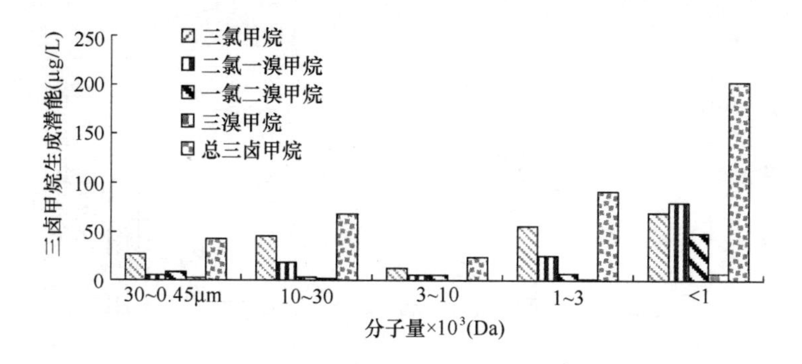

图 4-5 原水中不同分子量有机物的三卤甲烷生成潜能

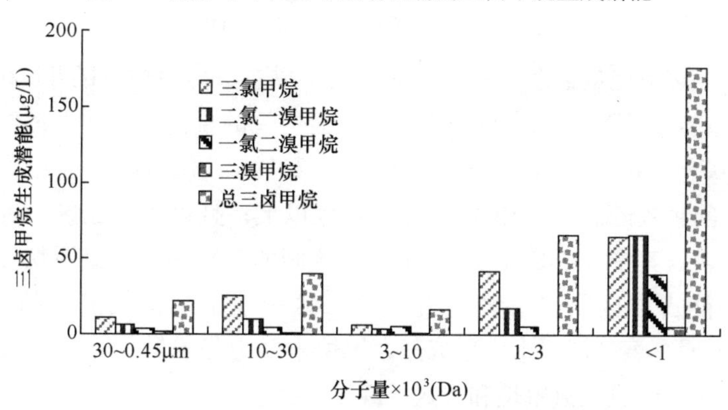

图 4-6 沉淀水中不同分子量有机物的三卤甲烷生成潜能

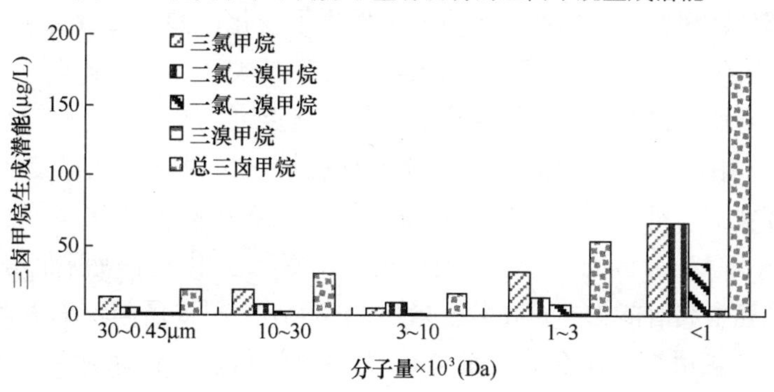

图 4-7 砂滤水中不同分子量有机物的三卤甲烷生成潜能

卤甲烷生成潜能比例分别为 67.34%、27.29%和 4%；在分子量为（1～3）10^3Da 区间，三氯甲烷、二氯一溴甲烷和一氯二溴甲烷生成潜能分别为 61.72%、27.94%和 8%；但是在分子量<1×10^3Da 区间，则以二氯一溴甲烷生成潜能最大，其和三氯甲烷、一氯二溴甲烷、三溴甲烷分别占该区间三卤甲烷生成潜能的 39.10%、34.17%、23.40%和 3.33%。此外，原水中分子量<1×10^3Da 的有机

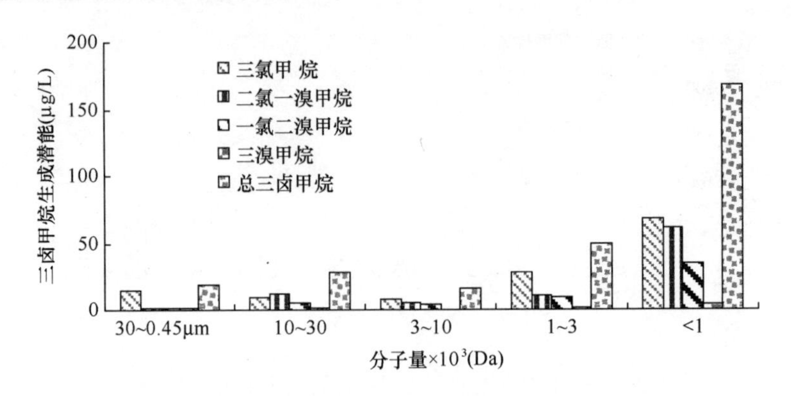

图 4-8　出厂水中不同分子量有机物的三卤甲烷生成潜能

物生成的总三卤甲烷量最多，占其他各区间生成总三卤甲烷量的 47.46%，分子量在（1～3）×10^3Da 区间有机物生成的三卤甲烷的量占各区间生成的总三卤甲烷量的 21.07%，由此可看出分子量小于 3×10^3Da 区间有机物生成的三卤甲烷的量占各区间生成的总三卤甲烷的量的 60%以上；且以生成三氯甲烷和二氯一溴甲烷量最多，其中分子量小于 3×10^3Da 区间的有机物，三氯甲烷和二氯一溴甲烷生成潜能占各区间总三氯甲烷和总二氯一溴甲烷生成潜能的 59.48%和 78.12%，说明在黄浦江原水中形成三卤甲烷主要为分子量＜3×10^3Da 区间的有机物，同时又以生成三氯甲烷和二氯一溴甲烷为主。

从图 4-6 可见，在沉淀水中，各分子量区间有机物的三卤甲烷生成潜能均有所降低，部分区间在消毒副产物组成上也发生了变化，如分子量为 30×10^3Da～0.45μm 区间的二氯一溴甲烷生成潜能高于一氯二溴甲烷，在分子量＜1×10^3Da 区间的三氯甲烷和二氯一溴甲烷生成潜能较为接近。

从图 4-7 中可见，在砂滤水中大分子有机物三卤甲烷生成潜能进一步被去除。经过常规工艺处理后，出厂水中三卤甲烷生成潜能的变化如下：在分子量 30×10^3Da～0.45μm 区间，二氯一溴甲烷和一氯二溴甲烷生成潜能几乎被去除，而以三氯甲烷生成潜能为主；在分子量(10～30)×10^3Da 区间，二氯一溴甲烷生成潜能高于三氯甲烷，而在分子量＜1×10^3Da 区间，三氯甲烷生成潜能高于二氯一溴甲烷。从不同分子量区间消毒副产物生成潜能的变化，不难发现常规处理工艺对不同分子量区间消毒副产物生成潜能的去除情况。

随着有机物分子量的减小，生成的三卤甲烷量呈增加趋势，其中以分子量小于 3×10^3Da 的有机物与氯反应生成的三卤甲烷最多，占出厂水中三卤甲烷生成潜能的 77.42%。从图 4-6～图 4-8 可见，分子量＜1×10^3Da 的有机物生成的三卤甲烷量，沉淀水中占总三卤甲烷的 54.94%，砂滤水中占总三卤甲烷的 59.94%，出厂水中占总三卤甲烷 59.99%。其中该区间有机物与氯反应生成三氯甲烷和二氯一溴甲烷的量分别为 67.37 μg/L 和 61.92 μg/L，占该区间总三卤甲烷的 76.88%。由此可知，在黄浦江原水经常规工艺处理后的出厂水中，有毒消毒副产物主要是分子量小于 1×10^3Da 有机物生成的三卤甲烷，其中主要是三氯甲烷和二氯一溴甲烷。

常规处理工艺对总三卤甲烷生成潜能的去除效果不是很好，黄浦江原水经过混凝沉淀后，三卤甲烷生成潜能去除率仅为 25.28%，砂滤处理后三卤甲烷生成潜能的去除率略有增加，为 32.14%。

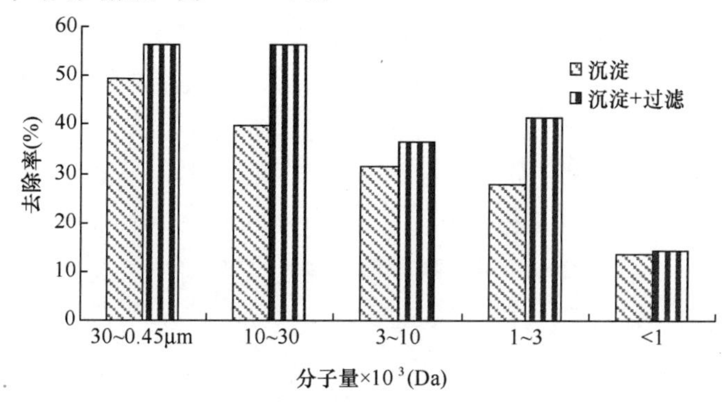

图 4-9 常规工艺对不同分子量区间 THMFP 的去除率

图 4-9 为常规处理工艺对原水中各分子量区间的三卤甲烷生成潜能的去除率，对于各分子量区间的三卤甲烷生成潜能的去除，主要依靠沉淀处理单元；而在过滤单元，对三卤甲烷生成潜能也有一定的去除，但相对较小，仅在 10%左右，且沉淀单元主要去除分子量$>30\times10^3$Da 区间的三卤甲烷生成潜能，去除率可以达到 50%左右；此外，对比不同分子量区间三卤甲烷生成潜能的去除率可以发现，常规处理工艺对小分子的三卤甲烷生成潜能去除率较差，如对分子量$<1\times10^3$Da 区间的三卤甲烷生成潜能的去除率仅为 17%左右，但随着分子量的增大，对三卤甲烷生成潜能的去除明显增加。

4.2.3 常规工艺处理后不同分子量有机物的卤乙酸生成潜能

将经不同分子量孔径的超滤膜过滤分离的黄浦江各处理单元的水样，按照消毒副产物生成潜能测试方法，分析水样中的卤乙酸生成量，结果见图 4-10～图 4-13。

图 4-10 为原水中不同分子量有机物的二氯乙酸、三氯乙酸和二溴乙酸生成潜能。在黄浦江原水中，分子量在$(1\sim3)\times10^3$Da 区间和$<1\times10^3$Da 区间的有机物的卤乙酸生成潜能占主要部分，其中分子量在$(10\sim30)\times10^3$Da 区间的有机物的卤乙酸生成潜能占总卤乙酸生成潜能的 18.39%，分子量$<3\times10^3$Da 区间的有

机物的卤乙酸生成潜能占总卤乙酸生成潜能的 53.15%，而分子量>30×10^3Da 的有机物卤乙酸生成潜能较低，占总卤乙酸生成潜能的 16%。在各区间有机物的卤乙酸生成潜能中，分子量在 30×10^3Da～0.45μm 区间的有机物以生成二溴乙酸和三氯乙酸为主，分别占该区间卤乙酸生成潜能的 46.50%和 39.99%，二氯乙酸生成潜能最少，占该区间卤乙酸生成潜能的 13.51%；分子量在(10～30)$\times10^3$Da 区间的有机物，以生成三氯乙酸和二氯乙酸的量最大，分别占该区间卤乙酸生成潜能的 56.89%和 34.13%；对于分子量<1×10^3Da 区间的卤乙酸生成潜能中，三氯乙酸生成潜能占该区间三卤乙酸生成潜能的 27.34%，二氯乙酸生成潜能占 37.13%。对比各分子量区间有机物的卤乙酸生成情况，可以发现，以分子量<3×10^3Da 区间有机物的卤乙酸生成潜能最大，其中主要为二氯乙酸和三氯乙酸生成潜能，生成量分别为 83.50 μg/L 和 53.64 μg/L，在各区间对应的总二氯乙酸和三氯乙酸生成潜能中所占比例分别为 58.96%和 48.33%；二溴乙酸生成量较低，一氯乙酸和一溴乙酸则没有测出。黄浦江原水在消毒过程中没有生成一溴乙酸和一氯乙酸。

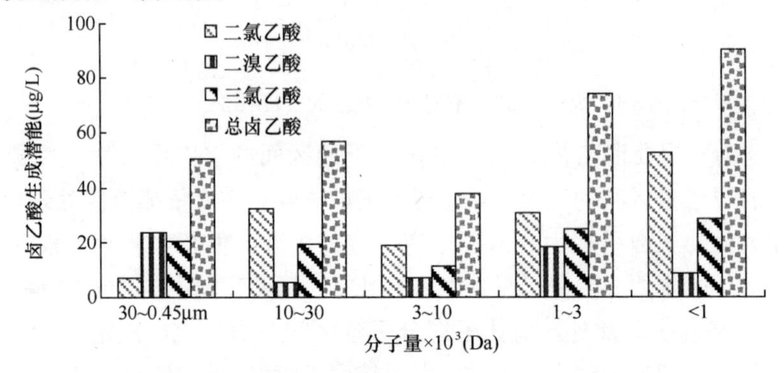

图 4-10　原水中不同分子量有机物的卤乙酸生成潜能

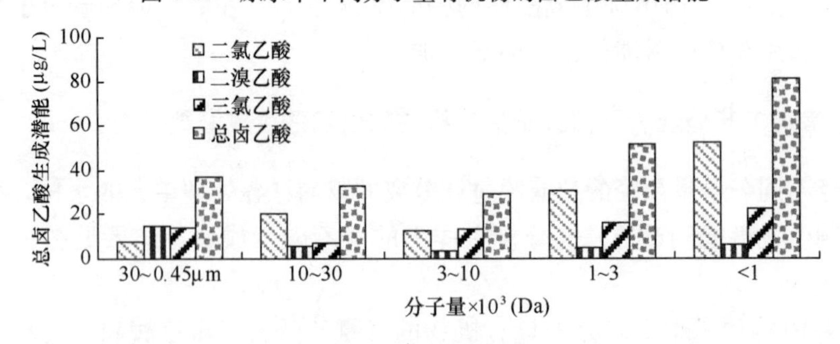

图 4-11　沉淀水中不同分子量有机物的卤乙酸生成潜能

图 4-11 为沉淀水中不同分子量有机物的卤乙酸生成潜能，从图中可见，分子量<1×10^3Da 和分子量在（1～3×10^3）Da 区间有机物的卤乙酸生成潜能最

大，分别占各区间总卤乙酸生成潜能的 34.99%和 22.45%；在各不同分子量区间，除 30×10^3Da～0.45μm 区间外，均以二氯乙酸生成潜能最大，其次为三氯乙酸生成潜能和二溴乙酸生成潜能，与原水中各分子量区间相比，大分子量有机物卤乙酸生成潜能得到了一定的去除。

由图 4-12 和 4-13 可见，砂滤水和出厂水中，分子量＜1×10^3Da 的卤乙酸生成潜能分别占总区间卤乙酸生成潜能的 42.40%和 45.76%，在各分子量区间中，以二氯乙酸生成潜能最大。而分子量＞30×10^3Da 的卤乙酸生成潜能相对较少，砂滤水和出厂水中卤乙酸生成潜能分别为 24.55μg/L 和 24.90μg/L，占总卤乙酸生成潜能的 13.21%和 15.40%。对比各分子量区间的卤乙酸生成情况，从砂滤出水到出厂水中，卤乙酸生成量变化不大，不同分子量区间的卤乙酸略有上升或下降，如分子量＜1×10^3Da 的二氯乙酸生成潜能由 49.64μg/L 降到 40.76μg/L，而分子量在(10～30)$\times10^3$Da 区间的二氯乙酸生成潜能由 13.45μg/L 上升至 14.06μg/L，产生这种情况可能与清水池中微生物及其底部和侧壁沉积的有机物和管道侧壁沉积的有机物有关。

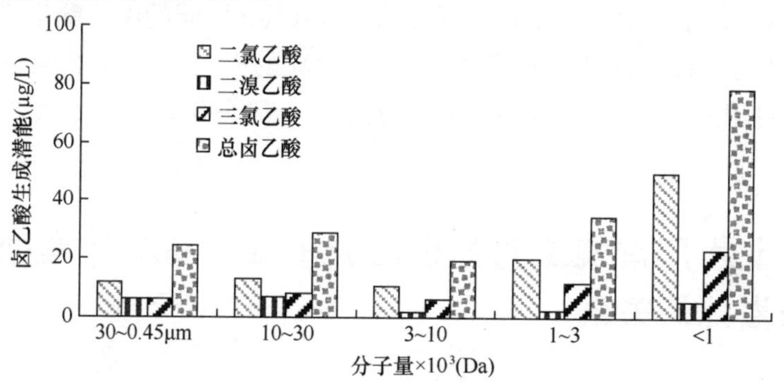

图 4-12 砂滤水中不同分子量有机物的卤乙酸生成潜能

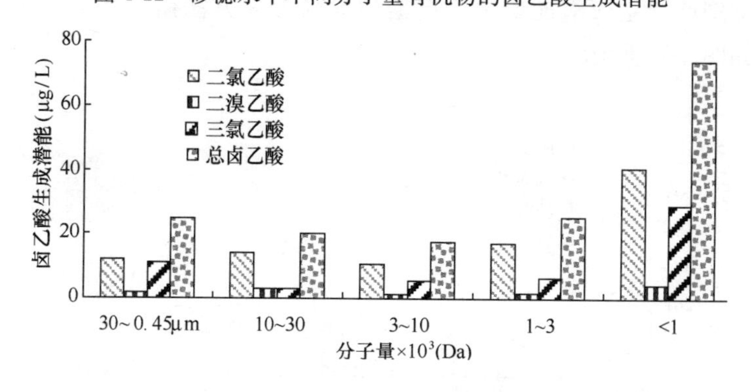

图 4-13 出厂水中不同分子量有机物的卤乙酸生成潜能

卤乙酸的前体物主要是溶解性小分子有机物，与芳香碳有着一定的相关性，主要是依靠沉淀过程将其大部分去除，本试验中沉淀对卤乙酸生成潜能去除率为25.06%，在砂滤后可以增加到39.94%，对各不同分子量区间的卤乙酸生成潜能去除率详见图4-14。

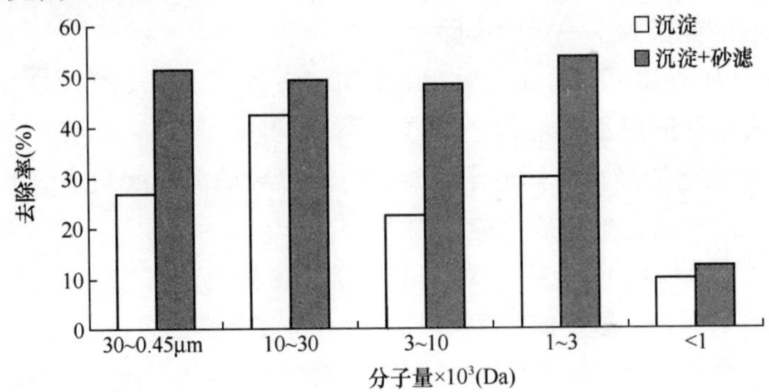

图4-14 常规工艺对不同分子量区间HAAFP的去除率

从图4-14可见，常规工艺中，沉淀对分子量>10×10^3Da的卤乙酸生成潜能去除率在20%以上，对于分子量在（1～3）$\times10^3$Da区间的卤乙酸生成潜能去除率可达到29%左右，而对于分子量<1×10^3Da的卤乙酸生成潜能去除率仅为9%左右，过滤能够进一步去除卤乙酸生成潜能，但去除率增加不大，仅为10%左右。

4.3 闸北水厂常规工艺处理后分子量分布与消毒副产物生成潜能的关系

2005年12月，取上海闸北水厂的长江原水及常规处理工艺出水进行分子量分布和消毒副产物生成潜能研究。根据超滤膜分离方法研究水样中的分子量分布，结果如图4-15所示。

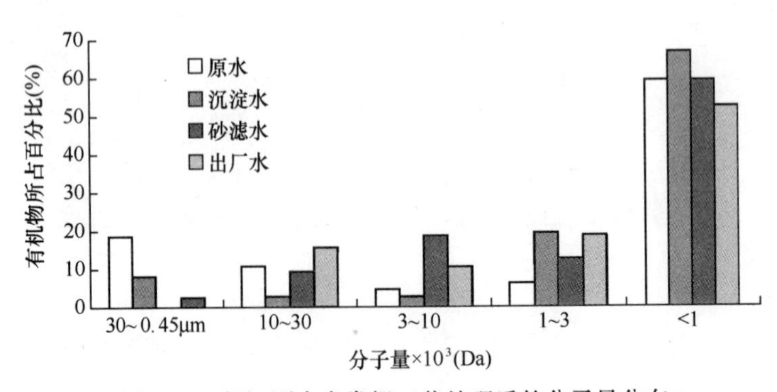

图4-15 长江原水在常规工艺处理后的分子量分布

从图 4-15 中可见，长江原水中主要是分子量小的溶解性有机物，分子量＜1×10^3Da 的有机物占 50%以上，其次为分子量＞30×10^3Da 的有机物，约占总有机物的 18%，其他各分子量区间的有机物占 10%或以下。长江原水经过常规工艺处理后，主要去除了大分子量的有机物，特别是分子量＞30×10^3Da 的有机物，去除率几乎达 100%；对于分子量＜1×10^3Da 的有机物也可部分去除，UV_{254} 由 0.038 cm^{-1}下降到 0.02cm^{-1}。出厂水中分子量＜1×10^3Da 的有机物约占 52%。

应用不同截留分子量的超滤膜分离所得到的水样，分析原水及常规工艺处理后水的三卤甲烷生成潜能，见图 4-16、图 4-17。

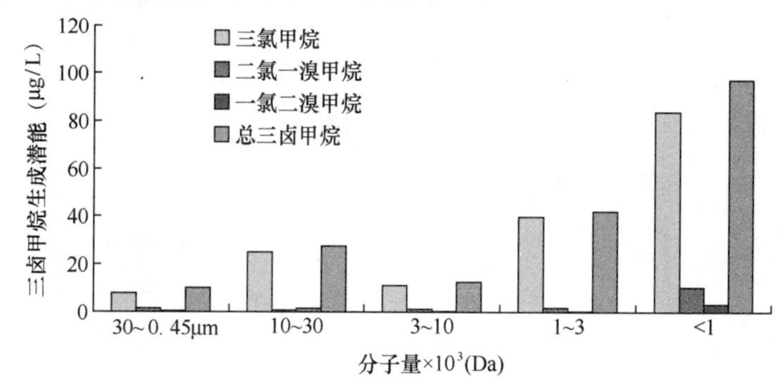

图 4-16 长江原水中不同分子量有机物的三卤甲烷生成潜能

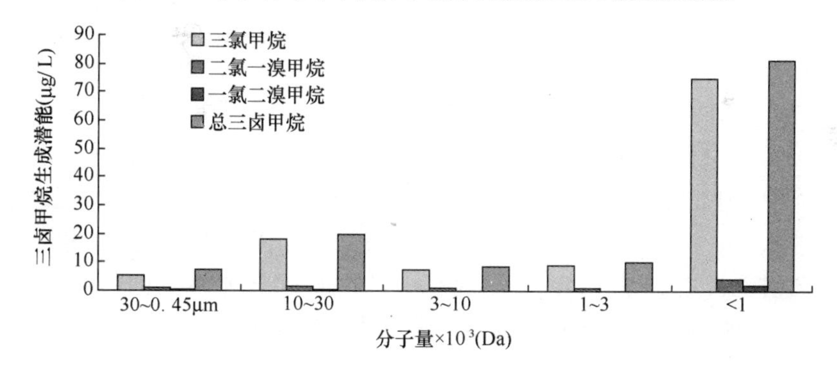

图 4-17 沉淀出水中不同分子量有机物的三卤甲烷生成潜能

图 4-16 为长江原水中不同分子量有机物的三卤甲烷生成潜能，从图中可见，在长江原水三卤甲烷生成潜能中主要为三氯甲烷、二氯一溴甲烷和一氯二溴甲烷的生成潜能，其中以三氯甲烷生成潜能占绝大部分。在图中五个分子量区间中，三氯甲烷生成潜能占总三卤甲烷生成潜能的比例分别为：79.42%、91.55%、88.18%、95.07%和 86.13%；在各区间三卤甲烷生成潜能中，以分子量＜1×10^3Da 的三卤甲烷生成潜能最高，占 51.40%，其次为分子量在 $1\sim3\times10^3$Da 区间的三卤甲烷生成潜能，占 22.17%。综上所述，长江原水中三卤甲烷生成潜能

以分子量＜3×10^3Da 的三卤甲烷生成潜能为主，而其中又以三氯甲烷生成潜能为主要部分。

图 4-17 为沉淀后水中不同分子量三卤甲烷生成潜能分布，大分子量的三卤甲烷生成潜能得到很好的去除，并且即使是分子量在（1～3）$\times10^3$Da 区间的三卤甲烷生成潜能也得到一定的去除，最终以分子量＜1×10^3Da 的三卤甲烷生成潜能占主要部分，所占比例约为总三卤甲烷生成潜能的 63.87%，其中三氯甲烷占该区间总三卤甲烷生成潜能的 92.01%。

图 4-18 为砂滤后水中不同分子量三卤甲烷生成潜能的分布，与沉淀水中三卤甲烷生成潜能相比，分子量（10～30）$\times10^3$Da 区间的三卤甲烷生成潜能所占比例略有上升，主要是砂滤时去除了部分分子量＜1×10^3Da 的三卤甲烷生成潜能，使该区间三卤甲烷生成潜能所占比例下降。

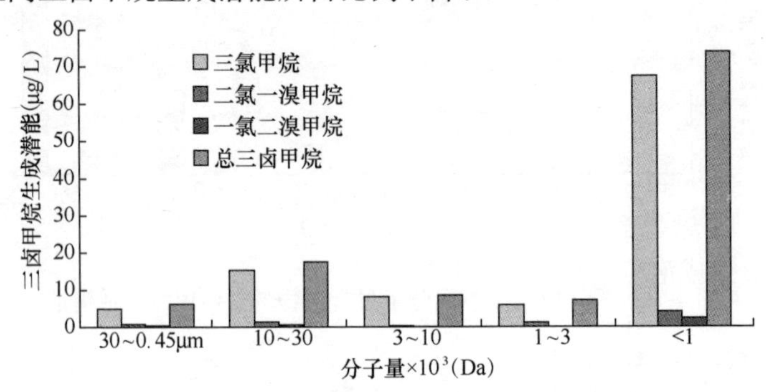

图 4-18　砂滤后水中不同分子量有机物的三卤甲烷生成潜能

图 4-19 为出厂水中不同分子量三卤甲烷生成潜能分布，与砂滤水相比，各区间三卤甲烷生成潜能所占的比例非常接近，分子量＜1×10^3Da 的三卤甲烷生成潜能占总三卤甲烷生成潜能的 63.42%，各区间三卤甲烷生成潜能中仍以三氯甲烷生成潜能占主要部分，以分子量＜1×10^3Da 的三卤甲烷生成潜能为例，该区间的三氯甲烷生成潜能占该区间总三卤甲烷生成潜能的 90.9%。

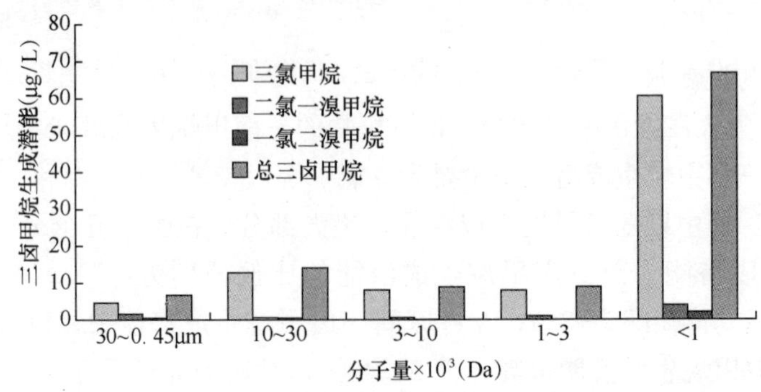

图 4-19　出厂水中不同分子量有机物的三卤甲烷生成潜能

长江原水的卤乙酸生成潜能见图 4-20、图 4-21。

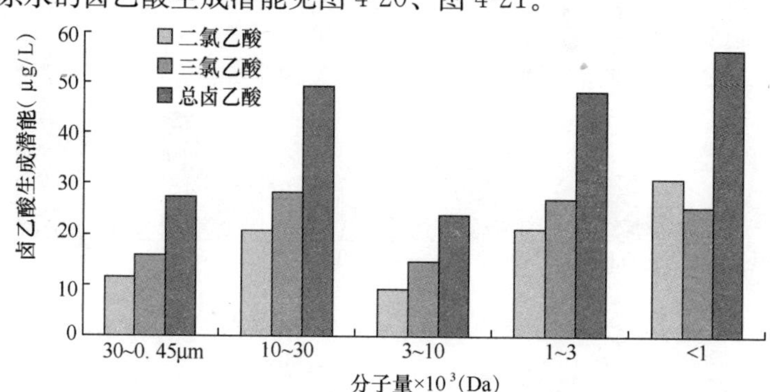

图 4-20　长江原水中不同分子量有机物的卤乙酸生成潜能

图 4-20 为长江原水中不同分子量卤乙酸生成潜能的分布。总卤乙酸生成潜能在各分子量区间分布相对较平均，各区间生成潜能所占比例为：13.35%、23.94%、11.65%、23.52%和 27.53%，以分子量为（10～30）×10^3 Da 和＜3×10^3 Da 区间的总卤乙酸生成潜能所占比例较大；另外，卤乙酸生成潜能中主要为二氯乙酸和三氯乙酸，以三氯乙酸生成潜能稍大；但在分子量＜1×10^3 Da 区间，二氯乙酸生成潜能比三氯乙酸生成潜能约大 5μg/L。几乎没有溴乙酸和二溴乙酸生成。

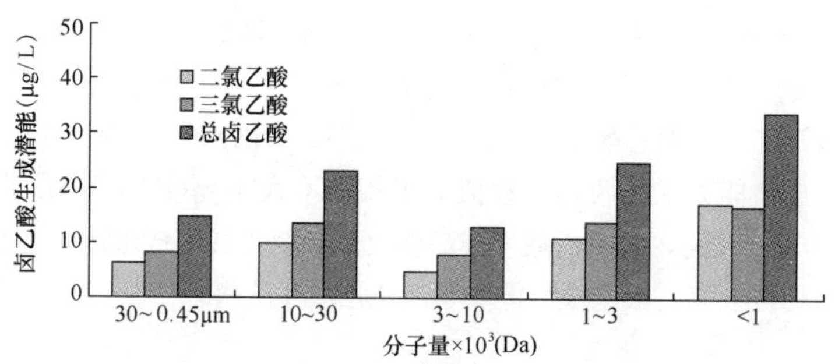

图 4-21　沉淀水中不同分子量有机物的卤乙酸生成潜能

图 4-21 为沉淀水中不同分子量卤乙酸生成潜能的分布，从图中可见，与原水中卤乙酸生成潜能相比，各分子量区间卤乙酸生成潜能均得到一定的去除，尤其是分子量在(10～30)×10^3 Da 区间的卤乙酸生成潜能去除最多。

图 4-22 为砂滤后水中不同分子量卤乙酸生成潜能分布，经过沉淀和砂滤单元，各分子量区间有机物均得到一定的去除，其中卤乙酸生成潜能也相应得到去除。图中五个分子量区间总卤乙酸生成潜能，按从大到小排列分别为 13.30μg/L、16.23μg/L、11.46μg/L、25.05μg/L 和 39.31μg/L，以分子量＜3×10^3 Da 区间的卤乙酸生成潜能最大。

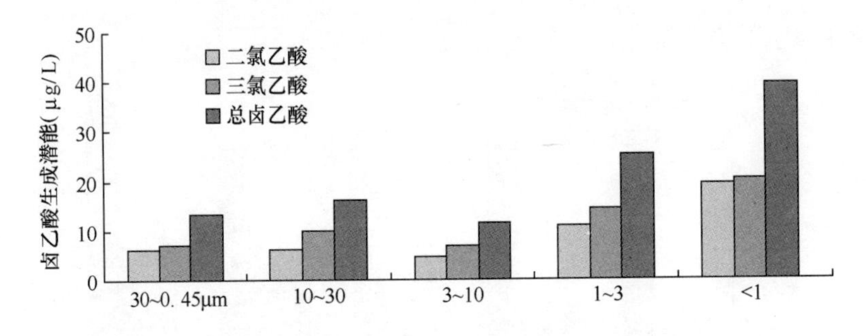

图 4-22　砂滤后水中不同分子量有机物的卤乙酸生成潜能

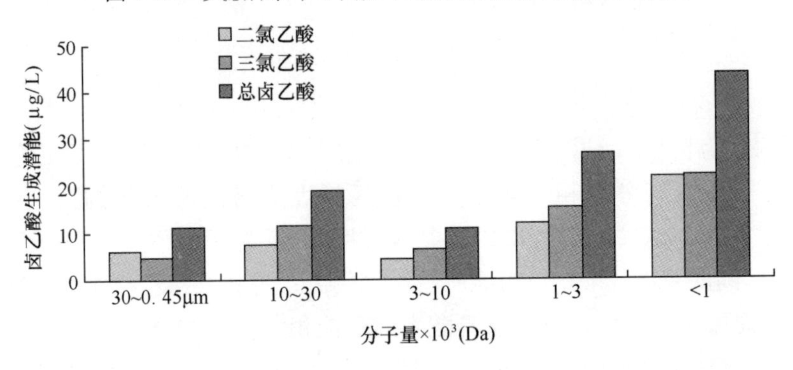

图 4-23　出厂水中不同分子量有机物的卤乙酸生成潜能

从图 4-23 中可以看出，出厂水中卤乙酸生成潜能在不同分子量区间分布与砂滤水中相似，以小分子量的卤乙酸生成潜能为主，分子量$<3\times10^3$Da 区间的卤乙酸生成潜能占总卤乙酸生成潜能的 63.30%。各分子量区间仍以二氯乙酸和三氯乙酸生成潜能为主，两者在数值上仅相差不大于 5μg/L，在分子量为 30×10^3Da～0.45μm 区间，二氯乙酸生成潜能大于三氯乙酸生成潜能；而在其他各分子量区间，均以三氯乙酸生成潜能多于二氯乙酸生成潜能。

4.4　上海饮用水源中亲水性和疏水性有机物生成卤代消毒副产物的特性

有机物的疏水性和亲水性是指有机物和水的亲和能力，由于水是极性分子，极性较强的有机物和水有较强的亲和力，而极性较弱的有机物则和水的亲和力较弱。有机物的极性是由其结构决定的，一般可电离的基团愈多其极性愈强，不带基团的烷烃类是非极性分子。为研究上海饮用水源——长江原水和黄浦江原水中不同类型有机物生成消毒副产物的特性，将有机物分为亲水性、强疏水性和弱疏水性有机物，根据消毒副产物生成潜能的测定方法，定量分析上海饮用水中不同类型有机物生成消毒副产物的量。

4.4.1 黄浦江原水中的天然有机物分布

2005 年 11 月，取黄浦江原水将水样分为强疏水性水样、弱疏水性水样和亲水性水样，分别测试其 TOC 和 UV_{254} 值，计算各种类有机物所占的比例，结果如图 4-24 所示。

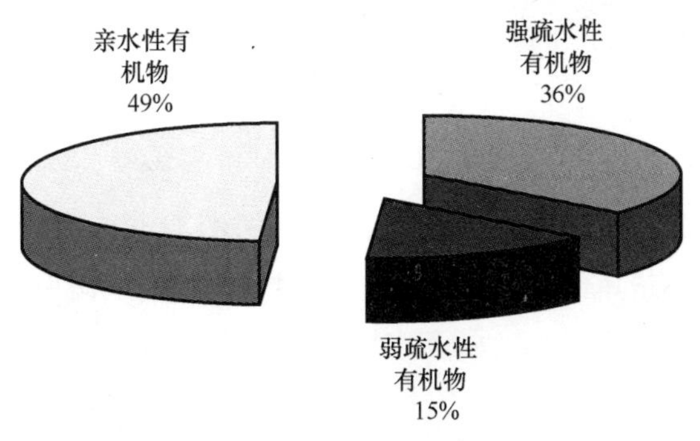

图 4-24 不同类型有机物所占的比例

图 4-24 表示强疏水性有机物、弱疏水性有机物和亲水性有机物所占的比例分别为 36％、15％和 49％。疏水性有机物所占比例超过 50％，由此可见黄浦江原水中以溶解性的腐殖酸、富里酸为主。

4.4.2 亲水性和疏水性有机物生成的消毒副产物特性

将黄浦江原水的亲疏水性水样中加入次氯酸钠，在 25℃恒温下培养 7 d，然后分析水中的三氯甲烷、二氯一溴甲烷、一氯二溴甲烷、三溴甲烷、二氯乙酸和三氯乙酸等生成潜能，结果如图 4-25 和图 4-26 所示。

从图 4-25 可知，黄浦江原水中强疏水性有机物生成的三氯甲烷浓度为 84.83μg/L，占 3 类有机物三氯甲烷生成潜能的 44.49％；生成的二氯一溴甲烷

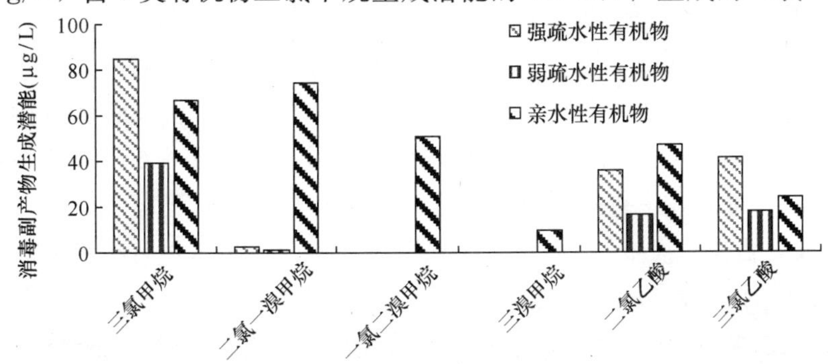

图 4-25 黄浦江原水中不同类型有机物的消毒副产物生成潜能

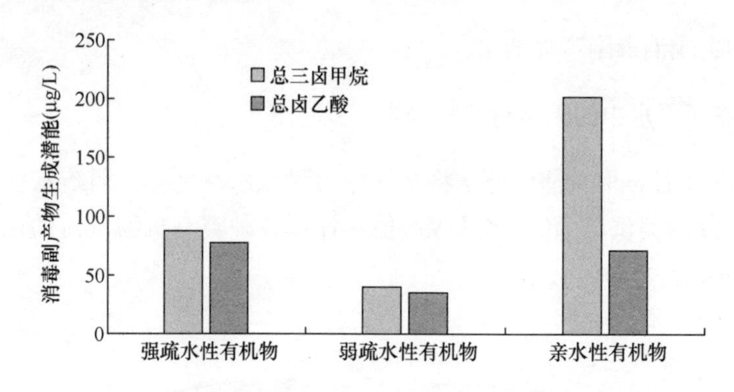

图 4-26　不同类型有机物的 TTHMs 和 THAAs 生成潜能

浓度为 2.52μg/L，占 3.22%；未见生成一氯二溴甲烷和三溴甲烷。强疏水性有机物主要为三氯甲烷的前体物，即在强疏水性有机物的三卤甲烷生成潜能中，三氯甲烷生成潜能约占 96.56%；强疏水性有机物生成的二氯乙酸和三氯乙酸分别为 35.86μg/L 和 41.55μg/L，各占 36.12%和 49.62%。

弱疏水性有机物生成的三氯甲烷浓度为 39.01μg/L，占 3 类有机物生成的三氯甲烷总量的 20.45%；其生成的二氯一溴甲烷仅 1.23μg/L，占 1.57%；弱疏水性有机物并未生成一氯二溴甲烷和三溴甲烷。弱疏水性有机物生成的三卤甲烷中也主要是三氯甲烷，占疏水性有机物生成的三卤甲烷的 96.94%。弱疏水性有机物生成的卤乙酸，即二氯乙酸和三氯乙酸的量略低于其他两种有机物，分别为 16.69μg/L 和 17.99μg/L，各占 3 类有机物生成二氯乙酸和三氯乙酸总量的 6.81%和 21.49%。

从图 4-25 中可见，亲水性有机物的 4 种（三氯甲烷、二氯一溴甲烷、一氯二溴甲烷和三溴甲烷）三卤甲烷生成潜能分别占亲水性有机物的总三卤甲烷生成潜能的 33.19%、36.94%、25.17%和 4.70%。亲水性有机物生成的二氯乙酸和三氯乙酸潜能分别为 46.72 μg/L 和 24.19μg/L，占 3 类有机物生成的二氯乙酸和三氯乙酸的 47.06%和 28.29%。

从图 4-26 中可见，黄浦江原水中，生成三卤甲烷的前体物主要为亲水性有机物，其三卤甲烷生成潜能为 201.65μg/L，占总三卤甲烷生成潜能的 61.24%，其中在亲水性有机物中二氯一溴甲烷、一氯二溴甲烷和三溴甲烷前体物所占比例较大；其次三卤甲烷主要的前体物为强疏水性有机物，其三卤甲烷生成潜能为 87.39μg/L，占总三卤甲烷生成潜能的 26.54%；而弱疏水性有机物生成的总三卤甲烷最低，仅 40.25μg/L，占总三卤甲烷前体物的 12.22%。

黄浦江原水中，将 3 类有机物的卤乙酸生成潜能进行比较，强疏水性有机物卤乙酸生成潜能最多，为 77.41μg/L，占三类有机物卤乙酸生成潜能的 42.30%；

其次为亲水性有机物，卤乙酸生成潜能为 70.91μg/L，占 38.75%；最后为弱疏水性有机物，卤乙酸生成潜能为 34.68μg/L，占 18.95%。

从黄浦江原水中亲水性、强疏水性和弱疏水性有机物的消毒副产物生成潜能研究发现，强、弱疏水性有机物与氯反应主要生成三氯甲烷，亲水性有机物与氯反应则同时生成三氯甲烷、一氯二溴甲烷、二氯一溴甲烷和三溴甲烷，其中二氯一溴甲烷、一氯二溴甲烷和三溴甲烷前体物主要来自于亲水性有机物。卤乙酸主要由强疏水性有机物生成，其次为亲水性有机物和弱疏水性有机物。

4.4.3 不同有机物的 SUVA 值比较

特征紫外吸光度（SUVA）值为 UV_{254} 与 DOC 的比值，其大小可以反映有机物的某些特性，如腐殖化程度及不饱和双键或芳香环有机物相对含量的多少等。黄浦江原水中的强疏水性、亲水性和弱疏水性 3 类有机物的 SUVA 值见图 4-27。

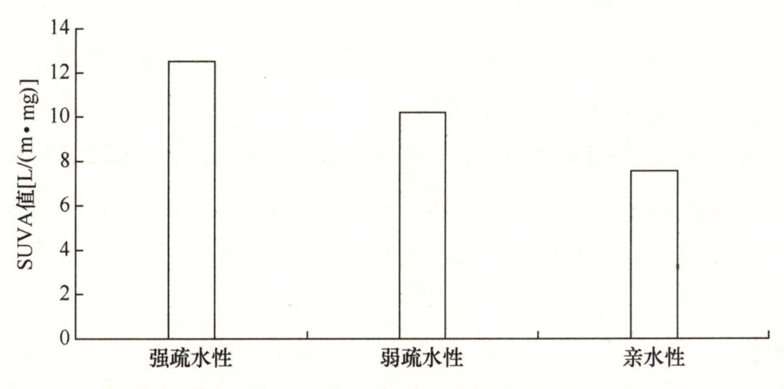

图 4-27 黄浦江原水中不同类型有机物的 SUVA 值

从图 4-27 可以看出，在黄浦江原水中，SUVA 值的大小顺序为强疏水性有机物>弱疏水性有机物>亲水性有机物，其值分别 12.51L/（m·mg）、10.20L/（m·mg）和 7.56L/（m·mg）。疏水性有机物主要是腐殖酸和富里酸类物质，不饱和双键及芳香族类有机物含量也较高，而亲水性有机物则以蛋白质、氨基酸等大分子有机物为主。SUVA 值高则疏水性有机物含量高，生成三氯甲烷和卤乙酸的量多，由其所生成的卤乙酸占 3 类有机物生成的卤乙酸总量的 42.30%，生成的三氯甲烷占 3 类有机物三氯甲烷生成潜能的 44.49%。SUVA 值低表示亲水性有机物含量高，生成的三卤甲烷多，亲水性有机物生成三卤甲烷总量为 201.65μg/L，占三卤甲烷生成量的 61.24%。也即 SUVA 值高时易于生成卤乙酸，而 SUVA 值低时易生成三卤甲烷。

4.5　青草沙水库原水的消毒副产物生成潜能

上海青草沙水源地即青草沙水库，位于长江入海口，通过建设标高 8.5m、总长 43km 的大堤，圈围长兴岛以北 60km^2 水面而成。其库容达到 5.3 亿 m^3，每天可供水 719m^3，成为目前世界上最大的滩地水库、国内最大的江心水库。2010 年底以青草沙水库为水源的金沙水厂开始向部分市区供水。

4.5.1　含氮和含碳消毒副产物生成潜能测试方法

1. 含氮消毒副产物生成潜能（N-DBPFP）测试方法

所用 DBPFP 测试方法是在 Krasner 等建立的方法基础上改进而成。在测定氯化消毒反应中的 N-DBPFP 时，将待测水样移入 40mL 安培瓶中并用磷酸缓冲溶液（0.3mol/L 的磷酸二氢钠（NaH_2PO_4）和 0.2mol/L 的磷酸氢二钠（Na_2HPO_4）的混合溶液）将水样调至 pH=7。投加一定量的 NaClO 溶液（使用时将其稀释到有效氯含量为 10g/L 左右，并置于棕色试剂瓶中，在 4 ℃下避光保存，试验前采用 HACH DR2800 分光光度计测定有效氯含量后立即使用）。有效氯的投加量依据待测水样的 DOC 和 NH_3-N 计算得出，如式（4-1）所示：

$$Cl_2\text{ 投加量}(mg/L)=3\times DOC(mg/L)+7.6\times NH_3\text{-}N(mg/L)+10(mg/L) \tag{4-1}$$

有效氯投加之后，立即用带有聚四氟乙烯垫片的螺旋盖密封，充分混合后，存放于恒温箱中避光反应 24h 并保持温度为 24±1℃。反应结束后，投加抗坏血酸终止氯化反应，同时投加一定量的冰醋酸将水样 pH 调至 5 左右，以便 HAcAms、HANs 等的测定。

在测定氯胺化消毒反应中的 N-DBPFP 时，将待测水样移入 40mL 安培瓶中，加入磷酸缓冲溶液将水样调至 pH=7。然后投加一定量的氯胺，即 NaClO 和 NH_3 的混合溶液，其中有效氯的投加量如式（4-2）所示，NH_3 的投加量如式（4-3）所示：

$$Cl_2\text{ 投加量}(mg/L)=3\times DOC(mg/L) \tag{4-2}$$

$$Cl_2:NH_3\text{-}N=3:1\text{（质量比，先加氨后加氯）} \tag{4-3}$$

本研究的氯胺化消毒反应先投加氨后投加氯（投加间隔时间在 1min 以内）。氯胺投加之后，立即用带有聚四氟乙烯垫片的螺旋盖密封，充分混合后，存放于恒温箱中，避光反应 3d 并保持温度为 24±1℃。反应结束后，投加抗坏血酸终止氯化反应，同时投加一定量的冰醋酸将水样 pH 调至 5 左右，以便 HAcAms、

HANs 等的测定。

2. 含碳消毒副产物生成潜能（C-DBPFP）测试方法

C-DBPFP 测试方法主要用于三卤甲烷生成潜能（THMFP）和卤乙酸生成潜能（HAAFP）的测定，将 40mL 待测水样移入 50mL 安培瓶中，并使用磷酸缓冲溶液将水样调至 pH=7。投加一定量的有效氯，即 NaClO 溶液（使用时将其稀释到有效氯含量为 10g/L 左右，并置于棕色试剂瓶中在 4℃下避光保存，试验前测定有效氯含量后立即使用）。有效氯的投加量依据待测水样的 DOC 计算所得，如式（4-1）所示。有效氯投加之后，立即用带有聚四氟乙烯垫片的螺旋盖密封，充分混合后，存放于恒温箱中避光反应 7d 并保持温度为 24±1℃。反应结束后，投加硫代硫酸钠终止氯化反应，并立即进行测定。需要说明的是，通常在测定水样的 THMFP 和 HAAFP 时，反应时间一般为 5～7d，而本研究中的氯化反应时间（24h）和氯胺化反应时间（3d）都较短，这是因为在过量余氯存在的情况下，反应时间较长会造成含氮消毒副产物的水解；而对于 THMs 和 HAAs 等，在过量余氯存在的情况下，一般反应时间越长，THMs 和 HAAs 的产率越高，直至反应 5～7d 时，THMs 和 HAAs 的浓度趋于稳定，因此测试所需反应时间不同。氯胺化消毒反应中 C-DBPFP 的测定程序与氯化消毒反应中 C-DBPFP 的测定基本相同，只是将投加有效氯改为投加氯胺，即 NaClO 和氨（NH_3）的混合溶液，氯胺化反应时间为 7d。

4.5.2 青草沙水库原水的消毒副产物生成潜能

2009 年 4～12 月期间对青草沙水库原水的消毒副产物生成潜能进行了测试。试验期间青草沙水库原水水质见表 4-1。

试验期间青草沙水库原水水质　　表 4-1

参数	水温 (℃)	浑浊度 (NTU)	溶解氧 (mg/L)	DOC (mg/L)	DON (mg/L)	UV_{254} (cm^{-1})
最大值	27.0	40.6	8.7	6.3	0.87	0.129
最小值	18.5	11.2	6.2	3.8	0.35	0.060
平均值	23.7	23.4	7.7	4.8	0.68	0.104

试验时主要测定二氯乙酰胺（DCAcAm）和三氯乙酰胺（TCAcAm）两种卤乙酰胺（HACAms），并以 DCAcAmFP 作为衡量 HACAms 前体物的指标。由于二氯乙腈（DCAN）和三氯乙腈（TCNM）分别是卤乙腈（HANs）和卤代硝基甲烷（HNMs）在饮用水中的主要存在形式，因此将二氯乙腈生成潜能（DCANFP）和三氯乙腈生成潜能（TCNMFP）分别作为衡量总 HANs 和总 HNMs 的指标。

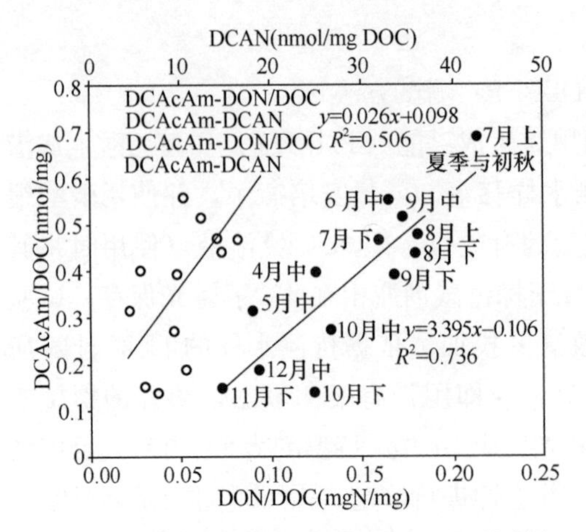

图 4-28 青草沙水库原水中 DCAcAm 的产率

（原水 pH=7，DOC 为 3.84～6.33mg/L）

由图 4-28 可以看出，青草沙水库原水的二氯乙酰胺（DCAcAm）浓度在 0.14～0.69μg/L 之间，夏季和初秋季的 DCAcAm 浓度较高；青草沙水库原水的 DCAcAm 浓度与 DON 之间有较好的线性关系（$R^2=0.736$），且夏季和初秋季节青草沙水库原水的 DON 值相对较高。

溶解有机碳与溶解有机氮的比值（DOC/DON）可用来表示 NOM 的来源，较低的 DOC/DON 值表明水体中的藻类和细菌等微生物代谢产物是 NOM 的主要来源（内源性），较高的 DOC/DON 值表明外来污染和土壤是水中 NOM 的主要来源（外源性）。图 4-29 为青草沙水库原水的 DOC/DON 值随季节的变化，可以看出夏季和初秋季节 DOC/DON 值相对较低，说明夏季水中的 NOM 以内源性为主。

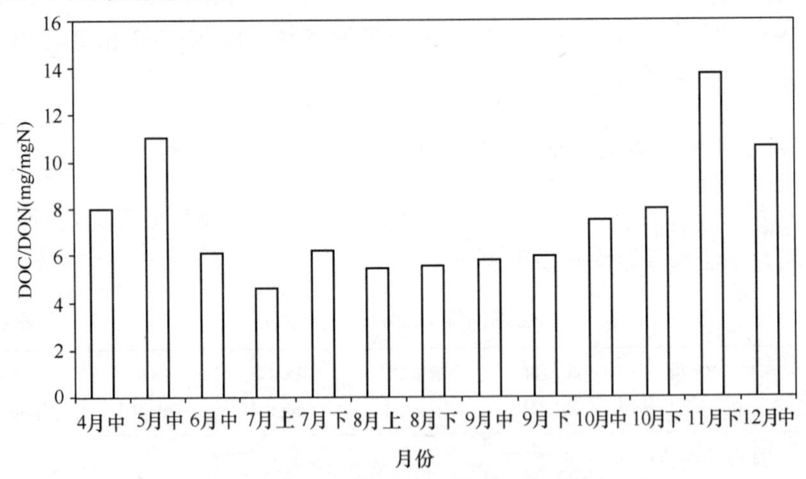

图 4-29 青草沙水库原水 DOC/DON 随季节变化

在青草沙水库长江原水消毒副产物生成潜能（氯化反应）测试中所生成的二氯乙酰胺（DCAcAm）浓度为 0.14～0.19μg/L，二氯乙腈（DCAN）浓度在 4.65～19.8μg/L 之间变动，夏季和初秋季两者的浓度均较高。三氯硝基甲烷（TCNM）浓度在 2.71～5.30μg/L 之间变动，并不随季节发生较明显的变化。

4.5.3 溶解性有机物（DOM）的亲、疏水性分离

采用串联式吸附分离法将青草沙水库原水中的 DOM 分离为六个组分，分别为亲水酸性(HiA)、疏水酸性(HoA)、亲水碱性(HiB)、疏水碱性(HoB)、亲水中性(HiN)和疏水中性(HoN)。DOM 分离流程如图 4-30 所示。

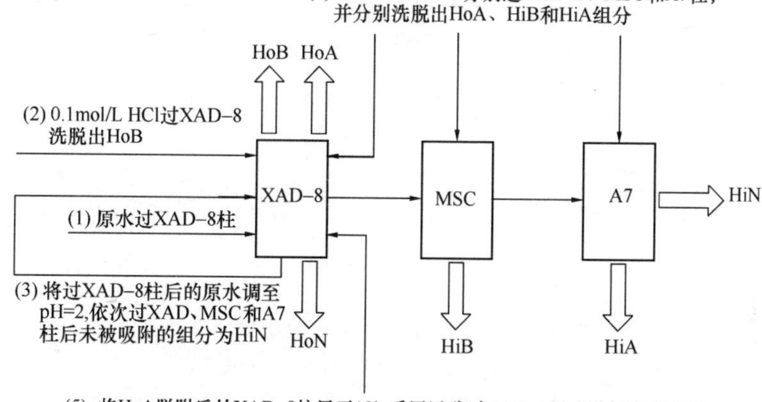

图 4-30 DOM 亲疏水性分离流程图

DOM 亲水性、疏水性分离所需吸附树脂 XAD-8、MSC 和 A7 为美国 Sigma-Aldrich 公司产品，将 1g 树脂装入吸附柱内压实，使用前用超纯水清洗 6h，基本达到出水中 DOC 浓度与超纯水相一致。水样通过各吸附柱的流速控制在 1.5～2.5mL/min，洗脱时的流速控制在 0.5～1.0mL/min。

青草沙原水经预浓缩和 0.7μm 滤膜过滤后，首先通过 XAD-8 树脂吸附柱，吸附在 XAD-8 树脂中的 DOM 为 HoB，其可通过 0.1 mol/L 的 HCl 高纯水溶液洗脱。然后将通过 XAD-8 柱后的水样 pH 值调至 2.0，并依次通过 XAD-8，MSC 和 A7 柱，流出的部分为 HiN 组分。而吸附在 XAD-8，MSC 和 A7 树脂上的组分分别为 HoA，HiB 和 HiA，它们均可用 pH＝13 的 NaOH 高纯水溶液洗脱。将 HoA 脱附后的 XAD-8 柱风干 12h，采用甲醇对 XAD-8 树脂进行索式提取，提取出 HoN 组分，多余的甲醇采用真空旋转蒸发器在 40℃下挥发去除。

4.5.4 不同有机物组分的分子量分布

试验采用凝胶过滤色谱（GFC）技术测定不同有机物组分（HiA、HoA、HiB、HoB、HiN 和 HoN）的分子量分布，见图 4-31。重量平均分子量（Mw ）与数目平均分子量（Mn ）的比值（Mw/Mn）称为多分散性系数，常用于分析

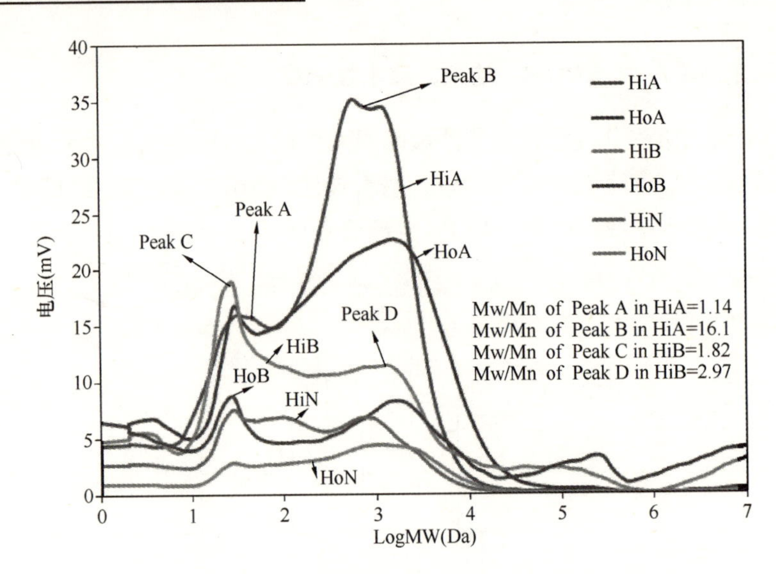

图 4-31 不同有机物组分的分子量分布

（pH=7，每个组分的 DOC=4.0±0.2mg/L）

被测有机物组分的起源和性质，较小的 Mw/Mn 值表示有机物组分中的各种成分来源相似，具有同质性；而较大的 Mw/Mn 值表示有机物组分中的各种成分来源复杂，具有异质性。因在 N-DBPFP 测试中，HiA 和 HiB 的 DCAcAm 产率最高，所以在此重点考虑 HiA 和 HiB 的分子量分布以及 Mw/Mn 的大小。由图 4-31 可以看出，HiA 主要由 2 个峰组成，分别为 Peak A 和 Peak B；而 HiB 也主要由 2 个峰组成，分别为 Peak C 和 Peak D。Peak A、Peak C 和 Peak D 的 Mw/Mn 值皆相对较小（Mw/Mn ＜ 3），而 Peak B 的 Mw/Mn 值较高（Mw/Mn ＝ 16.1）。Peak B（2＜LogMW＜4）具有较高的强度（电压）以及峰面积，可以说明 HiA 组分中大量的有机物具有异质性；而对于 HiB 组分中的有机物则具有同质性。

4.5.5 不同有机物组分的 DON 和 DOC 亲疏水性

夏季和初秋季节青草沙水库原水具有相对较高的 DCAcAm 产率（DCAcAm/DOC），因此，对原水中的溶解有机物进行了亲、疏水性分离。图 4-32 所示为被分离的 HiA，HoA，HiB，HoB，HiN 和 HoN 等 6 个组分的 DOC 和 DON 占原水总 DOC 和总 DON 的百分比。从 DOM 的酸性、碱性和中性角度来看，青草沙水库原水中的酸性 DOM（HiA 和 HoA）是原水中总 DOC 和总 DON 的最主要部分，分别占原水 DOC 和 DON 的 59.1％和 68.2％；而原水中的碱性 DOM（HiB 和 HoB）分别占原水 DOC 和 DON 的 8.6％和 8.4％。

从 DOM 的亲水性和疏水性角度来看，青草沙水库原水中的疏水性组分（HoA、

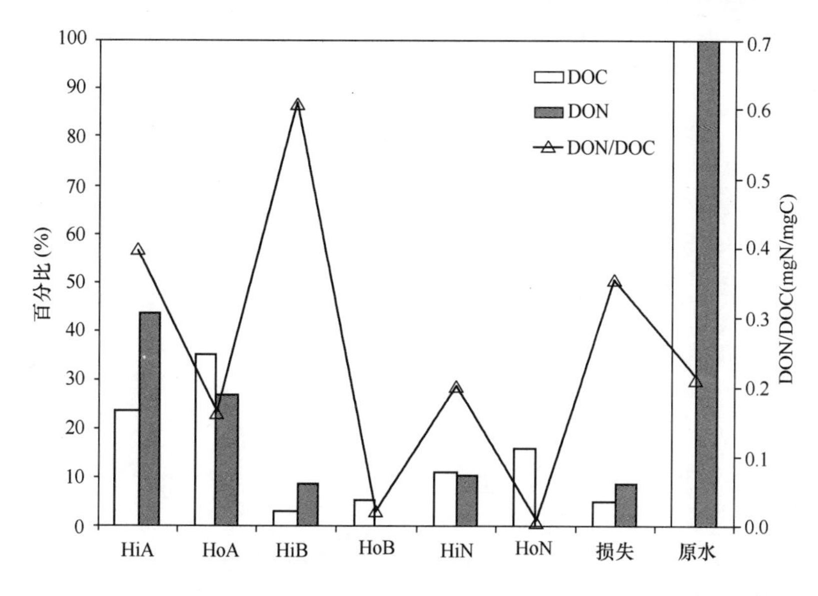

图 4-32 青草沙水库原水 DOC 和 DON 在不同有机物组分中的分布

HoB 和 HoN)具有最高比例的 DOC(57.1%)；而青草沙水库原水中的亲水性组分(HiA、HiB 和 HiN)占 DON 的比例最高(60.5%)。就单个组分而言，HOA 组分占 DOC 的比例最高(35.5%)，其次为 DON(26.1%)；而 HiA 则占最高的 DON 比例(42.1%)，其次为 DOC(23.6%)。HiA 的 DON/DOC 值(0.40mgN/mgC)高于 HoA 的 DON/DOC 值(0.16mgN/mgC)，这是由于 HoA 主要由含氮量较低的腐殖酸和富里酸组成，而 HiA 则是由含氮量较高的蛋白质、糖类和氨基酸组成。在所有 6 个组分中，HiB 具有最高的 DON/DOC 值(0.61mgN/mgC)，青草沙水库原水中每一个亲水性组分的 DON/DOC 值总是大于相对应的疏水性组分的 DON/DOC 值(HiA ＞ HoA、HiB ＞ HoB 和 HiN ＞ HoN)。

4.5.6 不同有机物组分的含氮消毒副产物生成潜能 (N-DBPFP)

图 4-33 所示为不同有机物组分在氯化和氯胺化 N-DBPFP 测试中的 DCAcAm 产率。其中，HoB、HiN 和 HoN 3 个 DOM 组分在氯化和氯胺化 N-DBPFP 测试中都未检测到 DCAcAm 的生成（低于检测限 0.1μg/L，且未检测到特征离子峰）；而由该图可以看出，DCAcAm 在 HiA、HoA 和 HiB 3 个 DOM 组分的氯化和氯胺化 N-DBPFP 测试中都被检测出，需要说明的是虽然 HoA 组分在氯化和氯胺化 N-DBPFP 测试中生成的 DCAcAm 浓度略低于 0.1μg/L，但仍然可以检测到 DCAcAm 的特征离子，且仪器测定 DCAcAm 3 次所得结果的 RSD 均小于 6%（表 4-2），因此本研究认为 HoA 在氯化和氯胺化 N-DBPFP 测试中确实生成了一定量的 DCAcAm。

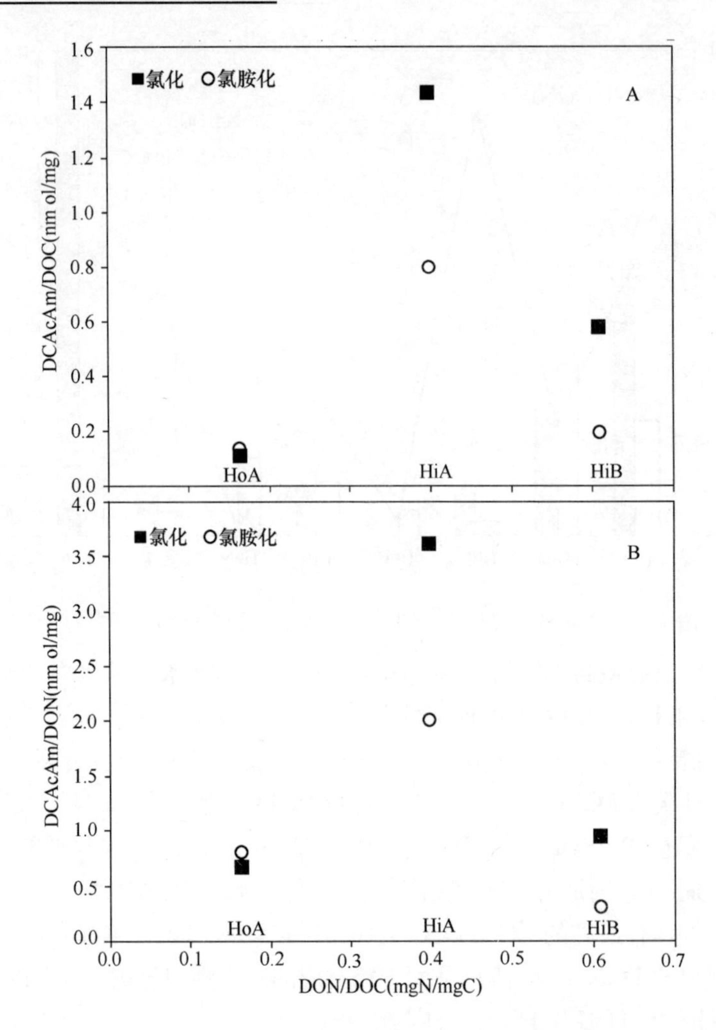

图 4-33 N-DBPFP 测试（氯化和氯胺化）中不同组分的 DCAcAm 产率

由图 4-33A 可以看出，HiA 组分在氯化和氯胺化 N-DBPFP 测试中都具有最高的 DCAcAm 产率（DCAcAm/DOC），其次是 HiB，而 HoA 组分具有最低的 DCAcAm 产率。由图 4-32 可知，HiA 组分的 DON/DOC 值低于 HiB 组分的 DON/DOC 值，就 HiA 和 HiB 的比较而言，DCAcAm 的产率并不完全取决于含氮量的多少（DON/DOC 值的大小），还取决于 DON 的性质。另外还可以由图 4-33 看出，HiA 和 HiB 组分在氯化 N-DBPFP 测试中 DCAcAm 的产率明显高于对应组分在氯胺化 N-DBPFP 测试中 DCAcAm 的产率；而 HoA 组分在氯化和氯胺化 N-DBPFP 测试中生成的 DCAcAm 浓度相近，这说明不同组分对应的 DCAcAm 前体物质和形成路径不尽相同。图 4-33B 所示为 HoA、HiA 和 HiB 3 个 DOM 组分在氯化和氯胺化 N-DBPFP 测试中每单位 DON 生成的 DCAcAm 产率

(DCAcAm/DON)。由该图可以发现，在氯化和氯胺化 N-DBPFP 测试中 HiA 组分仍然具有最高的 DCAcAm 产率（DCAcAm/DON），而 HiB 组分所对应的 DCAcAm 产率（DCAcAm/DON）小于 HiA 对应的 DCAcAm 产率（DCAcAm/DON），这主要是由于在 6 个 DOM 组分中，HiB 组分虽然具有最高的 DON/DOC 值，但 DCAcAm 的产率并不完全由 DON/DOC 值的大小决定，还由 DON 的性质决定，正如图 4-33A 讨论部分，亲水酸性 DON（HiA-DON）所对应的 DCAcAm 产率高于亲水碱性 DON（HiB-DON）所对应的 DCAcAm 产率。

N-DBPFP 测试中 HiA，HoA 和 HiB 3 个组分 DCAcAm 3 次测定所得的 RSD 见表 4-2。

N-DBPFP 测试中 HiA，HoA 和 HiB 3 个组分 DCAcAm 3 次测定所得 *RSD* 表 4-2

N-DBPFP	HiA（%）	HoA（%）	HiB（%）
氯化	0.8	5.7	1.8
氯胺化	1.5	4.2	2.2

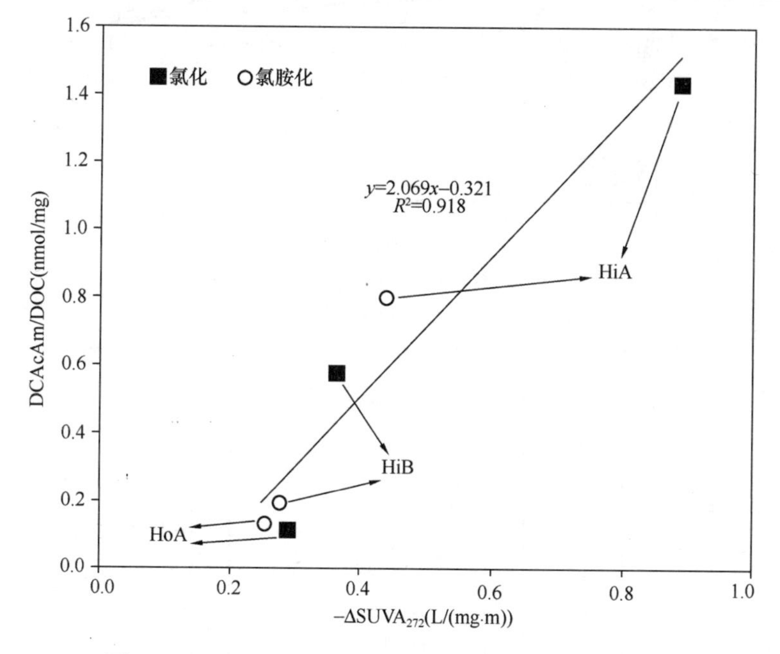

图 4-34　N-DBPFP 测试（氯化和氯胺化）中不同组分的 DCAcAm 产率与 $-\Delta SUVA_{272}$ 之间的关系

图 4-34 所示为 N-DBPFP 测试（氯化和氯胺化）中不同组分的 DCAcAm 产率与 $-\Delta SUVA_{272}$ 之间的线性关系，$-\Delta SUVA_{272}$ 与 TOX 具有很好的线性相关性。通过测定氯化和氯胺化前后 $SUVA_{272}$ 的变化量，可以初步预测不同组分 DCAcAm 的产率，但水源水质不同，所体现出的线性规律可能也不尽相同。

4.5.7 UV/vis 全波段吸收光谱

试验时采用美国 Unico-4802 双光束分光光度计对有机物组分进行全波段扫描（200～1000nm），扫描间隙为 0.1nm。图 4-35 所示为不同有机物组分（HiA、HoA、HiB、HoB、HiN 和 HoN）的 UV/vis 全波段扫描吸收光谱。从图 4-35 可以看出，吸收波长在 200～230nm 以及 350～1000nm 时，6 个组分的吸光度差异并不明显；而 6 个组分在 230～350nm 的吸收波长范围内时，HiA、HoA 和 HiN 具有相对较高的吸光度，而 HiB、HoB 和 HoN 具有相对较低的吸光度。

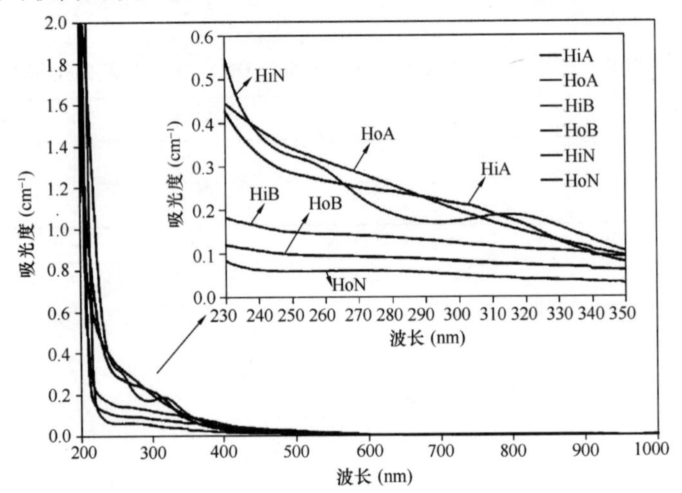

图 4-35 不同有机物组分的 UV/vis 全波段光谱

（pH=7，每个组分的 DOC=4.0±0.2mg/L）

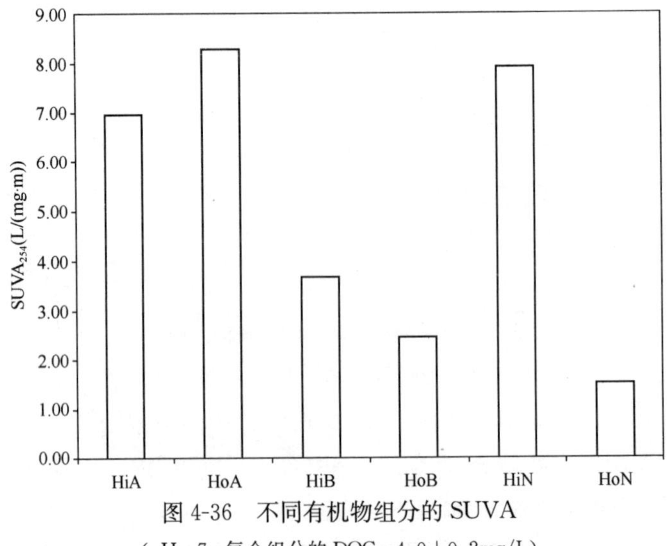

图 4-36 不同有机物组分的 SUVA

（pH=7，每个组分的 DOC=4.0±0.2mg/L）

图 4-36 为不同有机物组分的 SUVA 值，可以看出 HiA、HoA 和 HiN 具有相对较高的 $SUVA_{254}$，而 HiB、HoB 和 HoN 的 $SUVA_{254}$ 相对较低。$SUVA_{254}$ 常用于表征有机物的疏水性、芳香性和分子量，HiA 的 $SUVA_{254}$ 较高，可能是因为 HiA 具有一定的芳香性，且存在较高分子量的有机物所致。

4.5.8　三维荧光光谱

三维激发—发射矩阵荧光光谱（EEM 光谱）已被广泛应用以表征水中 DOM 的特征，图 4-37 为不同有机物组分（HiA、HoA、HiB、HoB、HiN 和 HoN）的三维荧光光谱，横坐标为 200～600nm 的发射波长（*E*m），纵坐标为 200～600nm 的激发波长（*E*x），等高线为荧光强度，等高线越密集表示荧光强度越大。EEM 光谱图划分成 5 个区域，由图 4-38 可以看出，第一区和第二区代表芳香性蛋白质类有机物（λ_{ex}＜250nm，λ_{em}＜380nm）；第三区代表富里酸类有机物（λ_{ex}＜250nm，λ_{em}＞380nm）；第四区代表腐殖酸类有机物（λ_{ex}＞250nm，λ_{em}＜380nm）；第五区代表可溶性微生物代谢产物类（SMP）有机物（λ_{ex}＞250nm，λ_{em}＞380nm）。

不同有机物组分的 EEM 光谱峰　　　　表 4-3

DOM 组分	*Ex/Em* (nm / nm)	物质特征	强度 (mV)	FI
HiA	280/320	SMP	1363.0	1.33
	230/330	AP	604.5	
	320/440	HA	267.2	
HoA	240/350	AP	555.5	1.30
	310/420	HA	343.2	
	240/430	FA	456.8	
HiB	290/370	SMP	271.6	2.23
	220/360	AP	222.3	
HoB	240/355	AP	210.0	2.60
HiN	310/480	HA	884.5	0.61
	250/500	FA	816.5	
HoN	240/410	FA	189.9	1.35

表 4-3 所示为不同溶解性有机物组分的 EEM 光谱峰。由图 4-37、4-38 和表 4-3 可以看出，相对其他 5 个组分，HiN 组分的 EEM 图中含有最强的 HA 峰（884.5mV）和 FA 峰（816.5mV）。由图 4-33 可知，HiN 组分在氯化和氯胺化含氮消毒副产物生成潜能测试中皆未生成 DCAcAm，这说明 FA 和 HA 类有机

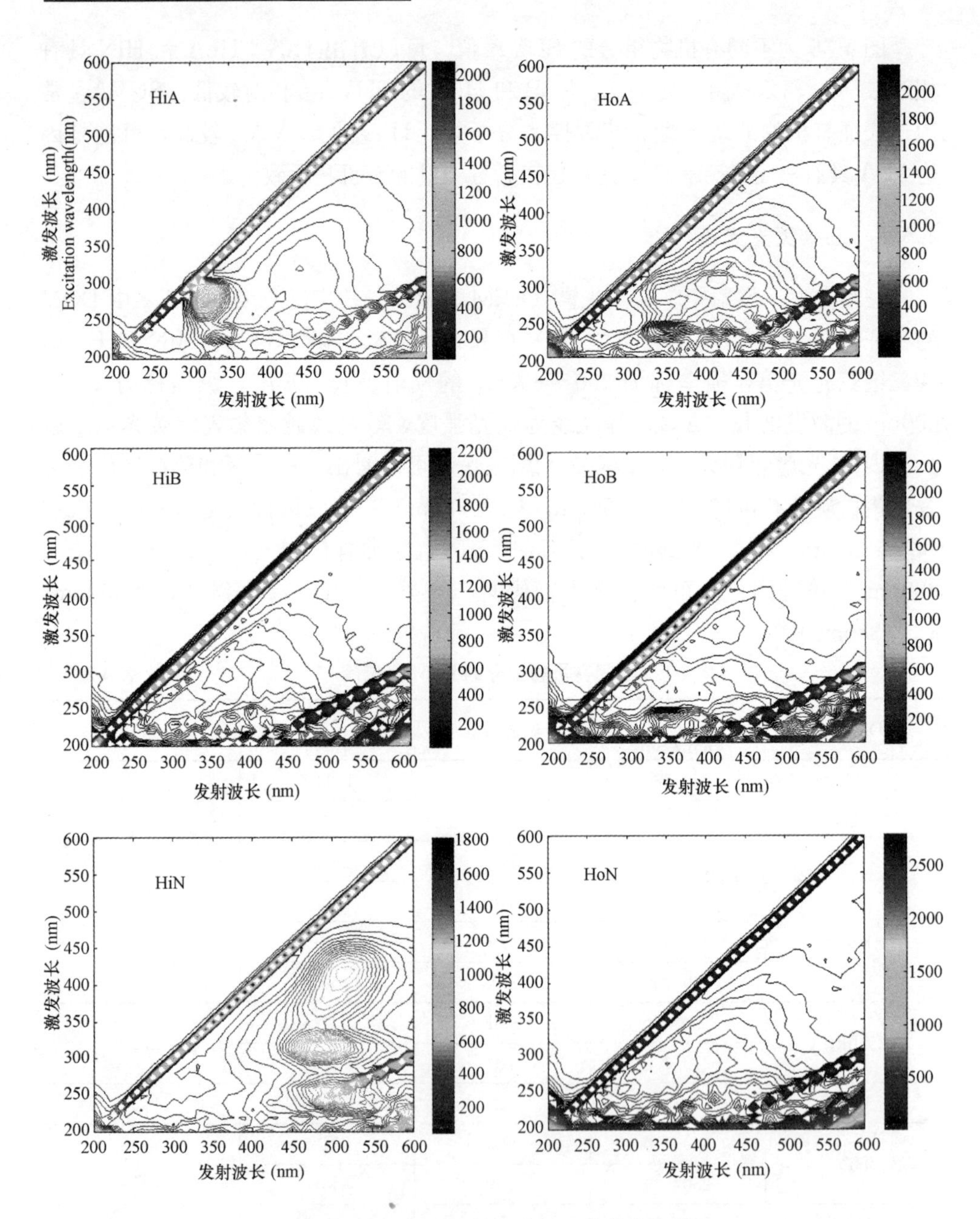

图 4-37　不同有机物组分的三维荧光光谱

（pH=7，每个组分的 DOC=4.0±0.2mg/L）

物不是 DCAcAm 的主要前体物。另外可以发现，相对其他 5 个组分，具有最高 DCAcAm 产率（图 4-33）的 HiA 组分具有最强的 SMP 峰（1363.0mV）以及最强的 AP 峰（604.5mV），另外还有一个 HA 峰。同样具有较高 DCAcAm 产率的

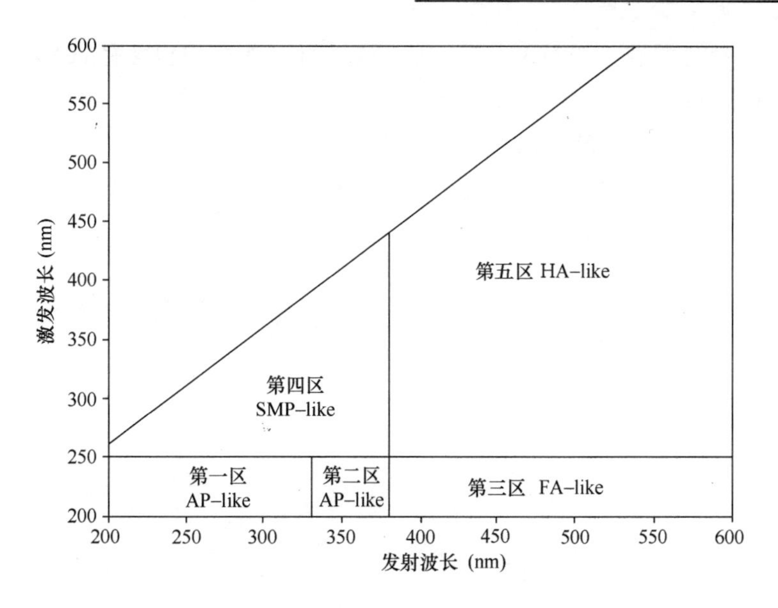

图 4-38 5 类物质的 EEM 光谱界线图

HiB 组分 EEM 光谱图中也包含两个峰，分别为 SMP 峰（271.6mV）和 AP 峰（222.3），由于 HA 类有机物不是 DCAcAm 的主要前体物，并且 SMP 和 AP 两类物质中都包含大量的 DON，因此可以得出，DCAcAm 的主要前体物很可能是 SMP 和 AP 两类有机物。

由图 4-37、4-38 和表 4-3 还可以看出，HoA 组分的 EEM 光谱图除了包含 FA 和 HA 两个峰之外，还包含较强的 AP 峰（555.5mV），这可能是造成 HoA 组分生成 DCAcAm 的主因。另外可以发现，HoB 组分的 EEM 光谱图中只有一个 AP 峰（210.0 mV），但是在测试中并未发现 HoB 组分能够生成 DCAcAm，这可能是由于 HoB 组分中的 AP 峰强度相对 HoA 组分中的 AP 峰较低所致。将 HiB 和 HoA 两组分进行对比，HoA 具有相对 HiB 更强的 AP 峰（AP 峰强度差＝333.2mV），但 HoA 没有 HiB 所包含的 SMP 峰（SMP 峰强度差＝271.6mV），且在此种情况下，HiB 的 DCAcAm 产率（DCAcAm/DOC）明显高于 HoA 的 DCAcAm 产率；这说明相对 AP 类有机物，SMP 类有机物是更为重要的 DCAcAm 前体物。

另外，荧光指数（FI）为 450nm Em 波长和 370nm Ex 波长对应的荧光强度（$L_{450/370}$）与 500nm Em 波长和 370nm Ex 波长对应的荧光强度（$L_{500/370}$）之比；FI 值大于 2 的有机物往往由微生物代谢产物生成，而 FI 值小于 1 的有机物一般来源于外源性的污染和土壤。由表 4-3 可知，HiB 和 HoB 组分具有较高的 FI 值，说明该两种组分中的大量有机物由微生物代谢形成，这与 HiB 和 HoB 两种组分中包含有 SMP 和 AP 峰相符。HiN 组分的 FI 值较低（0.61），说明 HiN 组分中的有机物具有外源性，如HA和FA等，这与HiN组分中包含有HA峰和FA峰相符。HiA、HoA和HoN组分的FI值介于HiB、HoB和HiN组分之间，说明HiA、HoA和HoN组分中既有土生性的还有外源性的有机物，这与HiA组分中的Peak B（2＜LogMW＜4）具有外源性相符（图4-34）。以此也可以初步推测DCAcAm的前体物分子量主要在100～10000 Da范围内。

第 5 章　消毒副产物在水处理过程中的变化

5.1　水厂常规处理工艺的消毒副产物

上海地区水厂主要以地表水为饮用水水源，大多采用黄浦江和长江原水。杨树浦水厂和闸北水厂是上海市生产能力很大的两座饮用水处理厂。我们对黄浦江原水及闸北水厂的常规工艺流程中的消毒副产物分别进行为期半年至一年左右的检测。卤乙酸在杨浦水厂水处理过程中浓度变化的检测结果见表 5-1。检测到的卤乙酸主要是二氯乙酸（DCAA）和三氯乙酸（TCAA），未检测出氯乙酸（MCAA）、一溴乙酸（MBAA）和二溴乙酸（DBAA）。夏季（6～9 月）原水水质下降，卤乙酸生成量有所增大。出厂水中卤乙酸浓度最低为 14.12μg/L，最高达到 21.60μg/L，符合我国生活饮用水水质标准（卤乙酸不得超过 60μg/L）。经水厂常规工艺处理后，沉淀水、砂滤水、出厂水中卤乙酸浓度的大小顺序为沉淀水＞出厂水＞砂滤水。

闸北水厂对长江原水有机物及其在经常规工艺处理后出厂水中消毒副产物进行检测，试验数据如表 5-2 所示。

杨树浦水厂常规工艺各处理单元出水中 HAAs 的浓度（μg/L）　　表 5-1

采样时间	采样点	HAAs 种类				
		DCAA	TCAA	MBAA	DBAA	HAAs
11 月 9 日	原水	5.29	3.24	ND	ND	8.53
	沉淀水	9.07	6.01	ND	ND	15.08
	氯后水	7.03	3.93	ND	ND	10.96
	出厂管网水	9.66	4.46	ND	ND	14.12
10 月 11 日	原水	3.73	6.47	ND	ND	10.20
	沉淀水	10.55	8.36	ND	ND	18.91
	氯后水	8.19	6.42	ND	ND	14.61
	出厂管网水	8.86	6.48	ND	ND	15.34
9 月 2 日	原水	4.37	5.49	ND	ND	9.86
	沉淀水	14.58	8.74	ND	ND	23.32
	氯后水	10.91	7.36	ND	ND	18.27
	出厂管网水	11.76	8.44	ND	ND	20.20

续表

采样时间	采样点	HAAs种类				
		DCAA	TCAA	MBAA	DBAA	HAAs
7月10日	原水	7.21	4.15	ND	ND	11.36
	沉淀水	14.03	7.54	ND	ND	21.57
	氯后水	10.58	7.23	ND	ND	17.81
	出厂管网水	13.15	8.22	ND	ND	21.37
5月21日	原水	6.85	3.43	ND	ND	10.28
	沉淀水	10.39	5.71	ND	ND	16.1
	氯后水	9.96	4.65	ND	ND	14.61
	出厂管网水	10.08	5.04	ND	ND	15.12

注：ND未检出。

长江原水有机物浓度及其出厂水中消毒副产物浓度（μg/L）　　表5-2

名　称	2005年5月	2005年6月	2005年7月	2005年8月	2005年9月	2005年10月	2005年11月	2005年12月	2006年1月
TTHMs（μg/L）	32.70	53.87	66.35	64.24	37.37	23.38	17.51	9.56	6.37
THAAs（μg/L）	17.71	32.11	38.77	30.09	38.36	15.97	13.58	14.96	10.20
UV_{254}（cm^{-1}）	0.033	0.043	0.055	0.055	0.047	0.048	0.046	0.043	0.043
TOC（mg/L）	3.422	3.65	3.395	3.29	3.335	3.135	3.26	3.18	3.38
COD_{Mn}（mg/L）	2.7	2.3	2.7	3.0	2.7	2.6	2.5	3.0	3.3

5.2　闸北水厂常规工艺对消毒副产物的去除

将一年检测到的各种不同的消毒副产物根据沉淀水、砂滤水和出厂水分类并进行年平均计算，如图5-1和图5-2所示。

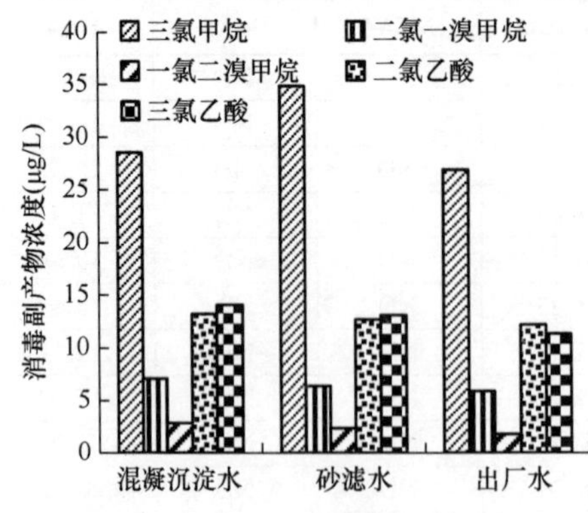

图5-1　不同处理单元对各种消毒副产物的去除

根据一年来对长江原水的检测，长江原水含有微量的卤乙酸，浓度在1～7μg/L不等。原水在进入闸北水厂后，加氯量2～3mg/L，然后进入混凝沉淀池。从图5-1可见，长江原水在进入闸北水厂加氯后，在混凝沉淀过程中迅速生成三氯甲烷、二氯一溴甲烷、一氯二溴甲烷、三溴甲烷、二氯乙酸和三氯乙酸，浓度分别为 28.57μg/L、7.11μg/L、2.88μg/L、13.20μg/L 和 14.09μg/L。经过砂滤池过滤后，部分消毒副产物因砂滤去除有所下降，但下降幅度不大，在 3μg/L 以内，如对二氯一溴甲烷、一氯二溴甲烷、二氯乙酸、三氯乙酸的去除率分别约为 10%、17.71%、4%和 7%；此外还有部分消毒副产物浓度持续上升，如三氯甲烷升至 34.85μg/L，三氯甲烷在长江原水生成的三卤甲烷中是主要消毒副产物，而由于针对长江原水处理过程中仍是采用混凝沉淀前一次性过量加氯消毒方式，水中氨氮含量又低，在经过混凝沉淀后，氯仍大部分以自由氯形式存在于水中，然后进入砂滤池，在石英砂滤料表面可能吸附少量的消毒副产物前体物，与水中自由氯反应生成三氯甲烷。闸北水厂采用的是斜管沉淀池和 V 型快滤池，停留时间在斜管沉淀池约 120min，砂滤池中约 6～10min，清水库中约 3～4h。从图 5-1 和图 5-2 可知，混凝沉淀池、V 型滤池对三卤甲烷和卤乙酸类消毒副产物的去除是非常有限的，在清水库停留过程中，虽然没有二次加氯，但却投加 0.6～0.7mg/L 的氨氮，将自由氯转化成化合氯，同时在挥发等的作用下，出厂水中的消毒副产物又有一定程度的降低。

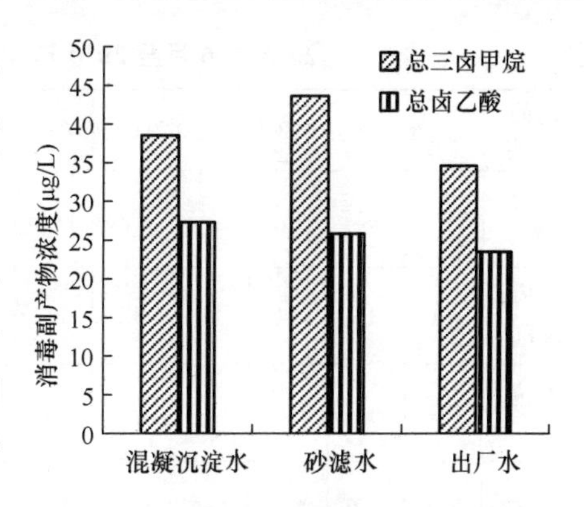

图 5-2 不同处理单元对总三卤甲烷和总卤乙酸的去除

5.3 杨树浦水厂常规工艺对消毒副产物的去除

在 2008 年 6 月至 2010 年 2 月期间，对上海杨树浦水厂不同工艺出水中的含氮消毒副产物浓度进行了监测，杨树浦水厂所用黄浦江原水水质如表 5-3 所示。

在黄浦江原水中未检测到卤乙酰胺 HAcAms（DCAcAm 和 TCAcAm）、卤乙腈 HANs（DCAN、TCAN、BCAN 和 DBAN）、卤代丙酮 HAces（DCAce 和 TCAce）和卤代硝基甲烷 HNMs（TCNM）。仅在个别月份可以检测到三卤甲烷 THMs（TCM、MBDCM、DBMCM 和 TBM），但浓度均在 1.0 μg/L 以下。

黄浦江原水经杨树浦水厂预氯化和常规工艺处理后，分别检测出 HAcAms（DCAcAm）、HANs（DCAN、BCAN 和 DBAN）、HAces（DCAce 和 TCAce）、HNMs（TCNM）和 THMs，而三氯乙腈（TCAN）和三氯乙酰胺（TCAcAm）仅在个别月份中出现，且浓度很低（<0.1 μg/L）。

2008 年 6 月至 2010 年 2 月期间杨树浦水厂原水水质　　表 5-3

时间(年/月)	2008/6	2008/7	2008/8	2008/9	2008/11	2008/12	2009/2	2009/3	2009/4	2009/5	2009/7	2009/11	2010/1	2010/2
水温(℃)	24.2	28.7	28.5	27.3	17.3	11.0	10.2	11.9	17.4	22.5	28.8	16.2	7.7	9.6
浑浊度(NTU)	14	18	14	23	15	30	20	19	10	17	24	40	32	26
色度(度)	19	19	18	19	18	17	17	18	17	17	18	18	18	18
pH 值	7.4	7.2	7.2	7.5	7.3	7.3	7.2	7.2	7.3	7.4	7.4	7.3	7.4	7.3
总碱度(mg/L)	88	77	82	102	87	92	95	92	91	90	93	92	92	94
氯化物(mg/L)	81	60	63	91	75	79	86	76	77	83	83	76	79	80
总硬度(mg/L)	153	128	126	175	154	158	173	176	164	159	153	153	168	178
溶解氧(mg/L)	2.4	3.8	3.0	9.0	5.2	8.6	6.2	4.6	4.9	5.1	4.7	8.5	9.3	7.5

5.3.1 THMs 浓度分布

图 5-3 为杨树浦水厂的沉淀出水、过滤出水和出厂水中三氯甲烷浓度随季节的分布，最高浓度出现在夏季（7 月）。沉淀出水、过滤出水和出厂水中三氯甲

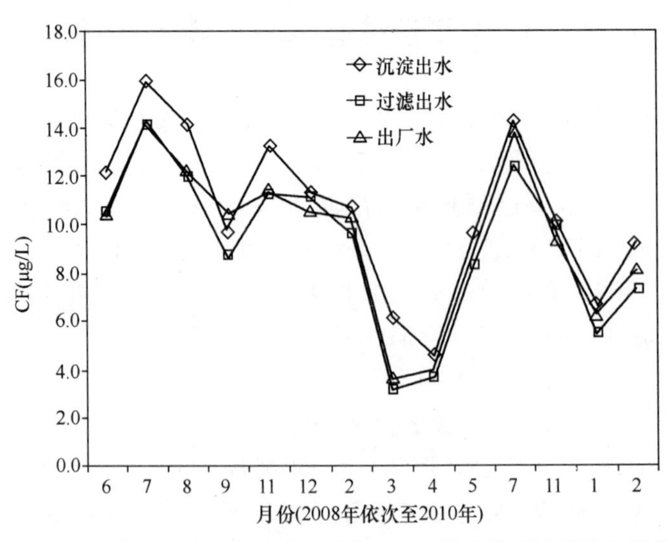

图 5-3　沉淀和过滤出水以及出厂水中三氯甲烷浓度随季节的变化

烷最高浓度分别为 14.3μg/L、12.4μg/L 和 13.8μg/L，浓度相差不大。三氯甲烷最低浓度出现在初春季节（3 月、4 月），出厂水中三氯甲烷浓度在 4.0μg/L 以下。全年出厂水中三氯甲烷浓度均低于我国生活饮用水卫生标准（GB 5749—2006）规定的 0.06mg/L 限值。

图 5-4 表示 2008 年 6 月至 2010 年 2 月期间的沉淀出水、过滤出水和出厂水中，三氯甲烷浓度与原水溶解性有机氮（DON）值和溶解性有机碳（DOC）值之间的线性关系。

DOC 和 DON 是三氯甲烷的前体物，且黄浦江原水水温与 NO_3^- 浓度之间有较弱的相关性（图 5-5），而黄浦江原水水温易于测定，且与原水 DON 有着很好的线性关系（图 5-4），因此，为更好的预测杨树浦出厂水中三氯甲烷的浓度，将黄浦江原水水温和 DOC 两个指标以幂函数形式拟合，如式(5-1)所示。

$$\mathrm{TCM}(\mu g/L)=a\times[\mathrm{DOC}]^{b}\times[\text{温度}]^{c} \tag{5-1}$$

出厂水中三氯甲烷生成模型参数值 **表 5-4**

	A	*b*	*C*	R^2
参数值	0.38717	1.5937	0.33951	0.796

需要说明的是，影响三氯甲烷生成的因素有很多，除了 DON 和 DOC 等前体物外，还包括加氯量、加氨量和反应时间等，在这里不作为变量考虑，取常数 a 代替。根据上述模型，使用 Matlab7.0 软件利用已有三氯甲烷浓度、黄浦江原水水温和 DOC 三组数据求解，置信度在 95%以上，所计算各模型的参数值如表 5-4 所示，代入到建立的模型中，得出杨树浦水厂出厂水三氯甲烷生成模型方程如下：

$$\mathrm{TCM}(\mu g/L)=0.38717\times[\mathrm{DOC}]^{1.5937}\times[\text{温度}]^{0.33951} \tag{5-2}$$

模型计算所得三氯甲烷浓度与实测值的关系如图 5-6 所示，与绝大多数月份相近甚至重合，但 2008 年 6 月出厂水中三氯甲烷实测值和模型计算值相差 0.24μg/L。

5.3.2 THMs 的溴分配系数 n_{Br}

Gould 等曾提出 THMs 溴分配系数（n_{Br}）的概念，用于考察 THMs 中氯代烃和溴代烃的分布情况，即评价溴代 THMs 在总三卤甲烷（TTHM）中所占的比例，n_{Br}是单位摩尔质量的 THMs 中 Br 所占的比例，如式（5-3）所示。

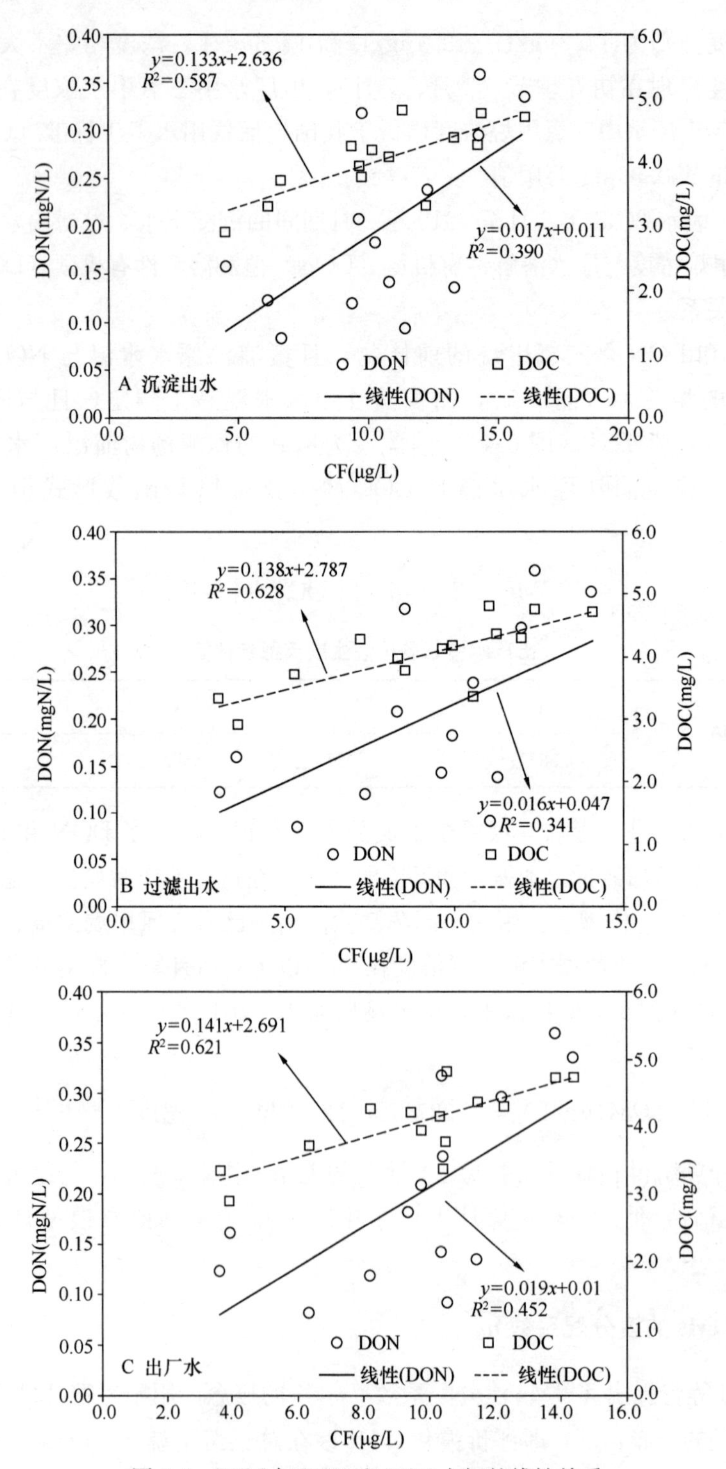

图 5-4　TCM 与 DON 和 DOC 之间的线性关系

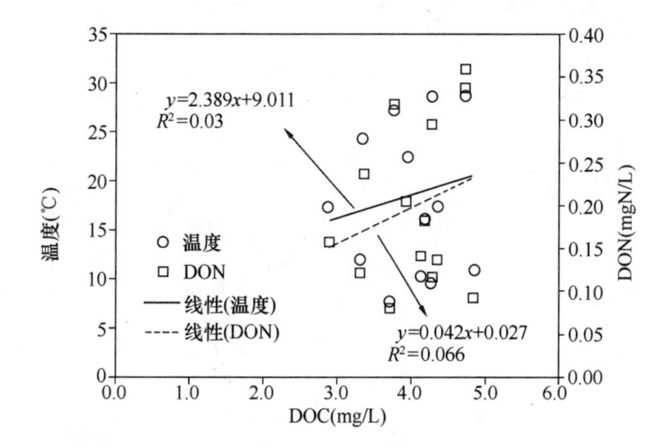

图 5-5 原水 DOC 与水温、DON 之间的线性关系

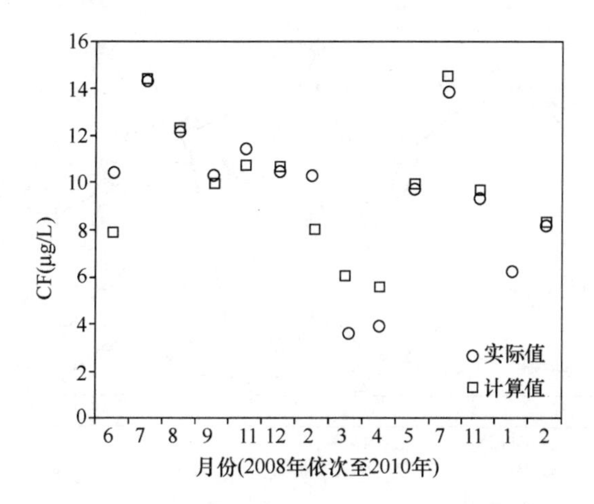

图 5-6 三氯甲烷预测模型的计算值与实测值对比

$$\text{THMs}n_{\text{Br}}=\frac{[\text{CHBrCl}_2]+2[\text{CHBr}_2\text{Cl}]+3[\text{CHBr}_3]}{[\text{CHCl}_3]+[\text{CHBrCl}_2]+[\text{CHBr}_2\text{Cl}]+[\text{CHBr}_3]} \tag{5-3}$$

图 5-7 为溴代 THMs 浓度和溴分配系数 n_{Br} 随季节的变化，从图中可见，过滤对 BDCM、DBCM 和 TBM 的去除效果不佳，且过滤出水经过二次加氯到出厂需要 1 h 以上的时间，在此期间 BDCM、DBCM 和 TBM 浓度相对过滤出水中的 BDCM、DBCM 和 TBM 略有升高，总体来看，同一月份沉淀出水、过滤出水和出厂水中的 BDCM、DBCM 和 TBM 浓度相差不大。BDCM、DBCM 和 TBM 浓度最高值均出现在夏季(7 月、8 月)，n_{Br} 的最高值基本均出现在 2009 年 2 月和 2009 年 11 月。

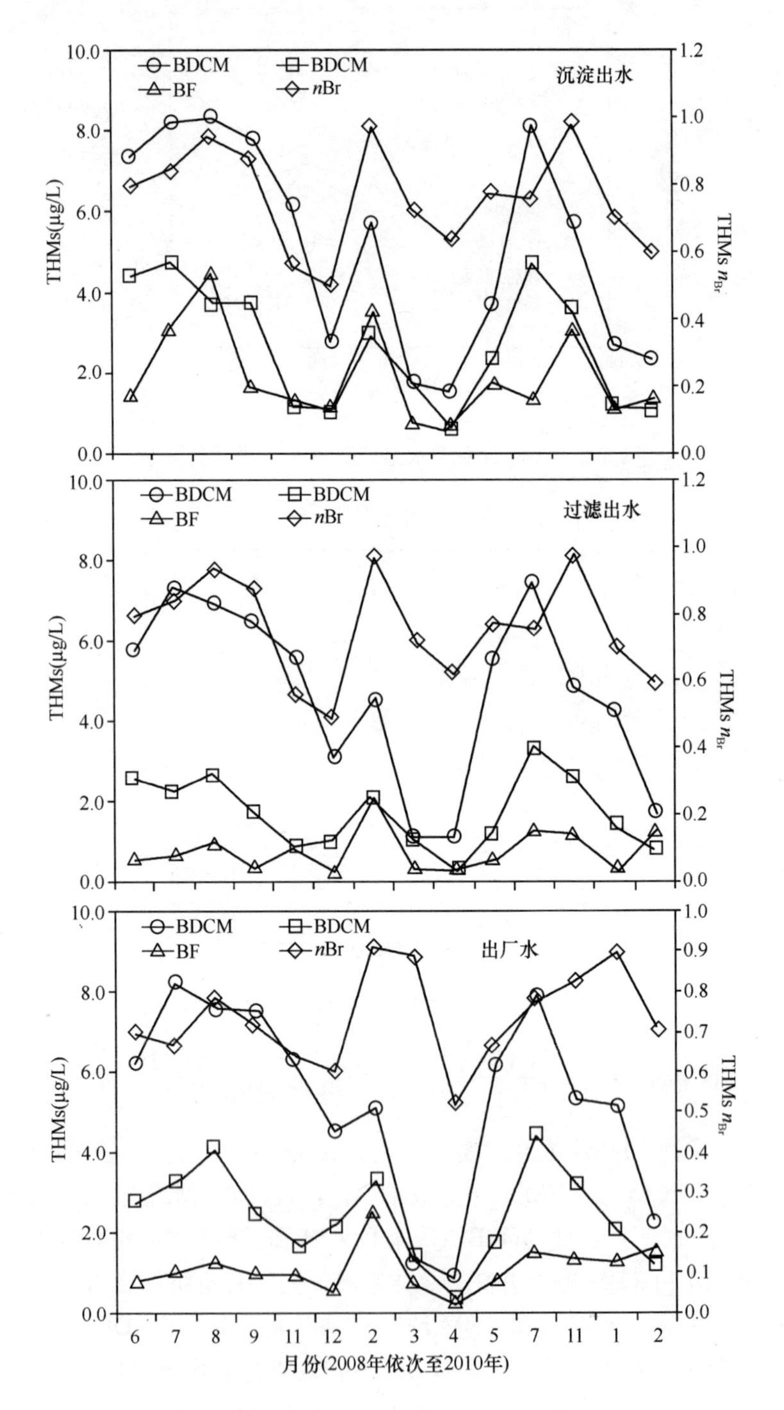

图 5-7　溴代 THMs 浓度和 n_{Br} 随季节的变化

5.3.3 总有机卤

总有机卤(TOX)是一个综合性参数，表示消毒过程中生成的所有卤代消毒副产物。目前研究发现，已知的卤代DBPs浓度占TOX的比例在10%～50%之间，其余为未知的卤代消毒副产物。

本研究依据Korshin等提出的TOX与氯化消毒时原水UV_{272}的减少量(ΔUV_{272})的线性关系[式(5-4)]，通过测定黄浦江原水加氯前后(氯化时间3h)所得UV_{272}值，据式(5-4)和式(5-5)来粗略预测2008年6月至2010年2月期间14个月份原水预氯化生成TOX的含量，如图5-8所示。

$$\mathrm{TOX}(\mu g/L)=10834\times\Delta UV_{272}\ (R^2=0.99) \tag{5-4}$$

$$\mathrm{TOX}(\mu g/L)=10834\times(\text{原水加氯前}\ UV_{272}-\text{原水加氯后}\ UV_{272}) \tag{5-5}$$

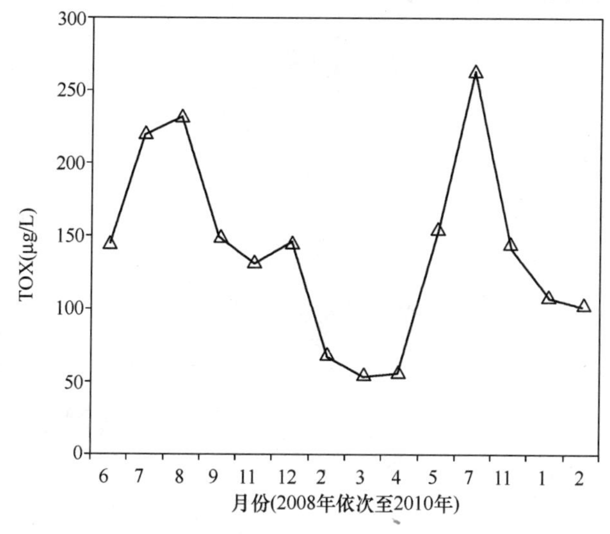

图5-8 杨树浦水厂原水预氯化时TOX的浓度变化

图5-8为黄浦江原水预氯化生成的TOX计算值。从图中可见，夏秋季节TOX较高，春冬季节TOX较低。TOX值最高点出现在2009年7月份(264.1μg/L)，最低点出现在2009年3月份(53.4μg/L)。受到原水中Br^-浓度的影响，2009年2月出厂水中溴代HANs和溴代THMs浓度相对较高，但TOX未明显随原水中Br^-浓度的升高而升高。

图5-9为杨树浦水厂出厂水中总THMs、HAcAms(DCAcAm)、HANs(DCAN、BCAN和DBAN)、HNMs(TCNM)和HAces(DCAce和TCAce)浓度占TOX的比例。从图中可见，出厂水中的DCAcAm和总HANs(DCAN、BCAN和DBAN总和)浓度分别于2008年9月和2009年3月占TOX的比例最高(1.3%和9.8%)。各

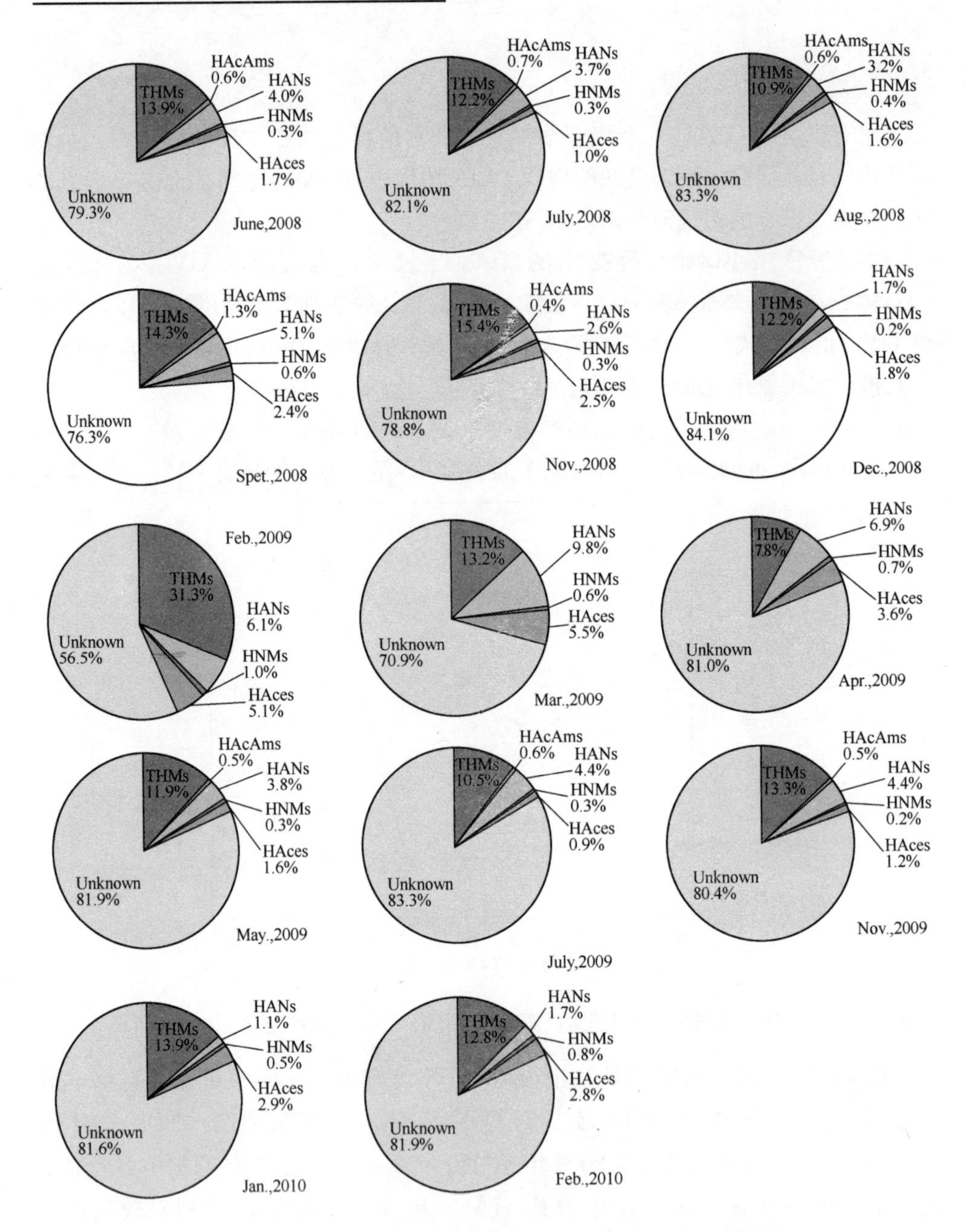

图 5-9 杨树浦水厂出厂水中各类消毒副产物占 TOX 的比例

月份出厂水中 TCNM 占 TOX 的比例在 0.2%～1.0%之间变动，其中最高比例 1.0%和最低比例 0.2%分别出现在 2009 年 2 月和 2009 年 11 月。各月份出厂水中 HAces 占 TOX 的比例在 1.0%～5.5%之间变动，其中最高比例 5.5%和最低比例 1.0%分别出现在 2009 年 3 月和 2008 年 7 月。总 THMs 浓度占 TOX 的比例基本在

16%以下，只有在2009年2月的出厂水中达到31.3%。

图5-9为2008年6月至2010年2月期间上海杨树浦水厂出厂水中各类消毒副产物浓度平均值占TOX的比例。可以看出，在已知的各种消毒副产物中，THMs是浓度最高的一类。除THMs外，出厂水中HAces（DCAce和TCAce）浓度占TOX值的比例也较高，达到2.5%。杨树浦水厂的出厂水中，DCAce和TCAce的浓度分别在0.8～1.8μg/L和0.9～2.0μg/L范围内变动，平均值分别为1.3μg/L和1.5μg/L。

杨树浦水厂出厂水中HAcAms（DCAcAm）浓度占TOX的平均比例为0.4%，并没有检测到TCAcAm，可以说DCAcAm是最主要的一种HAcAms。

杨树浦水厂出厂水中HANs浓度占TOX的比例高达4.2%，而DCAN、BCAN和DBAN的浓度平均值分别为2.1μg/L、2.1μg/L和1.2μg/L，因此DCAN是最主要的一种HANs。

2008年6月至2010年2月期间上海杨树浦水厂中HNMs的浓度占TOX的平均比例为0.5%，但是这里的HNMs只是TCNM的浓度，其浓度在0.3～0.9μg/L之间变动，平均值为0.57μg/L。

由图5-9可以看出，杨树浦水厂出厂水中未知卤代消毒副产物浓度占TOX的平均比例为78.6%，其中应包括未检测定量的HAAs、卤乙醛和卤代呋喃酮、部分HAcAms（MCAcAm等）、HANs（MCAN等）、HNMs（MCNM等）。

5.3.4 二氯乙酰胺（DCAcAm）浓度变化

图5-10为杨树浦水厂的沉淀出水、过滤出水和出厂水中的DCAcAm浓度随

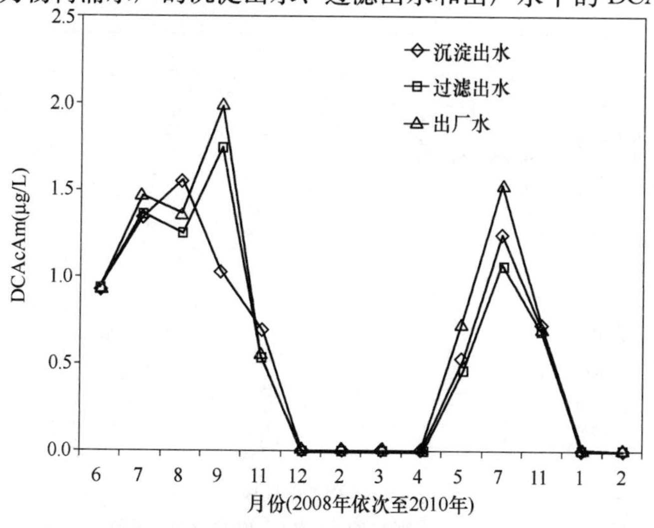

图5-10 DCAcAm浓度随季节的变化

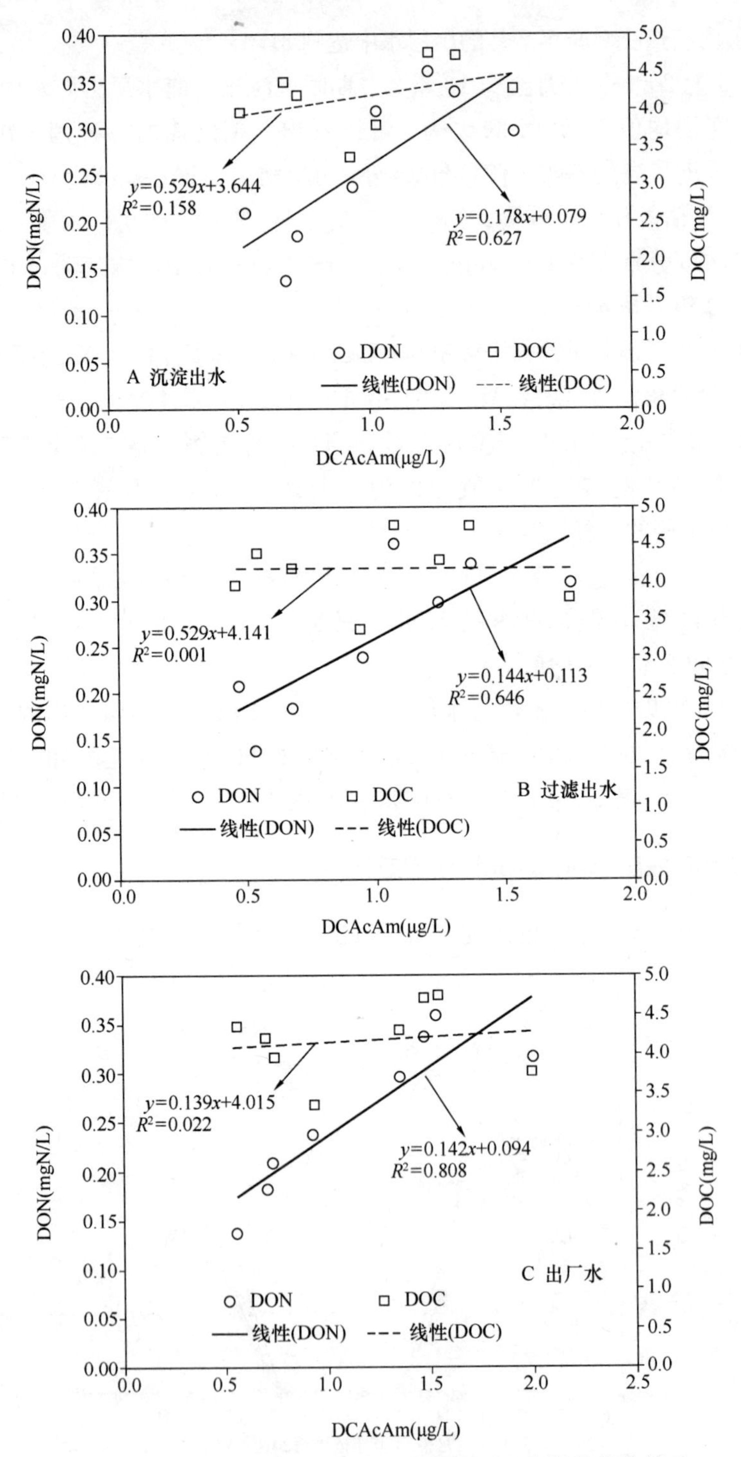

图 5-11　DCAcAm 浓度与原水 DON 和 DOC 之间的线性关系

季节的变化，从图中可见，2008 年 6 月至 11 月以及 2009 年 5 月至 11 月 DCAcAm 都有检出，夏季和初秋时节 DCAcAm 浓度相对较高，最高浓度分别为 1.56μg/L、1.75μg/L 和 2.00μg/L。另外，过滤对 DCAcAm 的去除效果不佳。

图 5-11 所示为各月份 DCAcAm 浓度与原水 DON 值和 DOC 值之间的关系，由图 5-11A 可以看出，沉淀出水中 DCAcAm 浓度与原水 DON 值存在一定的线性关系（$R^2=0.627$），而 DCAcAm 浓度与 DOC 值之间的线性关系并不明显（$R^2=0.158$）。

图 5-11B 所示过滤水中 DCAcAm 浓度与 DON 值存在一定的线性关系（$R^2=0.646$），而与 DOC 值基本没有线性关系（$R^2=0.001$）。由图 5-11C 可以看出，出厂水中 DCAcAm 浓度与 DON 值存在的线性关系（$R^2=0.808$）更为明显，而与 DOC 值基本没有线性关系（$R^2=0.022$）。由此可见，DON 类有机物是 DCAcAm 的前体物。

5.3.5 卤代乙腈（HANs）

图 5-12 为杨树浦水厂的沉淀出水、过滤出水和出厂水中的 DCAN 浓度的逐月变化，夏季和初秋时节生成的二氯乙腈（DCAN）产率最高。沉淀出水、过滤出水和出厂水中的 DCAN 的最高浓度出现在 2009 年 7 月，分别为 9.57μg/L、6.69μg/L 和 5.97μg/L；最低浓度出现在 2009 年 2 月，分别为 1.26μg/L、0.24μg/L 和 0.36μg/L。

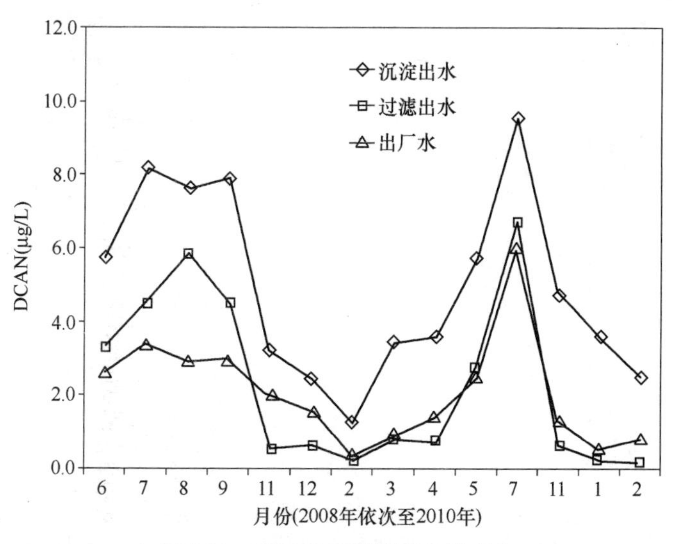

图 5-12 DCAN 浓度随季节的变化

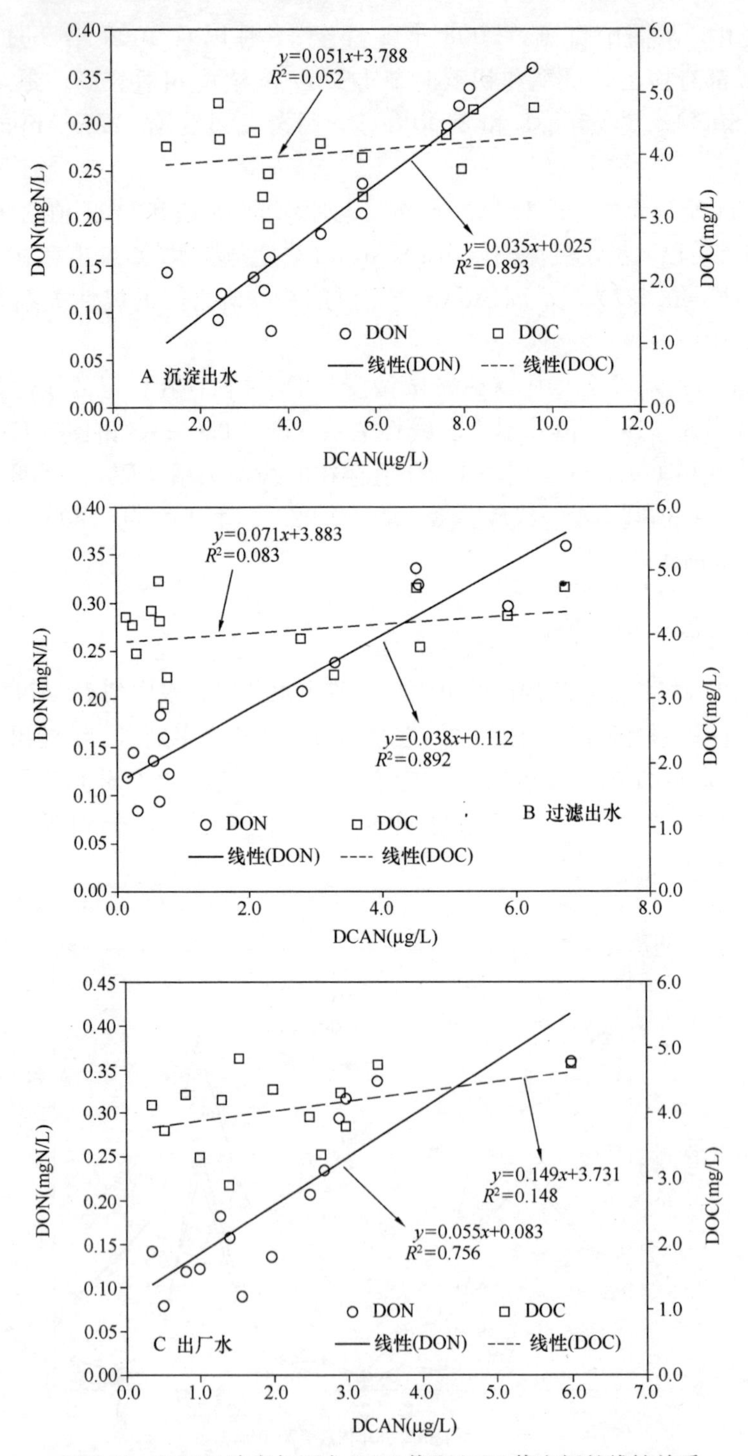

图 5-13 DCAN 浓度与原水 DON 值和 DOC 值之间的线性关系

图 5-13 所示为 DCAN 浓度与原水 DON 值和 DOC 值之间的线性关系，由该图可以看出，沉淀和过滤出水中 DCAN 浓度与 DON 值存在明显的线性关系（沉淀水：$R^2=0.893$；过滤水：$R^2=0.892$）；DCAN 浓度与 DOC 值之间的线性关系并不明显。

5.3.6 一溴一氯乙腈（BCAN）

图 5-14 为杨树浦水厂各处理单元出水中一溴一氯乙腈（BCAN）浓度随季节的变化，从图中可见，各月份沉淀水中 BCAN 的浓度普遍最高，且在某些月份沉淀出水和过滤出水中的 BCAN 浓度相差较大，说明过滤对 BCAN 有一定的去除潜力。夏季和初秋时节 BCAN 生成率较高，可能是由于在夏秋季节黄浦江原水中具有较高浓度的 DON 化合物所致。

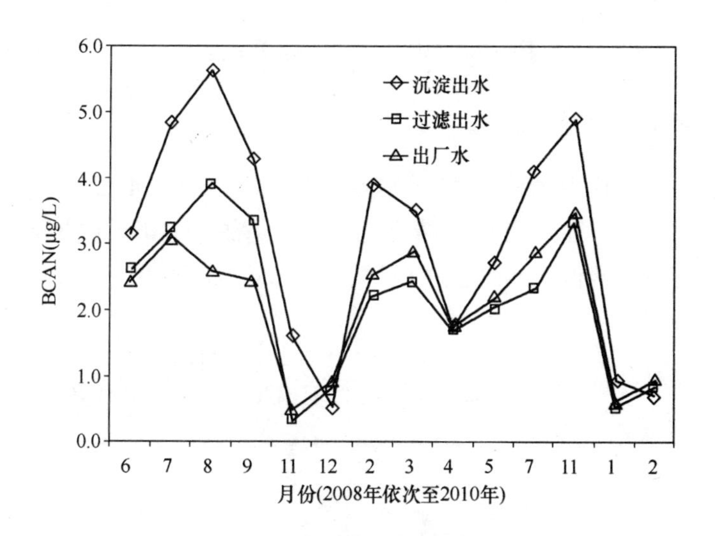

图 5-14 BCAN 浓度随季节的变化

在 2009 年 2 月、3 月和 11 月，杨树浦水厂的沉淀出水、过滤出水和出厂水中都检出相对较高浓度的 BCAN，然而此时的黄浦江原水中 DON 并不高，这可能是受到黄浦江原水中 Br^- 浓度的影响所致，即 2009 年 2 月、3 月和 11 月黄浦江水中的 Br^- 浓度相对较高，与氯作用后，导致生成较多的次溴酸（HOBr），部分 DCAN 的前体物与 HOBr 反应将会生成 BCAN 和 DBAN。

图 5-15 为二溴乙腈（DBAN）浓度的逐月变化，从图中可见，过滤对 DBAN 的去除效果较差，除了夏季和初秋时节 DBAN 产率较高之外，在 2009 年 2 月、3 月和 11 月都检出了相对较高浓度的 DBAN，可能是黄浦江原水中 Br^- 浓度相对较高所致。

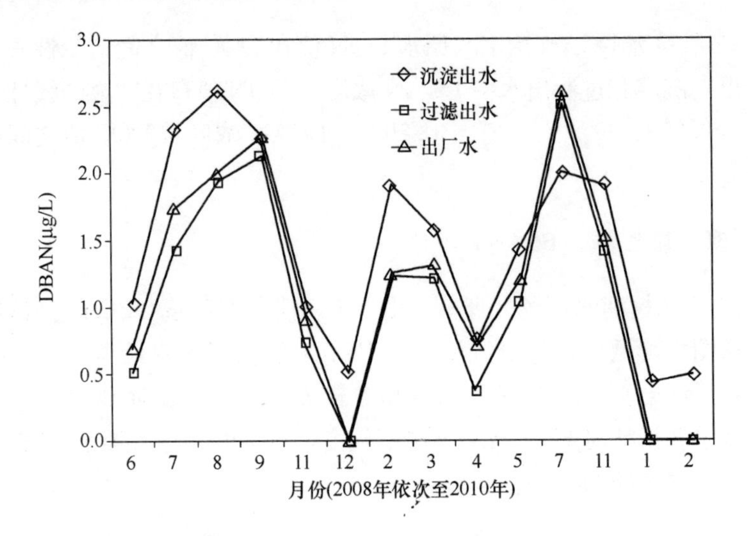

图 5-15　DBAN 浓度随季节的变化

5.3.7　HANs 的溴分配系数 n_{Br}

饮用水中二卤代卤乙腈 HANs（DCAN、BCAN 和 DBAN）的浓度相对较高，占有绝大部分，而一卤代乙腈和三卤代乙腈的 HANs（MCAN、MBAN、TCAN 等）含量非常低，因而通过 DCAN、BCAN 和 DBAN 三种 HANs 的浓度来计算 HANs 的 n_{Br}。

$$\text{HANs}n_{Br}=\frac{[CHBrClCN]+2[CHBr_2CN]}{[CHCl_2CN]+[CHBrClCN]+[CHBr_2CN]} \tag{5-6}$$

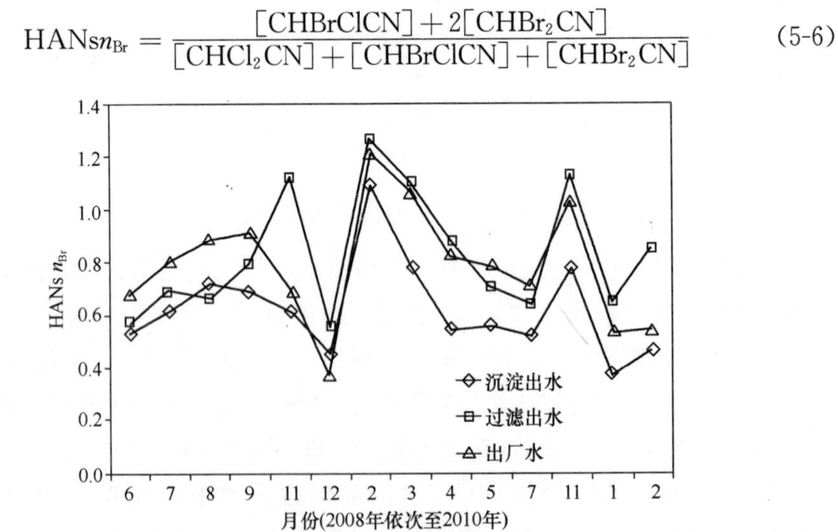

图 5-16　HANsn_{Br}随季节的变化

图 5-16 为 HANsn_{Br}随季节的变化，2009 年 2 月 HANsn_{Br}最高，分别为

1.09μg/L、1.27μg/L和1.21μg/L。其次是2009年3月和11月，2008年12月HANs n_{Br}最低，分别为0.45μg/L、0.55μg/L和0.37μg/L。溴代HANs的毒性明显大于氯代HANs，因此咸潮期溴代含氮消毒副产物的控制应引起重视。

5.3.8 三氯硝基甲烷（TCNM）浓度分布

图5-17为三氯硝基甲烷（TCNM）浓度随季节的分布，从图中可见，TC-NM浓度并不随季节明显改变；另一方面，TCNM不同于溴代的含氮消毒副产物（BCAN和DBAN），即TCNM未明显受到Br^-浓度的影响。由于TCNM较稳定，不易水解，过滤对TCNM有较好的去除效果。

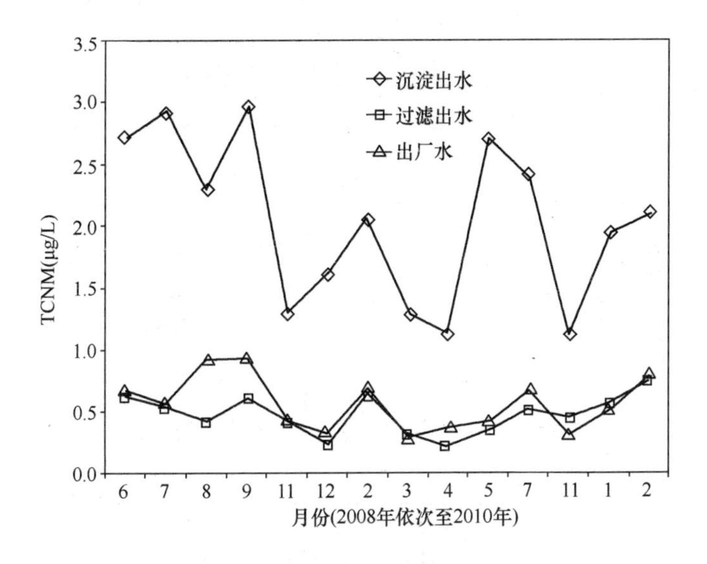

图5-17 TCNM浓度随季节的分布

5.3.9 卤代丙酮（HAces）浓度分布

图5-18为1,1-二氯丙酮（DCAce）浓度随季节的分布，从图中可见，DCAce浓度最高点出现在夏季（7月）；沉淀出水中DCAce的浓度最高，而过滤出水和出厂水中DCAce的浓度较低。

图5-19为1,1,1-三氯丙酮（TCAce）浓度随季节的分布，从图中可见，TCAce浓度并没有随季节变化发生明显改变；沉淀出水中TCAce的浓度最高，而过滤出水和出厂水中TCAce的浓度较低，可见过滤对HAces（DCAce和TCAce）有较好的去除效果。

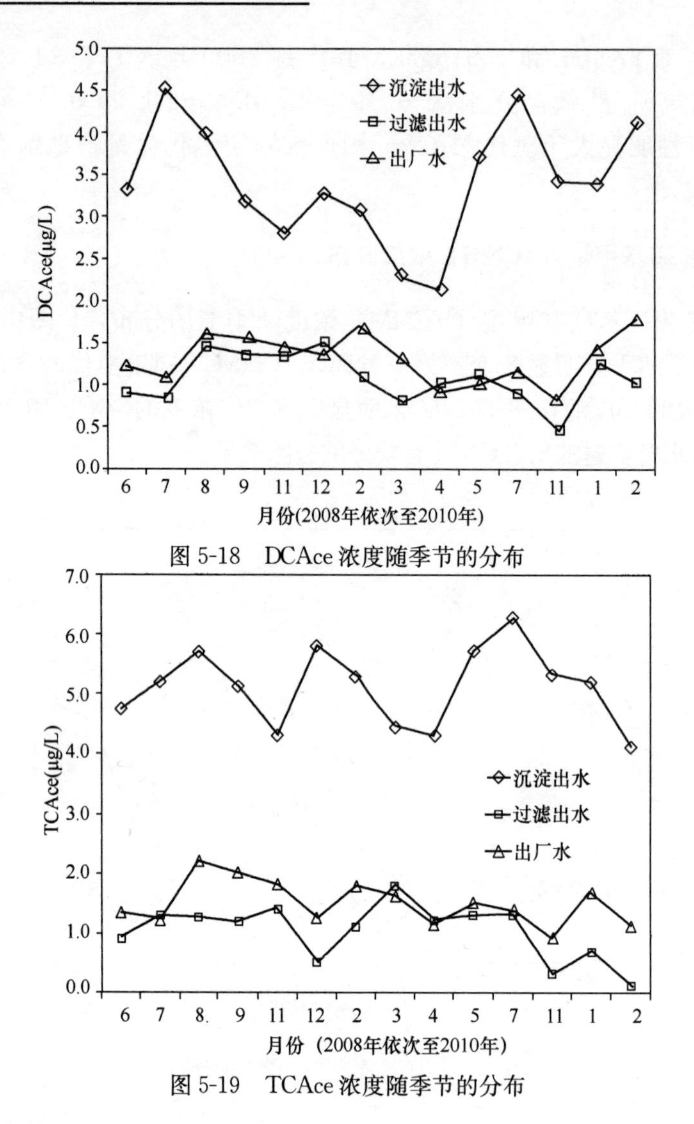

图 5-18 DCAce 浓度随季节的分布

图 5-19 TCAce 浓度随季节的分布

5.4 小结

试验研究了实际水厂饮用水生产过程中，含氮消毒副产物：HAcAms（DCAcAm 和 TCAcAm）、HANs（DCAN、TCAN、BCAN 和 DBAN）、HNMs（TCNM）以及含碳消毒副产物：HAces（DCAce 和 TCAce）和 THMs（TCM、BDCM、DBCM 和 TBM）等 10 余种消毒副产物的浓度以及黄浦江原水 DON 值和 DOC 值随季节的变化，并且研究了消毒副产物之间以及与原水 DON 值和 DOC 值等水质指标之间的线性关系，结果归纳如下。

（1）黄浦江原水中 NOM 的内源性和外源性

黄浦江原水的 DOC/DON 值冬季最高，即黄浦江原水中外源性 NOM（外来污染和土壤）占主导地位，而夏季和初秋时节的 DOC/DON 较低，即内源性 NOM（藻类和细菌等微生物代谢产物）占主导地位。

（2）二卤代 DBPs 浓度随季节变化的相似性

所有二卤代 DBPs（DCAcAm、DCAN、BCAN、DBAN 和 DCAce）的浓度高值一般出现在夏季和初秋季节，而低值一般出现在冬季。内源性 NOM（微生物的代谢产物等）可能是上述 DBPs 的主要前体物。

（3）溴代 DBPs 浓度随季节变化的特殊性（咸潮的影响）

沉淀出水、过滤出水和出厂水中的溴代 DBPs（BCAN、DBAN、BDCM、DBCM 和 BF）普遍在咸潮期具有相对较高的浓度。

（4）过滤工艺对 DBPs 的去除效果

杨树浦水厂的过滤工艺对 DCAN、BCAN 和 TCNM 等 N-DBPs 以及 DCAce 和 TCAce 等 C-DBPs 有着较明显的去除效果，而对 DCAcAm 和 DBAN 等 N-DBPs 以及 THMs 等 C-DBPs 的去除效果较差。

（5）预加氨工艺对 DBPs 的控制效果

预加氨工艺（预氯胺化）对 THMs 生成具有很好的控制作用。出厂水中 4 种 THMs（TCM、BDCM、DBCM 和 TBM）浓度随着季节变化分别在 3.6～13.8μg/L、0.87～8.23μg/L、0.39～4.52μg/L 和 0.82～2.57μg/L 之间波动，低于我国生活饮用水卫生标准（GB 5749—2006）规定的浓度限值。

（6）线性关系与 N-DBPs 浓度预测

DCAcAm 等 N-DBPs 生成量与原水 DON 浓度存在以下线性关系：DCAcAm (μg/L) = 7.04 × DON (mgN/L) − 0.66；DCAN (μg/L) = 18.2 DON (mgN/L) −1.51，通过测定原水 DON 浓度可大致预测出厂水中 DCAcAm 等 N-DBPs 的浓度。

（7）TOX 的启示

夏秋季节杨树浦水厂原水预氯化生成的 TOX 相对较高、春冬季节 TOX 相对较低。原水中 Br^- 浓度对 TOX 的影响较小。HAcAms、HANs、HNMs、HAces 和 THMs 在 TOX 中所占有的平均比例分别为 0.4%、4.2%、0.5%、2.5%和 13.8%，其中，DCAcAm、DCAN 和 TCNM 分别是 HAcAms、HANs 和 HNMs 中浓度最高的一种。

本研究中测得 HAcAms、HANs 和 HNMs 等卤代 N-DBPs 的平均浓度分别是 THMs 平均浓度的几分之一到几十分之一，但 HAcAms、HANs 和 HNMs 的基因毒性是 THMs 的数百倍。通过此次实际浓度调查可知，进一步开展 HAcAms 等卤代 N-DBPs 生成机制和控制方法的研究是非常有必要的。

第6章　管网中消毒副产物的变化

2004年Manuel J. Rodriguez等研究了给水管网中三卤甲烷和卤乙酸的生成、降解及其变化，发现在管网末端水中，三卤甲烷的浓度先增加，而后趋于稳定，而卤乙酸浓度则是先增加，而后下降，其中主要是二氯乙酸浓度下降，下降的原因可能是由于管网中细菌、微生物降解卤乙酸所致。试验研究还发现，在水温较高时二氯乙酸浓度下降更为明显。水流在输配水管网中的停留时间，对于消毒副产物随季节、昼夜的变化有着重要的影响。如果二次加氯，会导致管网末端的水中三卤甲烷和卤乙酸这两类消毒副产物浓度的增加。

三卤甲烷与卤乙酸在管网中均随着时间和空间发生变化，但由于两者在管网中的变化情况不同，一般三卤甲烷和卤乙酸不可能同时或者在相同管段处出现最大浓度，三卤甲烷最大浓度可能出现在配水管网中停留时间最长处，而卤乙酸则是随着在管网中停留时间延长，其浓度逐渐增大，达到最大值而后开始下降，并且当到达蓄水池时，浓度还会进一步下降。在管网中剩余氯或氯胺浓度较低的条件下，即使停留时间较长，卤乙酸浓度一般均比较低，但是对于在同样的条件下的三卤甲烷，则仍会升至较高的浓度。

消毒副产物的产生和在管网中的浓度不仅和停留时间、消毒剂种类和剂量以及剩余的消毒剂量等有关，而且和水质、水处理工艺、消毒剂投加点、天然有机物浓度、pH值、水温和溴化物浓度等均有非常密切的关系。在一定条件下，卤乙酸比三卤甲烷更容易生成，因为卤素与有机物反应生成卤乙酸的速度更快，所以大部分卤乙酸是在出厂水中已经生成而不是在管网中开始生成。

卤乙酸在管网中的降解，和管网中剩余氯的降低有重要关系，此外，管网中的水力条件和水温也对卤乙酸浓度下降起重要作用。

2005年，Helene Baribeau等利用模拟的管网系统，研究生物量对卤乙酸和三卤甲烷稳定性的影响，研究过程中采用环状反应器，构成两条水流系统，一系统流经冷水且含有一定浓度的氯，另一系统流经温水且不含有氯。研究发现在冷水系统中几乎检测不到卤乙酸浓度的下降，而温水系统能够降低75%左右的二卤代乙酸（二氯乙酸、二溴乙酸）。

Vanessa L. Speight等研究了管网进口处和管网中的卤乙酸分布，发现经氯胺处理后的水在进入输配水管网处，三卤甲烷、卤乙酸和总有机卤浓度会短期波动，这种波动和处理过程中氯胺的量有直接关系。作者取多个样品，通过合成技术，组成一个样品进行分析研究，以减少样品的采集量，结果认为每周只在管网进口处取一个样品来表征整个管网中的消毒副产物特征，仅适用于氯胺消毒的水，因为氯胺可以控制管网中三卤甲烷与卤乙酸的生成，而对于氯处理的水中，消毒副产物在管网中的变化显得更加复杂。

李爽，刘文君等通过对北京自来水管网中卤乙酸变化规律的研究，发现管网中卤乙酸含量主要受水源水质和水厂处理工艺的影响，管网中卤乙酸浓度的变化幅度并不大；如果出厂水中仍有较多的卤乙酸前体物，当清水池停留时间较短、出厂水剩余氯较高时，在管网前部会继续与氯反应生成卤乙酸。从管网开端到管网末梢，随着距离的增加，余氯逐渐减少，管网中能降解卤乙酸的微生物活动加剧，导致卤乙酸浓度下降。

6.1 给水管网中消毒副产物的变化

经过水厂常规处理后的水，在加氯消毒时就逐渐生成消毒副产物，与出厂的水质相比，在各用户处测得的消毒副产物浓度会不断变化，其影响因素主要是消毒副产物形成动力学和配水管网的水力条件。离水厂较远的用户点，因为有机物和氯的接触时间较长，因此加强了有些消毒副产物如 THMs 的生成，而另一些消毒副产物如 HANs 和 HKs 等的浓度则下降。在水流输送过程中，pH 和水温对自来水中消毒副产物的种类和浓度有很大的影响。

常规处理工艺对消毒副产物前体物并不能完全去除，水流进入输配水管网以后，继续与水中的氯反应生成消毒副产物。另一方面，卤乙酸和三卤甲烷表现出不同的生物降解特性，输配水管网中一些细菌、原生动物的生物降解作用使得卤乙酸、三卤甲烷等消毒副产物随管网延伸表现出不同的规律。以下就以上海黄浦江和长江水源经自来水厂常规处理的饮用水为例，研究卤乙酸等消毒副产物在输配水管网中的变化。

上海市输配水管网大多数采用内壁涂水泥砂浆的金属管道，管道的内壁表面粗糙，容易粘附水中有机物和微生物。管网中由于死角或粗糙部位截留了水中有机物和抗氯性微生物，以及出厂水中余氯在管网输配水过程中的继续存在，使得管网中的消毒副产物呈现出不同的迁移变化规律。研究过程中，选取水温较高和变化较大的季节，以杨树浦水厂和泰和水厂出厂水和输配主干管处的几个取样点为对象，分析各取样点水样中的消毒副产物浓度（包括三卤甲烷和卤乙酸）、有机物参数、温度、余氯、浑浊度等，研究不同消毒副产物及其生成潜能在管网输配水过程中的变化，并考察消毒副产物的生成与管网中水质参数变化的关系，消毒副产物的生成与生物稳定性的关系等。

6.2　管网取样点的确定

6.2.1　杨树浦水厂出厂水

上海杨树浦水厂位于上海市杨浦区的黄浦江畔，以黄浦江上游原水为水源，经过 40 多公里长的输水管渠送至水厂。在水厂内经过预氯化和常规处理，包括滤后二次加氯，以保证出厂水中至少有 1.5 mg/L 余氯。在研究过程中，沿输水管网选取 4 个采样点，即①许昌路 1080 号、②大连路 1035 号、③大连西路 550 号、④汶水东路 291 号，见图 6-1。

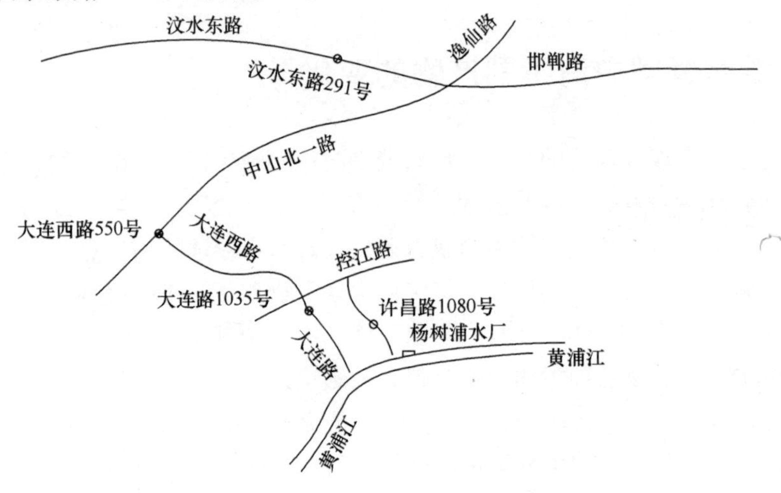

图 6-1　杨树浦水厂出厂水的管网采样点位置

6.2.2　泰和水厂出厂水

上海泰和水厂位于上海市宝山区，取用长江原水，采用的是预氯化处理，加氯量为 2～3mg/L，再经过混凝、沉淀和砂滤，没有进行二次加氯，出厂水中余氯量约 1.0mg/L。在输配水管网中选取三个采样点，即沪太路 2518 号（1 号）、沪太路 1868 号（2 号）和真北路 1201 号（3 号），见图 6-2。

试验时所取水样为出厂水（两水厂分别以黄浦江上游原水和长江下游原水为水源）及管网中各采样点的水样。

试验分析项目有 pH 值、浑浊度、DOC、UV_{254}、余氯，卤乙酸浓度、三氯甲烷浓度、三卤甲烷生成潜能、卤乙酸生成潜能和 AOC。

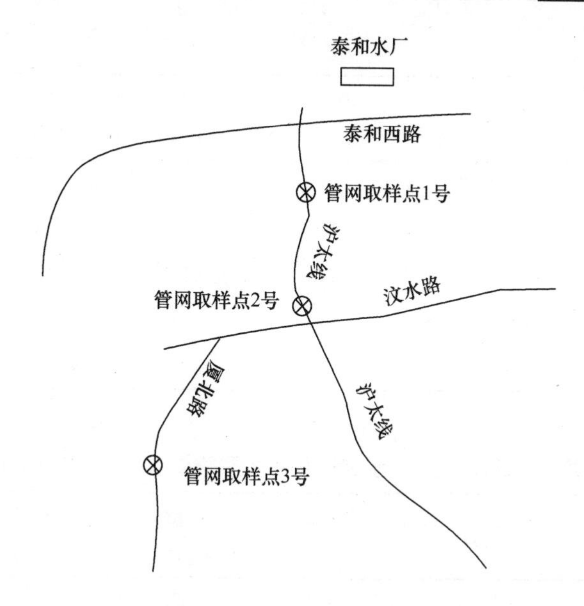

图 6-2 泰和水厂出厂水管网采样点分布

6.3 管网中的水质变化

原水经常规工艺处理后，尚有剩余有机物随出厂水进入管网中，为微生物提供了营养物质，管网中的微生物因在含氯水中长期生存，具有一定的抗氯性，并且随着水中余氯的降低而增加生物活性；管网输配水过程中也存在流速不均匀或者出现死角等问题，由于上述多种因素，在输配水过程中管网水水质包括消毒副产物会产生变化。

6.3.1 杨树浦水厂出厂水在管网中的水质变化

2005 年 6 月和 7 月，取黄浦江上游原水、经常规工艺处理后的出水及管网中几个取样点处（图 6-1）的水样，进行常规水质指标测试，结果如表 6-1 和表 6-2 所示。

杨树浦水厂原水、出厂水及管网中水质变化（2005 年 6 月 16 日） **表 6-1**

取样点	pH	UV_{254} (cm^{-1})	DOC (mg/L)	浑浊度 (NTU)	余氯 (mg/L)
原水	7.31	0.149	7.671	49.3	—
沉淀出水	6.78	0.113	6.299	1.04	—
滤后水	7.04	0.113	5.077	0.49	—

续表

取样点	pH	UV_{254} (cm^{-1})	DOC (mg/L)	浑浊度 (NTU)	余氯 (mg/L)
出厂水	6.77	0.114	5.095	0.27	1.69
许昌路1080号	6.93	0.120	4.860	0.31	1.57
大连路1035号	6.87	0.113	4.803	0.27	1.44
大连西路550号	6.94	0.110	4.788	0.44	0.70
汶水东路291号	6.84	0.112	4.737	0.32	0.56

注：黄浦江原水水温为25.5℃。

杨树浦水厂原水、出厂水及管网中水质变化（2005年7月7日）　　**表6-2**

取样点	pH	UV_{254} (cm^{-1})	DOC (mg/L)	浑浊度 (NTU)	余氯 (mg/L)
原水	7.37	0.141	6.670	37.4	—
沉淀出水	6.92	0.121	4—.887	1.34	—
滤后水	7.21	0.111	5.468	0.43	—
出厂水	7.06	0.116	4.945	0.31	1.74
许昌路1080号	6.98	0.127	4.228	0.36	1.65
大连路1035号	7.14	0.130	4.496	—	1.47
大连西路550号	7.17	0.110	3.908	0.63	0.66
汶水东路291号	7.01	0.110	4.170	0.51	0.50

注：黄浦江原水水温为29.5℃。

从表6-1和表6-2中可以看出，常规工艺对UV_{254}和DOC的去除主要依靠混凝沉淀和砂滤，滤后水中仍然存留部分有机物，随水流进入管网成为微生物的营养物质，UV_{254}和DOC的变化趋势如图6-3所示。此外，由于清水池停留时间为

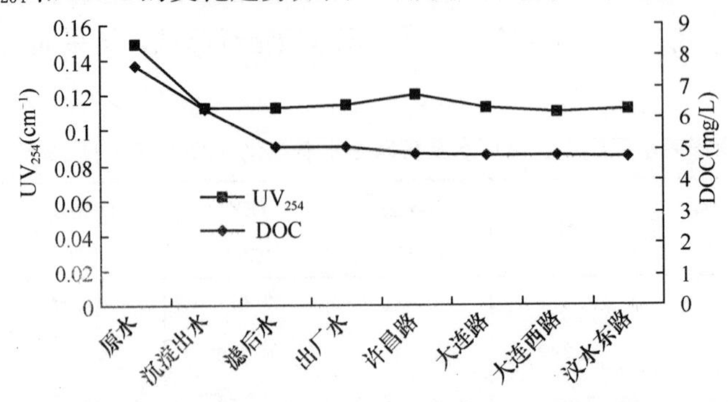

图6-3　杨树浦水厂原水、各单元出水及管网水中UV_{254}和DOC的变化

0.5～1.5h，也使得出厂水中有机物含量略有上升，而在管网输配水过程中，UV_{254}和DOC逐渐下降。经常规工艺处理后，原水浑浊度明显下降，出厂水浑浊度在0.3NTU左右，去除率达99%以上。

从表6-1和表6-2中余氯数据来看，随着管网的延伸，水中的有效氯不断衰减，从出厂水至管网的末端，衰减率分别为67%和71%。

6.3.2 泰和水厂出厂水在管网中的水质变化

上海泰和水厂以长江水为水源，2005年6月30日取长江原水、常规处理各单元出水及管网水（取样点见图6-2）进行水质分析，测试结果见表6-3。

泰和水厂各单元出水和管网中水质变化（2005年6月30日） **表6-3**

取样点	pH	UV_{254} (cm^{-1})	DOC (mg/L)	浑浊度 (NTU)	余氯 (mg/L)
原水	7.82	0.043	1.228	15.3	—
沉淀出水	7.45	0.032	0.804	4.20	—
滤后水	7.50	0.031	1.844	1.20	—
出厂水	7.44	0.027	0.581	0.36	1.13
沪太路2518号	7.47	0.031	0.624	0.36	1.03
沪太路1868号	7.46	0.047	0.647	0.40	0.96
真北路1201号	7.42	0.032	0.763	0.22	0.66

从表6-3可以看出，长江原水pH偏高，一般在7.82左右，经过常规工艺处理后，pH值略有降低，从管网中三个取样点来看，管网水的pH值变化极小。原水UV_{254}为0.043 cm^{-1}，经过常规工艺处理后，出厂水中降为0.027cm^{-1}，去除率为37.21%，但在管网中UV_{254}的变化很小。在进入管网的水中，DOC略有上升趋势，见图6-4。可以看出，长江原水经过常规工艺处理后，UV_{254}和DOC有较为明显的下降，而在进入管网时，均有一定程度的升高。

从图6-5中可以看出，余氯在管网中呈现急剧下降的趋势，在出厂水中余氯浓度为1.13mg/L，而在配水管网末端，余氯仅为0.66mg/L，下降幅度近40%。浑浊度在管网中基本不变且略有下降的趋势。

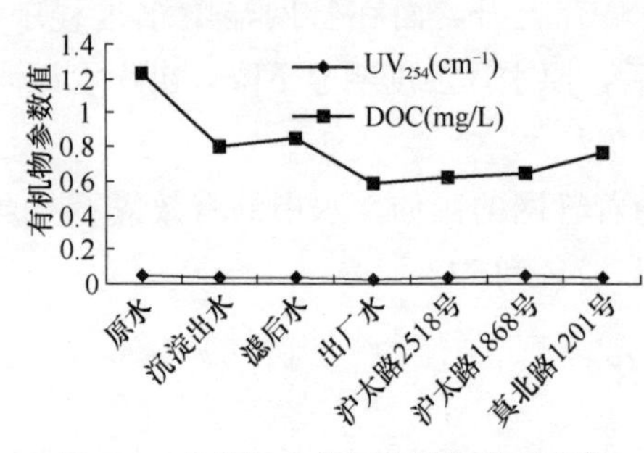

图 6-4　有机物在水厂和管网中的变化

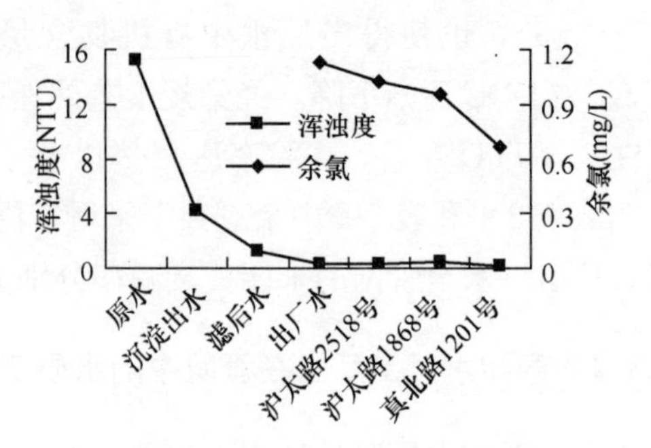

图 6-5　浑浊度和余氯在水厂和管网中的变化

6.4　管网水中消毒副产物及其生成潜能变化

6.4.1　杨树浦水厂消毒副产物在管网中的变化

为分析杨树浦水厂出厂水中消毒副产物在管网中的变化，测试了管网水中消毒副产物的浓度，包括三卤甲烷［三氯甲烷（TCM）、二氯一溴甲烷（BDCM）、一氯二溴甲烷（DBCM）、三溴甲烷（TBM））和卤乙酸（二氯乙酸（DCAA）和三氯乙酸(TCAA)］，测试日期分别为 6 月 16 日、7 月 8 日、8 月 27 日和 10 月 11 日，测试结果见表 6-4～表 6-7。

出厂水及管网水中的消毒副产物浓度（μg/L）（6 月 16 日）　　表 6-4

取样点	TCM	BDCM	DBCM	TBM	DCAA	TCAA
出厂水	14.11	7.68	10.79	8.27	18.98	5.41
许昌路 1080 号	15.58	8.80	10.33	9.03	19.79	6.36
大连路 1035 号	14.77	9.24	10.60	9.86	18.85	5.54
大连西路 550 号	13.47	8.95	11.02	9.65	17.58	4.13
汶水东路 291 号	15.64	9.35	11.18	9.23	18.25	4.18

出厂水及管网中的消毒副产物浓度（μg/L）（7 月 8 日）　　表 6-5

取样点	TCM	BDCM	DBCM	TBM	DCAA	TCAA
出厂水	12.23	9.72	9.54	4.78	17.47	5.79
许昌路 1080 号	13.74	9.70	10.65	5.45	18.57	6.53
大连路 1035 号	11.63	10.48	10.63	7.54	16.05	5.84

续表

取样点	TCM	BDCM	DBCM	TBM	DCAA	TCAA
大连西路 550 号	11.25	9.08	10.21	4.39	13.15	4.31
汶水东路 291 号	12.44	10.26	12.06	7.37	12.69	4.65

出厂水及管网水中的消毒副产物浓度（μg/L）（8 月 27 日） **表 6-6**

取样点	TCM	BDCM	DBCM	DCAA	TCAA
出厂水	15.40	6.91	4.82	11.71	6.11
许昌路 1080 号	20.52	5.91	4.45	12.34	5.85
大连路 1035 号	14.93	7.17	5.71	10.72	6.52
大连西路 550 号	15.96	8.62	6.95	10.07	4.79
汶水东路 291 号	17.87	7.24	5.39	10.55	4.90

出厂水及管网中的消毒副产物浓度（μg/L）（10 月 11 日） **表 6-7**

取样点	TCM	BDCM	DBCM	DCAA	TCAA
出厂水	8.01	4.68	3.27	10.95	4.46
许昌路 1080 号	7.50	4.24	3.40	8.87	5.46
大连路 1035 号	6.75	4.95	3.73	8.24	3.84
大连西路 550 号	8.25	4.17	3.51	6.75	3.03
汶水东路 291 号	8.56	5.08	3.85	7.53	3.89

在出厂水及管网水中未检测到一氯乙酸（MCAA）、一溴乙酸（MBAA）和二溴乙酸（DBAA）。对比表 6-4 至表 6-7 中卤乙酸的变化，6 月，二氯乙酸和三氯乙酸浓度在管网中的变化幅度仅约 1～2μg/L；7 月，出厂水中二氯乙酸和三氯乙酸浓度，在管网内下降幅度明显增加，且二氯乙酸下降幅度大于三氯乙酸；8 月，出厂水中二氯乙酸和三氯乙酸在管网内的下降幅度为 1～2μg/L；10 月，出厂水中二氯乙酸和三氯乙酸在管网内的下降幅度为 1～3μg/L。由此可以推断，在 7 月，由于水温最高，使得管网中的微生物更加容易生长，活力增强，降解卤乙酸的能力增加，所以卤乙酸下降幅度最大。

表 6-4 中 6 月份管网中消毒副产物浓度的变化如图 6-6，可以看出，由于二氯乙酸和三氯乙酸属于可生物降解类物质，所以随着管网的延伸，二氯乙酸和三氯乙酸浓度呈下降趋势。但是在离水厂最近的管网点取样分析中，发现二氯乙酸和三氯乙酸略微上升，如在出厂水中二氯乙酸浓度为 18.98μg/L，在许昌路取样点则浓度增加为 19.79μg/L，这主要是由于在离管网近处，水中的余氯含量较高，微生物的活动能力弱，同时含氯量高又导致氯与卤乙酸前体物继续反应生成

二氯乙酸和三氯乙酸，使得离水厂最近点处的卤乙酸出现略微上升现象；再进一步随着管网的延伸，管网水中余氯量的下降，微生物的活动逐渐趋于频繁，微生物降解卤乙酸占有一定的优势，所以在后续管网中，卤乙酸浓度逐渐下降。

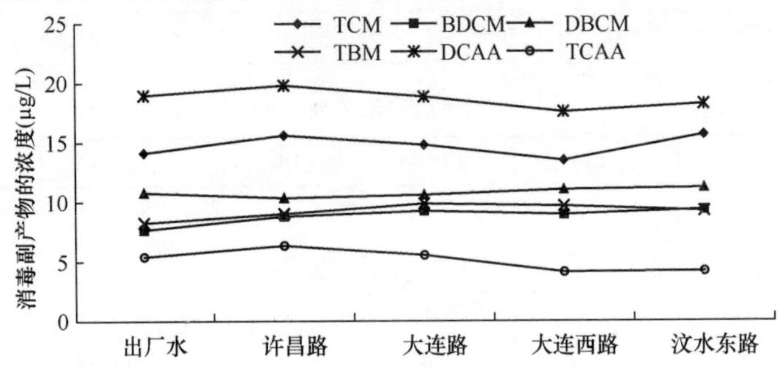

图 6-6　杨树浦水厂出厂水和管网水中消毒副产物浓度的变化

再看图 6-6 中的三氯甲烷的变化，三氯甲烷进入管网中会出现稍稍的上升，而后就出现小幅度的下降，然后又出现上升的趋势。至于二氯一溴甲烷和三溴甲烷浓度则随着管网的延伸逐渐增加，增加幅度较小。一氯二溴甲烷随着管网延伸，浓度几乎不变。总之，杨树浦水厂出厂水中消毒副产物在输配水管网中变化幅度较小，三卤甲烷变化幅度仅 1～2μg/L，卤乙酸变化幅度在 5μg/L 以内，主要是由于出厂水中的氯主要以化合氯形式存在，可以减少管网中消毒副产物的生成。

6.4.2　管网中消毒副产物与余氯的关系

出厂水在管网输配过程中，水中的余氯一方面是维持管网水的生物稳定性，但是也会继续与饮用水中的有机物反应生成消毒副产物。总三卤甲烷、总卤乙酸、余氯沿管网输配水流方向的浓度变化如图 6-7 所示。

从图 6-7 可见，管网水中的总三卤甲烷浓度在管网的末端取样点（汶水路）达到最大，为 45.40μg/L；卤乙酸和余氯浓度在管网末端取样点为最低，分别为 22.43μg/L 和 0.56mg/L；另外从图中可见，在管网的后半段即大连路取样点以后，余氯大幅度下降，而三卤甲烷和卤乙酸的变化缓慢，同时可以看出在余氯下降的同时，卤乙酸浓度下降，这是余氯下降导致微生物活动频繁，增加去除卤乙

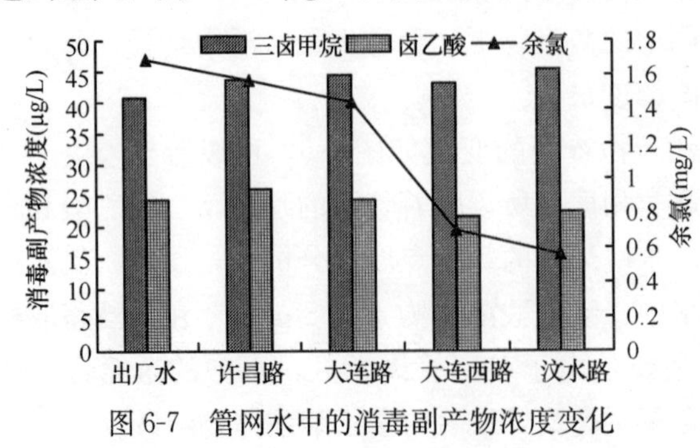

图 6-7　管网水中的消毒副产物浓度变化

酸能力的结果。

6.4.3 消毒副产物与其生成潜能的关系

为研究杨树浦水厂出厂水至输配水管网末端的消毒副产物与消毒副产物生成潜能、余氯等的关系，在分析消毒副产物的同时，取部分水样测定消毒副产物生成潜能，结果如表 6-8 和表 6-9 所示。

出厂水及管网水中的消毒副产物生成潜能（μg/L）（6 月 16 日） **表 6-8**

取样点	TCMFP	BDCMFP	DBCMFP	TBMFP	BDCMFP	TCAAFP
出厂水	168.98	168.83	124.36	30.02	81.96	47.60
许昌路 1080 号	167.30	166.11	126.78	27.54	79.63	47.55
大连路 1035 号	152.76	168.50	132.87	28.99	78.21	45.16
大连西路 550 号	206.95	209.52	157.30	34.32	77.69	55.26
汶水东路 291 号	202.84	195.44	139.11	28.89	73.08	58.63

出厂水及管网水中的消毒副产物生成潜能（μg/L）（7 月 8 日） **表 6-9**

取样点	TCMFP	DCBMFP	DBCMFP	TBMFP	DCAAFP	TCAAFP
出厂水	194.33	176.48	129.73	22.47	87.32	52.49
许昌路 1080 号	192.50	175.37	120.76	22.94	86.12	50.96
大连路 1035 号	188.12	148.87	128.12	23.37	85.56	43.49
大连西路 550 号	223.82	214.96	156.12	23.88	84.19	42.15
汶水东路 291 号	230.94	213.01	154.67	25.60	69.84	38.58

表 6-8 和表 6-9 分别为出厂水及离水厂不同距离处管网水中，各种氯化消毒副产物的生成潜能。从总体上可以看出，7 月份的消毒副产物生成潜能高于 6 月。图 6-8 是按表 6-8 中的数据绘出，用以表示消毒副产物生成潜能在管网中的变化。

从图 6-8 可见，二氯乙酸和三氯乙酸的生成潜能在出厂水中分别为 81.96μg/L 和 47.60 μg/L，进入管网后，消毒副产物生成潜能略有下降，在随后的管网水中，二氯乙酸生成潜能仍然在下降，而三氯乙酸的生成潜能则出现上升。与此同时，三氯甲烷、二氯一溴甲烷、二溴一氯甲烷及三溴甲烷等生成潜能均在第三个管网取样点处出现上升，接近管网末端取样点处，各类消毒副产物生成潜能又出现下降，出现这种现象与管网中的微生物繁殖和管网中水流冲刷管道内壁有着密切的关系。从表 6-8 和图 6-8 还可以看出，各种消毒副产物生成潜能下降幅度不同，如 DCAAFP、TCMFP、BDCMFP、DBCMFP、TBMFP 的下降幅度分别为

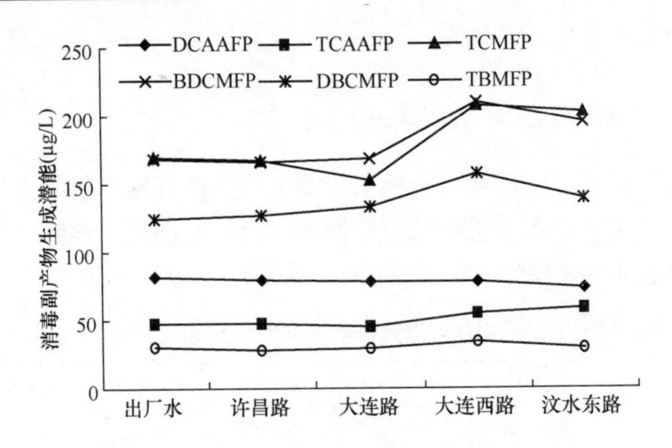

图 6-8　消毒副产物生成潜能在管网中的变化

4.61μg/L、4.11μg/L、14.08μg/L、18.18μg/L 和 5.43μg/L。

6.4.4　消毒副产物生成潜能与有机物的关系

图 6-9 表示杨树浦水厂管网中消毒副产物生成潜能与有机物替代参数的关系。

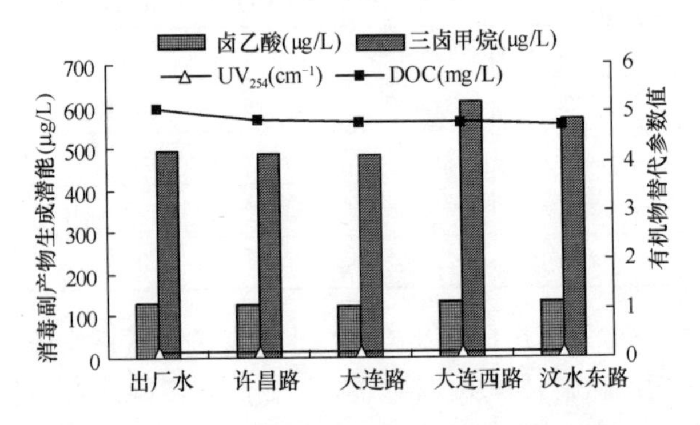

图 6-9　管网水中消毒副产物生成潜能和有机物的关系

从图 6-9 中可知，三卤甲烷生成潜能和卤乙酸生成潜能随着管网的延伸而增加，三卤甲烷生成潜能增加近 100μg/L，卤乙酸增加近 10μg/L，但是 DOC 则随着管网的延伸略有下降，下降幅度在 0.5 mg/L 左右。分析消毒副产物生成潜能增加的原因：一是在管网末端，由于余氯减少，微生物繁殖和活动加剧，使得有机物含量下降，而微生物的排泄或分泌物或微生物本身可成为消毒副产物前体物的一部分，导致消毒副产物前体物增加；二是管网内壁粗糙或死角部分截留的有机物增加了管网水中消毒副产物前体物。

6.4.5 管网水中消毒副产物与生物稳定性的关系

饮用水的生物稳定性主要反映水中有机营养物质的多少。如果有机营养物质的量少，细菌因缺乏养料不易在水中生长繁殖，水的生物稳定性就高；相反，水中有机营养物质多，细菌容易获得养料而快速繁殖，水的生物稳定性就低。

目前饮用水中有机营养物质的数量用生物可同化有机碳（AOC）和生物可降解溶解性有机碳（BDOC）的浓度来表示，其中 AOC 是直接表征饮用水中有机物能被细菌同化成细菌体的部分，是细菌生长情况的指标。一般在水中有余氯的情况下，生物稳定的水其 AOC 值在 50～100μg 乙酸碳/L。

1. 化合氯消毒时管网中 AOC 的变化

杨树浦水厂取用黄浦江上游原水，采用化合氯消毒，沿管网水流方向分别取水样进行 AOC 测试，结果见表 6-10。

给水管网中不同取样点的 AOC 值（μg/L） **表 6-10**

测试水样	AOC-P17	AOC-NOX	AOC
出厂水	53	51	104
许昌路	67	43	110
大连路	55	39	94
大连西路	38	29	67

从表 6-10 中可见，在出厂水中 AOC 为 104μg/L，进入管网后浓度略有上升，随着管网的延伸，AOC 逐渐下降。在出厂水中由于二次加氯，氯与部分有机物反应生成 AOC 物质，使得管网中 AOC 略有上升，而后由于管网中氯浓度逐渐下降，微生物、细菌活动频繁，将管网水中的部分 AOC 降解去除，AOC 开始下降，其变化如图 6-10 所示。

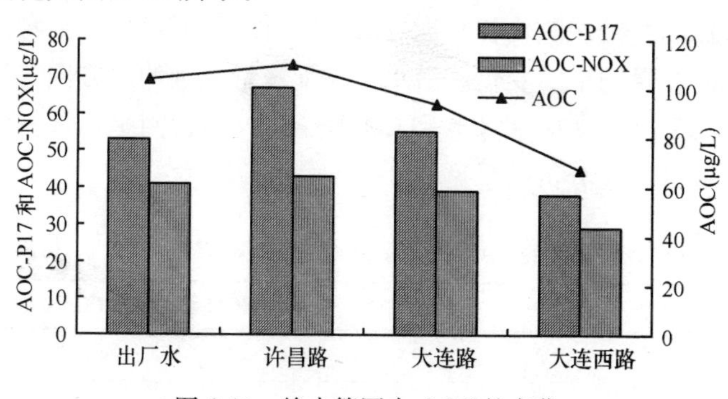

图 6-10 给水管网中 AOC 的变化

2. 化合氯消毒时管网中AOC与消毒副产物的关系

将表6-10中的AOC和消毒副产物（卤乙酸和三卤甲烷）关系进行作图，如图6-11所示。可见在管网中，AOC与消毒副产物卤乙酸呈正相关性，因为AOC为能被细菌同化成细菌体那部分有机物，如管网中AOC降低，即可认为细菌繁殖在增强，即饮用水的生物稳定性增加，但可能微生物、细菌繁殖与活动加剧，而卤乙酸是可生物降解的物质，将为管网中微生物所分解，所以出现AOC降低和卤乙酸也降低的正相关性。三卤甲烷是不可生物降解的物质，不难理解三卤甲烷和AOC呈负相关性。

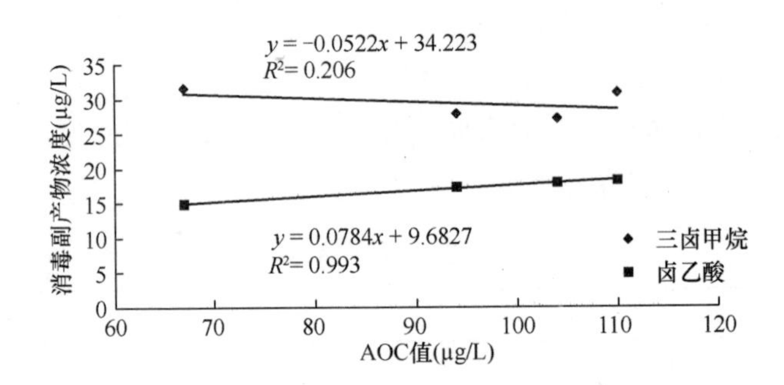

图6-11 AOC与消毒副产物关系

6.5 泰和水厂出厂水中消毒副产物及其生成潜能在管网中的变化

6.5.1 消毒副产物在管网中的变化

上海泰和水厂取长江原水，采用自由氯消毒，出厂水中的余氯保持在1.0mg/L左右，到管网末梢余氯浓度在0.05mg/L以上。

为研究长江原水经预氯化和常规处理又经自由氯消毒后，消毒副产物（卤乙酸和三卤甲烷）在管网中的变化，沿水厂输配水管网延伸的方向，取三个点（见图6-2，即沪太路1#、沪太路2#和真北路3#）的管网水，分析消毒副产物和消毒副产物生成潜能，分析结果见表6-11～表6-14。

出厂水及管网水中的消毒副产物浓度（μg/L）（6月9日） 表6-11

取样点	TCM	BDCM	DBCM	DCAA	TCAA
出厂水	44.58	7.45	1.33	34.95	14.34
沪太路2518号	48.21	7.14	1.34	32.50	14.80

续表

取样点	TCM	BDCM	DBCM	DCAA	TCAA
沪太路 1868 号	50.85	7.31	2.33	25.14	12.99
真北路 1201 号	50.04	5.78	2.69	20.27	12.19

从表 6-11 可见，二氯乙酸（DCAA）在出厂水中浓度为 34.95μg/L，在管网末端降为 20.27μg/L，下降幅度 42%，三氯乙酸（TCAA）下降幅度为 15%，而三氯甲烷（TCM）和一氯二溴甲烷（DBCM）则随着管网的延伸而逐渐增大，上升幅度分别为 12%和 102%，但二氯一溴甲烷（BDCM）随着管网延伸，呈下降趋势。

出厂水及管网水中的消毒副产物浓度（μg/L）（7 月 21 日）　　**表 6-12**

取样点	TCM	BDCM	DBCM	DCAA	TCAA
出厂水	52.83	9.29	1.42	37.66	13.68
沪太路 2518 号	55.22	9.13	1.46	33.70	12.03
沪太路 1868 号	53.82	8.64	1.35	32.74	12.23
真北路 1201 号	57.80	9.31	1.26	30.51	11.11

从表 6-12 可见，7 月虽水温较高，水质也发生一定的变化，卤乙酸在管网中仍呈下降趋势，二氯乙酸下降幅度与三氯乙酸下降幅度均为 19%；三氯甲烷基本上是呈上升趋势，上升幅度为 9%；二氯一溴甲烷呈持平趋势，而一氯二溴甲烷略有下降。

出厂水及管网中的消毒副产物浓度（μg/L）（9 月 9 日）　　**表 6-13**

取样点	TCM	BDCM	DBCM	DCAA	TCAA
出厂水	39.17	8.82	3.38	28.90	11.89
沪太路 2518 号	44.79	9.21	3.30	27.09	9.76
沪太路 1868 号	44.62	10.93	3.26	25.51	7.34
真北路 1201 号	43.44	10.32	3.03	24.01	6.39

从表 6-13 中可见，出厂水中的卤乙酸浓度较 7 月有所增加，但在管网中的二氯乙酸下降幅度仅为 16.92%，三氯乙酸下降幅度却增加 46%；三卤甲烷中除二溴一氯甲烷外，基本上呈上升趋势，如三氯甲烷上升 11%，二氯一溴甲烷上升 17%。

出厂水及管网水中的消毒副产物浓度（μg/L）（10 月 26 日）　　表 6-14

取样点	TCM	BDCM	DBCM	DCAA	TCAA
出厂水	27.33	10.91	2.27	20.78	12.29
沪太路 2518 号	27.48	12.48	2.14	16.69	11.36
沪太路 1868 号	28.45	12.06	2.25	14.49	9.67
真北路 1201 号	29.37	11.42	2.81	8.68	7.29

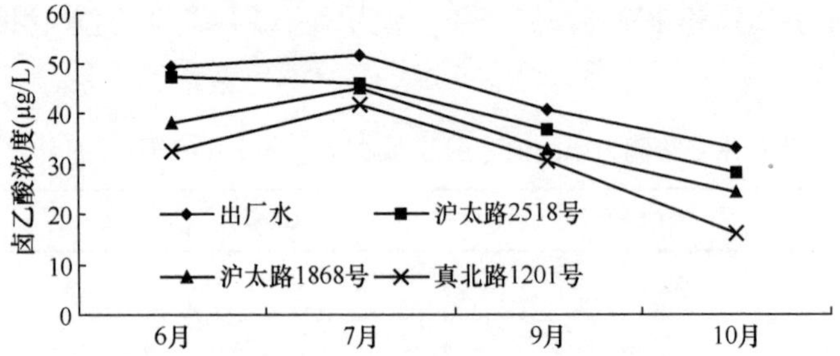

图 6-12　不同月份出厂水及管网水中卤乙酸的变化

从表 6-14 可见，10 月的出厂水中部分消毒副产物量开始下降。卤乙酸中，二氯乙酸在管网中的下降幅度为 12%，三氯乙酸下降幅度为 40%。三卤甲烷中，三氯甲烷、二氯一溴甲烷和一溴二氯甲烷分别上升 8%、5%、23%。

图 6-12 和图 6-13 为不同月份的总三卤甲烷和总卤乙酸浓度变化。

从图 6-12 可见，管网水中卤乙酸以 7 月最高，其他月份逐渐下降。

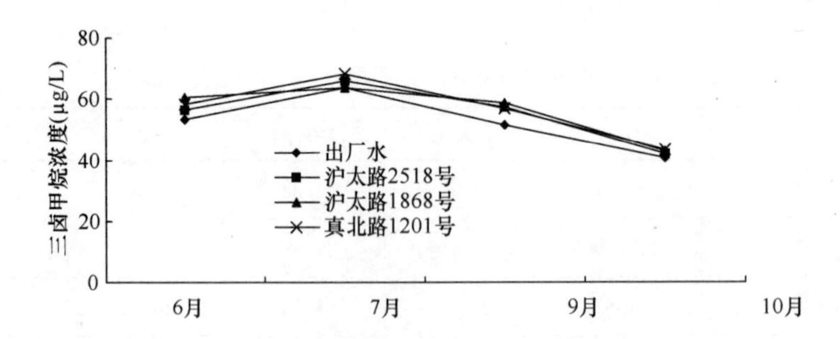

图 6-13　不同月份出厂水及管网水中三卤甲烷的变化

从图 6-13 中可见，管网水中以温度最高的 7 月的三卤甲烷浓度最高。

6.5.2　管网水中消毒副产物与余氯的关系

从泰和水厂取长江原水，经常规处理加氯消毒后会形成消毒副产物，图 6-

14，表示6月、7月、9月、10月份管网水中的消毒副产物（三卤甲烷和卤乙酸）与余氯的关系。

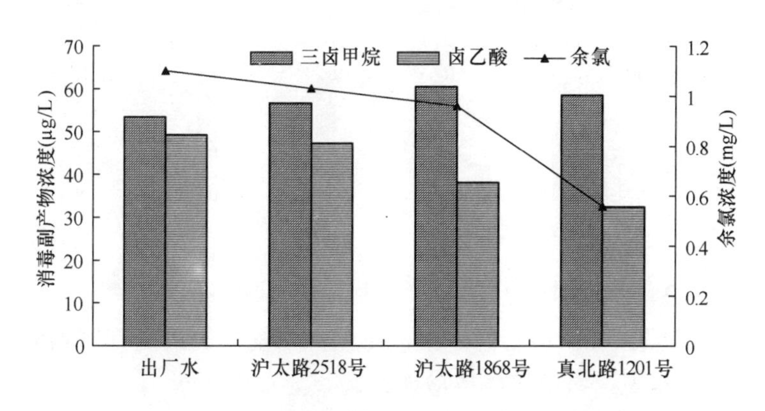

图6-14　管网中消毒副产物与余氯的关系

从图6-14可以看出，在余氯下降过程中，卤乙酸也在逐渐下降，而三卤甲烷却逐渐增加。在余氯下降幅度不大的情况下，三卤甲烷和卤乙酸的变化幅度也比较小，到沪太路1868号，余氯变化幅度逐渐加大，到管网的末端，余氯急剧下降，三卤甲烷和卤乙酸的变化幅度略有增加。

6.5.3　消毒副产物生成潜能在管网中的变化

常规工艺对消毒副产物生成潜能的去除有限，管网中消毒副产物生成潜能的变化如图6-15～图6-17所示。

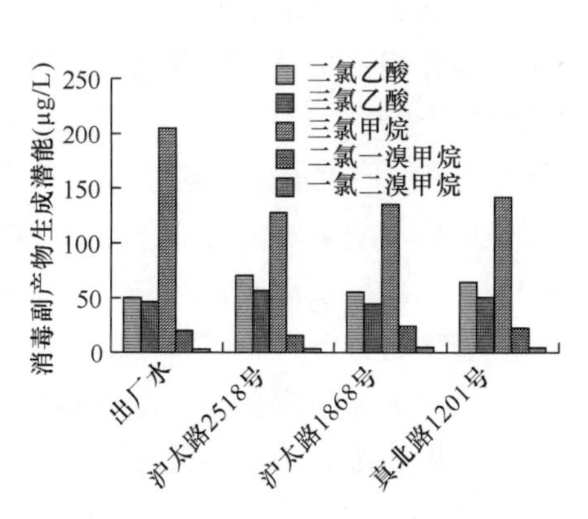

图6-15　管网中消毒副产物生成潜能的变化（6月9日）

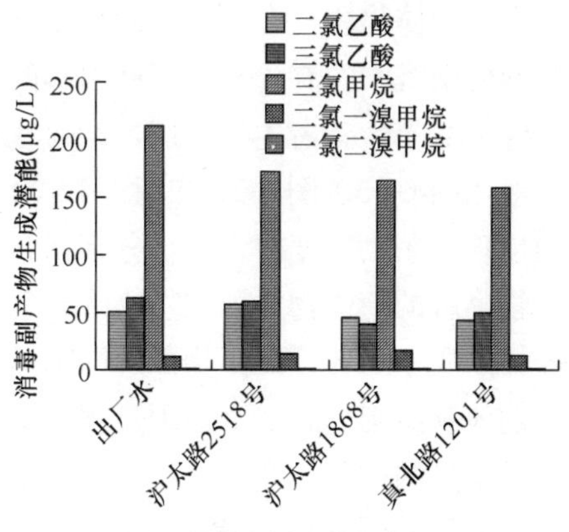

图6-16　管网中消毒副产物生成潜能的变化（6月30日）

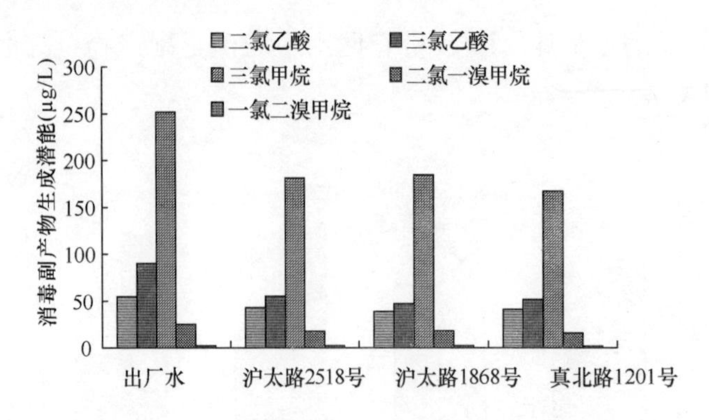

图 6-17　管网中消毒副产物生成潜能的变化（7 月 21 日）

图 6-15 为 6 月泰和水厂管网水中消毒副产物前体物质随管网点的变化，图中可见，在出厂水中三氯甲烷生成潜能很高，为 204.99μg/L，而在进入管网后三氯甲烷前体物质急速下降，降为 128.00μg/L，在后面的管网输配过程中，由于水流扰动作用，三氯甲烷前体物质又出现逐渐上升的趋势，在第三个管网点取样就发现，水中三氯甲烷浓度升高至 141.39μg/L。二氯乙酸和三氯乙酸在进前体物质入管网后出现上升，由出厂水的 50.26μg/L 和 46.63μg/L 上升到第一个管网取样点的 70.80μg/L 和 56.77μg/L，分析其原因为管网污染问题，而在第二个管网取样点，二氯乙酸和三氯乙酸前体物质浓度又出现下降，可见在中间管段，生物活动增强，降解管网中二氯乙酸和三氯乙酸前体物质，使得二氯乙酸和三氯乙酸前体物质浓度下降，但在后面管网中二氯乙酸和三氯乙酸前体物质含量，又再次出现稍微的上扬，主要是在该管网段，管网壁沉积的污染物质在水流带动的作用，时而被冲刷，导致其前体物质略有回升；对于二氯一溴甲烷和一氯二溴甲烷前体物质，在管网中的变化规律，也可以认为是由于生物作用和水流扰动管网内壁沉积的有机物作用所引起的，如果前者作用占主导，则表现为前体物质下降，如果后者占主导作用，则表现为前体物质上升。

对比图 6-15、图 6-16 和图 6-17，可以看出，三氯甲烷前体物质在进入管网后均出现一较大幅度的下降，分析认为三氯甲烷前体物质主要由两部分构成，即易生物降解的前体物质和难生物降解的前体物质，当出厂水进入管网中，三氯甲烷前体物质中那部分易生物降解的前体物质被迅速生物分解，而那部分难生物降解的前体物质则仍然随水输配过程而流动，从而出现前体物质在进入管网中有一大幅度下降的过程，在 6 月和 7 月的下旬，水在管网输配过程中，三氯甲烷前体物质，随管网的延伸而逐渐下降，这是由于该时段，气温回升，水温也逐渐抬升，比较适合微生物的繁殖，其作用增强，使得微生物作用占主导的原因。

第7章　臭氧-生物活性炭工艺去除消毒副产物

臭氧-生物活性炭工艺结合了活性炭的吸附以及附着在炭上生长的生物膜的生物降解作用，可以去除水中的溶解性有机碳以及不易被臭氧氧化的有机物。因此生物活性炭池出水在消毒时可以减小需氯量，并可在配水管网中保持较稳定的余氯量。去除水中溶解性有机碳和减少氯投加量可以降低所生成的消毒副产物浓度。在臭氧氧化时生成的可生物降解有机碳（BDOC），可以在生物活性炭滤池内将其去除，而臭氧除锰时生成的过量高锰酸盐，活性炭滤池也可将其去除。

7.1　臭氧和活性炭的作用

臭氧-生物活性炭工艺由两部分组成，即臭氧氧化和活性炭吸附与生物降解，两者作用如下。

7.1.1　臭氧的作用

臭氧在活性炭滤池之前投加时可起到如下作用：

（1）臭氧是强氧化剂，可比氯、二氧化氯和一氯胺的使用浓度低，且接触时间短，就可达到消毒目的。但由于臭氧加到水中后很快消失，在配水管网中没有剩余消毒剂，还须用氯、二氧化氯或一氯胺进行二次消毒，以保证出厂水的卫生安全性。

（2）单独应用臭氧时，可减少原水中的TOC和有机前体物，使水的颜色和UV吸光度减小；预臭氧化可以破坏一部分消毒副产物的前体物，包括总有机卤素（TOX）、三卤甲烷三氯乙酸（TCAA）和二氯乙腈（DCAN），等含氮消毒副产物。

（3）在水处理常用的臭氧投加量下，单独应用臭氧处理可将THMFP降低约10%。

（4）臭氧可将许多大分子有机物部分氧化为易于生物降解的小分子有机物，因此投加臭氧将会增加水中天然有机物的可生物降解性。

（5）投加臭氧可增加出水中的可生物降解溶解性有机碳（BDOC）含量，而BDOC作为细菌的养料可加速细菌生长，如水处理过程中不能去除BDOC，细菌会在配水管网中再生长，为了防止这种情况出现，出水中的可同化有机碳（AOC）浓度应小于100mg/L；AOC是BDOC的一部分，即较易于同化或生物降解部分。

(6) 臭氧在与天然有机物进行氧化/还原反应时，并不直接生成卤代消毒副产物（THMs和HAAs等），但会生成其他有机和无机副产物；如原水中有溴化物时，可生成溴化消毒副产物，溴化消毒副产物（溴酸盐离子、溴代硝基甲烷、溴化氰等）比非溴化消毒副产物对人体健康的危害更大。

(7) 臭氧去除消毒副产物前体物的效果取决于O_3剂量、pH、碱度和有机物性质，低pH时臭氧去除前体物十分有效，当pH高于某值时臭氧却很少有效果，有时反而会增加前体物的量。当pH为7.5时，臭氧很快分解成为羟基自由基，可增加有机物如腐殖质的氧化速率。

(8) 臭氧在活性炭滤池之前投加时，如果溶解氧、pH、水温等环境条件有利，将会增大滤池中的微生物活性，从而强化BDOC/AOC的去除，同时臭氧的投加也会向水中引入大量的溶解氧，因而在滤池内形成微生物生长的优越条件。

7.1.2 生物活性炭滤池的作用

美国国家环保局建议，颗粒活性炭吸附是去除饮用水中有机物的最适用技术之一，既有较高的吸附容量，也易于运行管理。

由于在慢滤池、快滤池或活性炭滤池的滤料表面都可以生长细菌，因此其均具有生物活性。至于滤池的性能和去除BDOC的效果，与滤料的表面积、滤速、空床接触时间、生物所需的养料、水温等因素有关，由于活性炭比砂和无烟煤滤料的表面更为粗糙，且颗粒内部有微小孔隙，所以生物量浓度可以较高。

活性炭滤池的作用在投产运行初期以吸附溶解性有机物为主，而活性炭上的细菌只是处于驯化期，随着炭滤池中微生物的增多，逐渐转变为以吸附和生物降解同时去除污染物，直到吸附容量耗竭时为止，因此根据其工作情况称为生物活性炭滤池（BAC）。

在生物活性炭滤池的上游投加臭氧，可将大部分难降解有机物转化为BDOC，因而提高活性炭滤池的生物活性，有助于去除单独由臭氧无法或只能有限去除的有机物。

活性炭滤池的特点如下：

(1) 生物活性炭滤池中有很大的滤料表面积和较长的水力停留时间，具备了促使微生物生长的有利环境；即使进水中存在余氯，因为氯可被上层活性炭去除，并不会影响微生物的生长。

(2) 能够产出生物稳定性的水，不会促使水中过度的细菌生长，减轻了配水管网中的细菌再生长现象。

(3) 臭氧是投加在活性炭滤池前的主要消毒剂，有利于炭粒上的微生物生长和进行生物降解。通过预臭氧化，一些高分子量腐殖质被氧化成为低分子量且较易生物降解的物质，成为炭层中微生物的养料来源。预臭氧化可使活性炭滤池有较多吸附位以吸附较难生物降解、较有害且难以氧化的有机物。

(4) 投加臭氧时也会产生有机和无机消毒副产物，生物活性炭滤池可去除或控制这些消毒副产物；活性炭可去除种类繁多的化合物，如天然有机物、三卤甲烷和卤乙酸的前体物、产生嗅味化合物以及其他有毒化合物，但是其吸附容量变化很大，必须进行试验才可确定对有机物的可吸附性。

(5) 生物活性炭滤池去除 BDOC 的程度取决于工艺条件，如活性炭滤池的滤速、空床接触时间、水温、BDOC 浓度等。

(6) 投加臭氧后，增加了活性炭滤池进水中的 BDOC 含量，但经过滤池内微生物的生物降解作用，特别是通过增加活性炭滤料层的厚度或降低滤速以延长空床接触时间，可降低滤池出水中的 BDOC，包括 HAAs。

(7) 活性炭的生物活性和温度为：在 25～30℃时生物活性最大，但在 10℃及以下时生物活性很快衰减。

(8) 经过臭氧处理后可明显减少水中的致病微生物，但生物活性炭滤池的出水中含有较多的非致病菌，需投加消毒剂如氯或二氧化氯等进行消毒。

(9) 生物活性炭滤池去除 TOC 的效果比活性炭滤池好，可稳定在 30%～40%左右，如出水的 TOC 高，可能其中含有非生物降解和难降解的有机物。

(10) 臭氧-活性炭工艺可降低需氯量，因此减小消毒副产物的生成量，并可在二次加氯消毒时，在配水管网中保持较稳定的剩余氯。

7.1.3 活性炭滤池的设计要求

活性炭滤池进水的预处理对滤池本身的性能产生很大影响，经过预处理后，原水中的有机物浓度降低，有机物的种类会发生变化，从而改变了活性炭滤池的可吸附性和可生物降解性，而水中的无机物也会变化而影响其可吸附性。经过常规处理的水减少了须由活性炭滤池去除的有机物量，就可用较低的费用去除 TOC 和前体物，并减小其与微量有机物的竞争吸附。

活性炭滤池的设计要求和普通重力式快滤池或活性炭吸附器相似。滤池设计可以采用两种方式，一种是在普通快滤池的无烟煤或砂滤料上放置颗粒活性炭，使滤池同时起到过滤和吸附杂质的作用；另一种是在普通快滤池之后单独布置活性炭滤池。前一种布置因活性炭层较薄，空床接触时间较短，去除前体物的效果不是很好；后一种可有较高的活性炭层，为取得良好处理效果，活性炭滤池应在普通快滤池之后单独设置。

因为浮游动物也可在活性炭滤池内生长，因此出水中的细菌计数往往较高，同时滤层的水头损失增加很快，必须有效而频繁地反冲洗。冲洗时最好用未加氯的水，如用含氯的水反冲洗可导致活性炭上的细菌生物量减少。有时因生物活性而耗氧，导致过滤水缺氧，必要时可向过滤水中充氧。一般冬季的反冲洗频率较少。

颗粒活性炭的吸附效果和空床接触时间有关，为了去除消毒副产物的前体物，空床接触时间应在10～15min以上，这样可取得良好的卤乙酸去除效果。当然活性炭滤池的建造和运行费用随着空床接触时间的增加而增加。

7.2　臭氧-生物活性炭去除卤乙酸的效果

7.2.1　中试试验装置

中试在杨树浦水厂内进行，采用常规处理和平行安装的两套深度处理装置，即臭氧生物活性炭（BAC-1）滤池和微曝气生物活性炭（BAC-2）滤池进行试验，试验的工艺流程如图7-1和图7-2所示。原水经混凝沉淀、过滤以后分别进入臭氧生物活性炭柱和微曝气生物活性炭柱过滤。每套深度处理装置的流量为0.7m^3/h。

活性炭采用山西产的煤质颗粒活性炭，粒径0.6～2.36mm，碘值为1035mg/g，亚甲蓝值为195mg/g，灰分为10.03%。

中试试验设备及主要控制参数见表7-1。

中试试验设备及主要控制参数　　　　表7-1

序号	名　　称	数量	型号、规格
1	机械絮凝池(垂直轴式)	1	2.4m×0.8m×0.9m(长×宽×高)，有效水深0.6m
2	平流式沉淀池	1	4.5m×0.4m×0.5m(长×宽×高)，有效水深0.45m
3	砂滤柱(均滤料)	2	内径300mm，砂层高1.16m，承托层高20cm，滤料粒径分布0.9～1.0mm，滤速10.6m/h
4	清水箱	2	直径1000mm，高0.7m
5	臭氧接触塔	3	不锈钢材料，三级串联，长度分别为1.5m，3m和3m；直径150mm
6	微曝气接触塔	3	PVC材料，三级串联，长度分别为1.5m，3m和3m；直径150mm
7	生物活性炭柱	1	高3m；直径300mm；炭层高1.8m；流量为0.7m^3/h

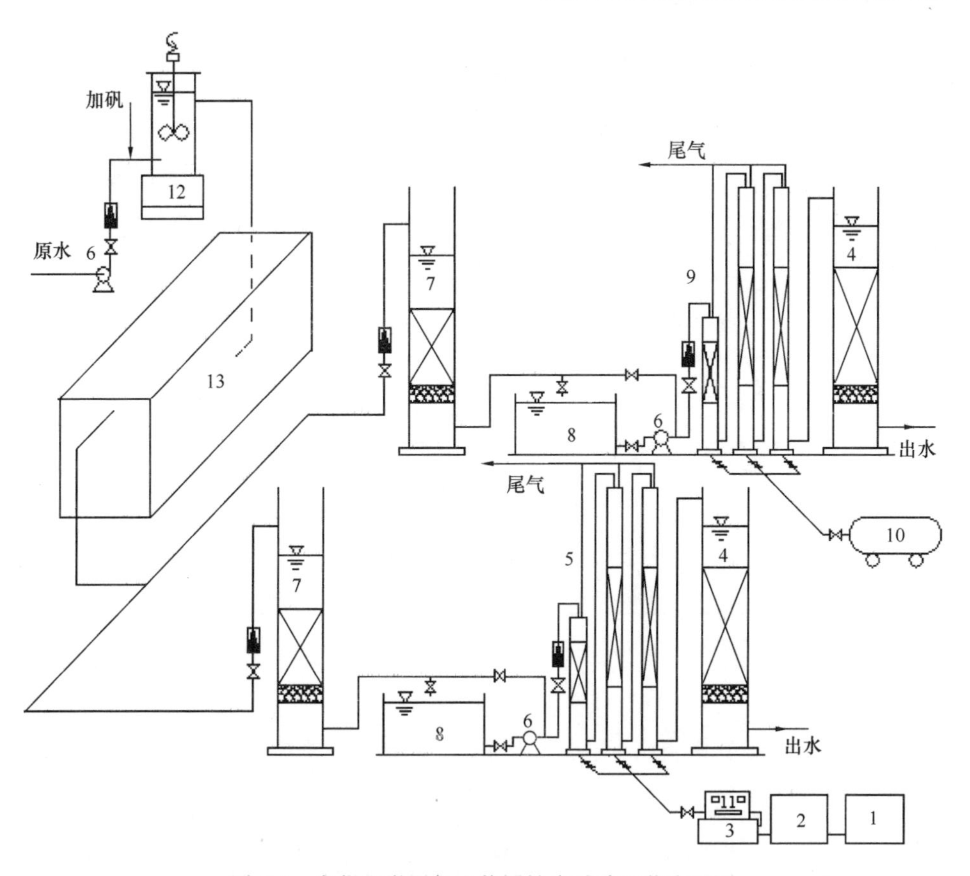

图 7-1 臭氧和微曝气生物活性炭试验工艺流程图

1—空气压缩机（臭氧发生器专用）；2—冷干机；3—臭氧发生器；4—生物活性炭柱；5—臭氧接触塔；6—提升泵；7—砂滤柱；8—清水箱；9—微曝气接触塔；10—空气压缩机；11—空气干燥机；12—机械絮凝池；13—平流式沉淀池

图 7-2 深度处理中试试验装置

7.2.2　臭氧-生物活性炭工艺去除有机物的效果

臭氧-生物活性炭深度处理技术，是集臭氧氧化、活性炭吸附、生物降解于一体，用以去除水中有机和无机污染物的工艺。试验时，臭氧投加量为2mg/L，常规处理出水经臭氧-生物活性炭(BAC-1)和微曝气-生物活性炭(BAC-2)工艺处理后的水质如表7-2所示。

臭氧-生物活性炭和微曝气生物活性炭工艺出水水质　　表7-2

水质指标	原水	沉淀出水	砂滤1出水	O_3接触出水	BAC1出水	砂滤2出水	微曝气接触后出水	BAC2出水
浑浊度(NTU)	59.9	4.97	0.205	0.174	0.154	0.170	0.182	0.201
pH值	7.26	6.96	7.23	7.53	7.46	7.06	7.35	7.32
UV_{254}(cm^{-1})	0.173	0.123	0.121	0.091	0.084	0.120	0.120	0.103
DOC(mg/L)	7.38	5.62	3.716	3.184	2.596	4.16	4.03	3.638

从表7-2可以看出，臭氧-生物活性炭工艺(BAC1)与微曝气-生物活性炭工艺(BAC2)相比，有机物(DOC、UV_{254})的去除率明显提高。

应用超滤膜法分析臭氧-微曝气-生物活性炭各处理单元出水的分子量分布，结果见表7-3。

各单元出水中不同分子量(kDa)有机物所占比例(%)　　表7-3

水　样	有机物参数	>30	10～30	3～10	1～3	<1
砂滤出水	DOC	16	23	12	22	27
	UV_{254}	0	20	10	20	50
臭氧接触塔出水	DOC	7	12	42	11	28
	UV_{254}	0	12	14	20	54
BAC1出水	DOC	2	29	13	21	35
	UV_{254}	0	30	8	12	50
微曝气接触塔出水	DOC	20	14	18	14	34
	UV_{254}	0	22	16	8	54
BAC2出水	DOC	14	34	22	17	13
	UV_{254}	0	20	15	13	52

从表7-3中可知，经各工艺处理后的出水中，大部分是分子量小于1kDa的有机物，其在UV_{254}中所占比例在50%以上，而DOC则主要集中在分子量为10～30kDa和小于1kDa两个区间内。

臭氧-生物活性炭工艺处理砂滤池出水时，各分子量区间的有机物去除率见图 7-3。

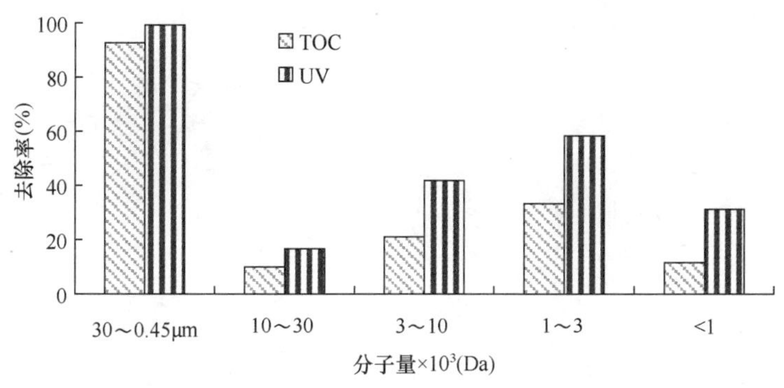

图 7-3 臭氧-生物活性炭工艺对不同分子量有机物的去除率

7.2.3 臭氧-生物活性炭工艺去除卤乙酸生成潜能(HAAFP)的效果

用臭氧去除卤乙酸生成潜能的作用有两个方面：一是通过臭氧对有机物的直接或间接氧化来减少卤乙酸生成潜能；二是通过臭氧氧化改善有机物的生化降解性，从而通过后续的生物处理(生物活性炭)来减少卤乙酸生成潜能。

臭氧氧化会将较大分子量的有机物氧化成小分子的物质，因而增加有机物的极性或亲水性，使其容易生物降解，进而在随后的活性炭工艺中易于去除。另一方面，臭氧处理后水中溶解氧增加，可提高微生物的降解能力。因此，对降低卤乙酸前体物来说，行之有效的工艺是臭氧氧化之后再用活性炭过滤。国外采用臭氧加生物活性炭的深度给水处理实践表明，混凝沉淀后水中卤乙酸生成潜能的20％左右能经臭氧氧化直接处理，其余的则经后续的生物活性炭得到去除。

应用 0.5mgO_3/mgDOC 的臭氧能使有机卤生成潜能(AOXFP)降低 22％，同时使三卤甲烷生成潜能(THMFP)降低 20％。提高臭氧投加量可稍降低 THMFP，但对 AOXFP 却没有影响。这说明，臭氧在较低浓度时就可以降低卤代副产物的生成量，如再增加臭氧投量，并不能减少卤代副产物的生成量。

试验时的臭氧投加量为 3.0mg/L，活性炭滤池的空床接触时间为 10min，原水水温为 29.8～31.2℃，pH 值为 7.1～7.4。取集各处理单元的出水水样，调节 pH 值为 7 左右，加次氯酸钠进行为期 7d 的培养，经脱氯后进行卤乙酸测定，所测的卤乙酸生成潜能见图 7-4。

图 7-4 表示砂滤、臭氧接触塔、BAC1、微曝气接触塔、BAC2 出水中不同分子量有机物生成的二氯乙酸(DCAA)、三氯乙酸(TCAA)和二溴乙酸(DBAA)。从图中可以看出，每一处理单元出水中以二氯乙酸生成量最大，其次为三氯乙酸

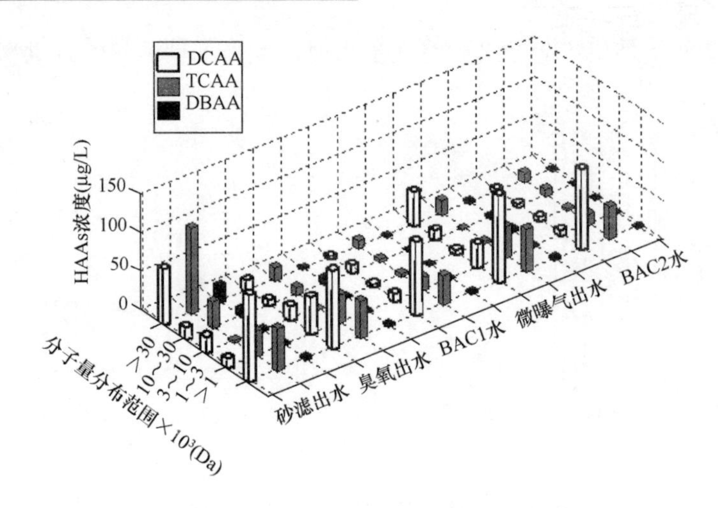

图 7-4 各单元出水不同分子量有机物的卤乙酸生成潜能

和二溴乙酸，但未检测出一溴乙酸和一氯乙酸。

二氯乙酸和三氯乙酸生成量较多的是：砂滤出水中分子量在 0.45μm～30kDa 和＜1kDa 的有机物；臭氧出水中分子量在 1～3kDa 和＜1kDa 的有机物；BAC-1 出水中分子量＜1kDa 的有机物；微曝气接触后的出水中分子量在 1～3kDa 和＜1kDa 的有机物；BAC-2 出水中分子量＜1kDa 的有机物。经臭氧生物活性炭工艺处理后，水中小分子有机物(分子量为 1～3kDa 和＜1kDa)可与氯反应生成卤乙酸。

表 7-4 为各处理单元的总卤乙酸生成潜能。

不同分子量有机物的总卤乙酸生成潜能(μg/L) **表 7-4**

水样	0.45μm～30×10³Da	(10～30)×10³Da	(3～10)×10³Da	(1～3)×10³Da	＜1	THAAs
砂滤出水	207.85	60.69	27.58	47.64	172.38	516.14
臭氧接触塔出水	35.72	26.48	21.70	88.41	153.34	325.65
BAC1 出水	15.00	16.96	9.17	30.00	137.65	208.78
微曝气接触塔出水	68.05	17.68	14.65	76.16	175.07	351.61
BAC2 出水	18.60	15.45	11.13	23.42	149.64	218.24

从表 7-4 可知，臭氧-生物活性炭(BAC-1)工艺比微曝气-生物活性炭(BAC—2)工艺去除卤乙酸生成潜能的效果好，臭氧-生物活性炭工艺的去除率为 59.5%。在各处理单元出水中，分子量小于 3kDa 的有机物的卤乙酸生成潜能占主要部分。臭氧—生物活性炭对砂滤后水中的卤乙酸生成潜能的去除率如图 7-5 所示。

从图 7-5 可以看出，臭氧—生物活性炭工艺对大分子量的卤乙酸生成潜能去

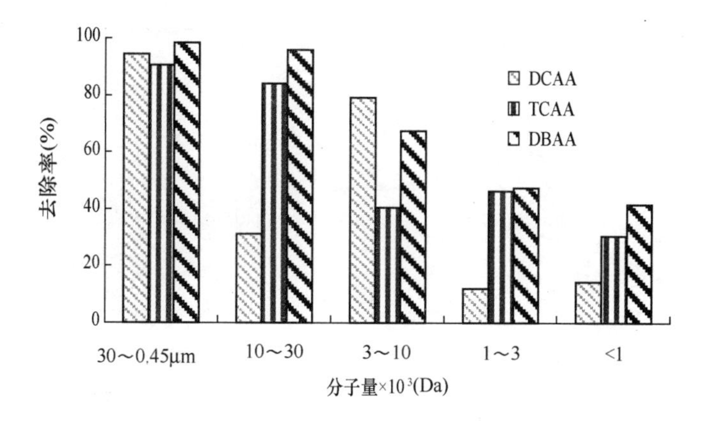

图 7-5 不同分子量有机物的卤乙酸生成潜能去除率

除效果较好，其中对分子量在 0.45μm～30×10³Da 区间的卤乙酸生成潜能去除率达到了 90%以上，随着有机物分子量的降低，卤乙酸的生成潜能去除率也逐渐下降，对于分子量小于 1kDa 的卤乙酸生成潜能去除率仅为 40%左右。在各分子量区间内，臭氧一生物活性炭对二溴乙酸生成潜能的去除效果高于二氯乙酸和三氯乙酸生成潜能。

在消毒过程中，不同分子量有机物与氯反应时的消毒副产物生成量不同，为研究不同分子量有机物(以 DOC 和 UV_{254} 计)与卤乙酸生成潜能之间的关系，将各处理单元的出水用截留分子量为 30×10³、10×10³、3×10³ 和 1×10³Da 的超滤膜过滤，分析过滤水样的 DOC、UV_{254} 值，再在过滤后水样中加入次氯酸钠，培养 7d，测定生成的卤乙酸。将各处理单元出水各分子量区间的 UV_{254} 与所测定的二氯乙酸、三氯乙酸、二溴乙酸等生成潜能分别进行拟合，结果如图 7-6～图 7-9 所示。从图可知，UV_{254} 值与二氯乙酸、三氯乙酸、二溴乙酸的线性相关系数 R^2 分别为 0.83、0.85、0.82，即 UV_{254} 值与三种卤乙酸生成潜能有一定的相关性。

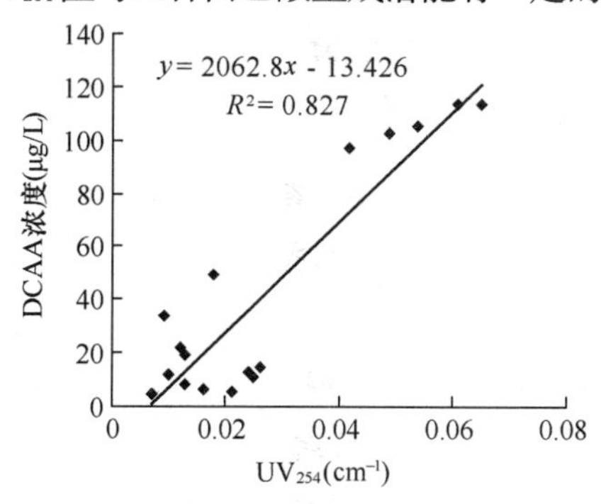

图 7-6 不同分子量区间有机物生成的 DCAA 浓度与 UV_{254} 的相关性

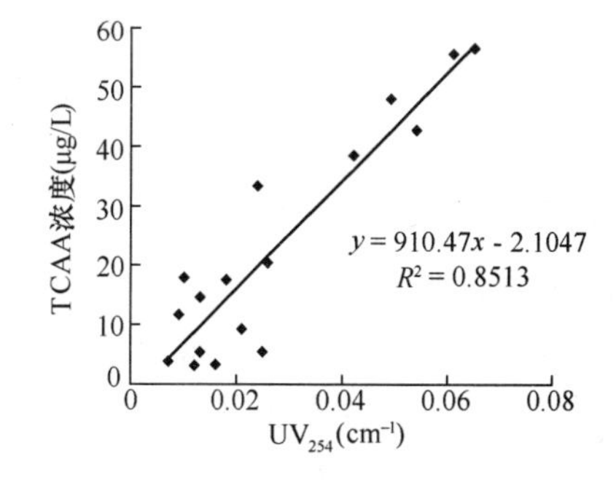

图 7-7 不同分子量区间有机物生成的 TCAA 浓度与 UV_{254} 的相关性

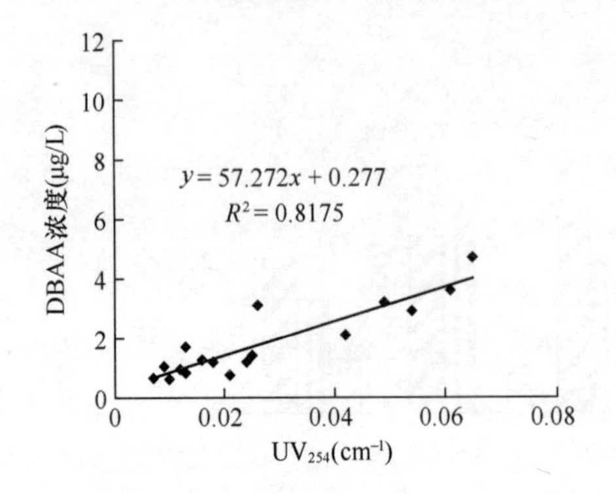

图 7-8　不同分子量区间有机物生成的 DBAA 浓度与 UV_{254} 的相关性

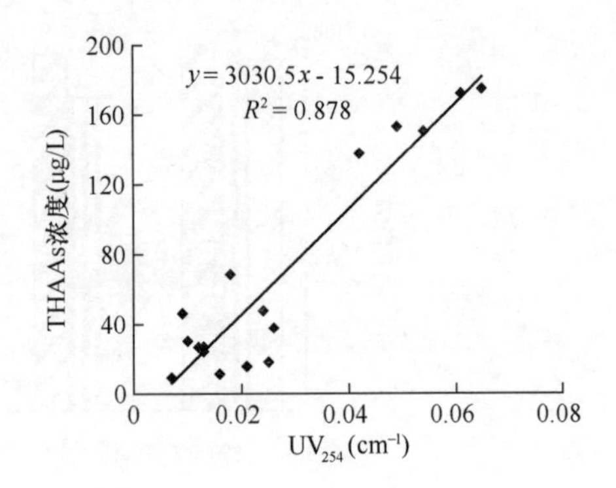

图 7-9　不同分子量区间有机物生成的 THAAs 浓度与 UV_{254} 的相关性

将 UV_{254} 与总卤乙酸(THAAs)进行拟合，见图 7-9，相关系数 R^2 为 0.88，可见 UV_{254} 与臭氧-生物活性炭工艺处理后的黄浦江原水卤乙酸生成潜能有较好的相关性。

图 7-10 为微曝气活性炭工艺中，卤乙酸生成潜能(HAAFP)的变化。

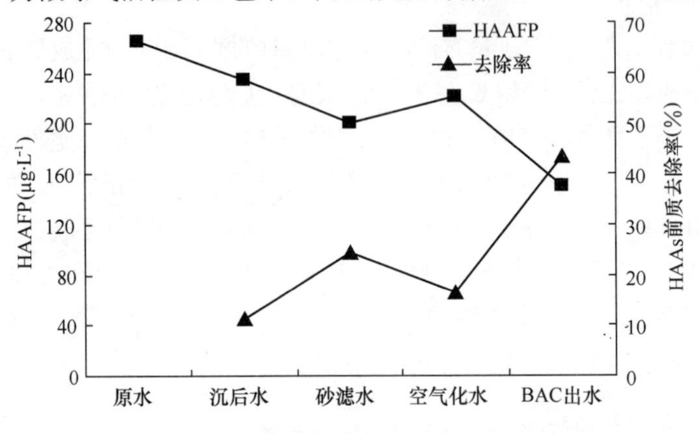

图 7-10　HAAFP 在微曝气活性炭工艺中的变化

从图 7-10 可以看出，原水经过混凝沉淀处理，对卤乙酸生成潜能也有一定的去除作用，去除率达到 11.3%；经砂滤池后水的卤乙酸生成潜能进一步降低；臭氧化对卤乙酸生成潜能表现出很好的去除效果，去除率达到 59.33%；生物活性炭对卤乙酸生成潜能也表现出较好去除效果，去除率达到 67.95%，由此可见微生物降解和活性炭吸附的协同作用可以有效去除 HAAFP。

7.2.4　臭氧投加量对卤乙酸生成潜能去除的影响

试验(原水水温为 30.8℃，pH 值为 7.21)结果见图 7-11，当臭氧投加量为 2.0mg/L 时，臭氧处理后水中的卤乙酸生成潜能大幅度降低，下降幅度达到了 46.58%；当臭氧投加量提高到 3mg/L 时，卤乙酸生成潜能的去除率达到 59.33%；但当臭氧投加量到 4mg/L 时，去除率为 51.59%，反而有所降低。

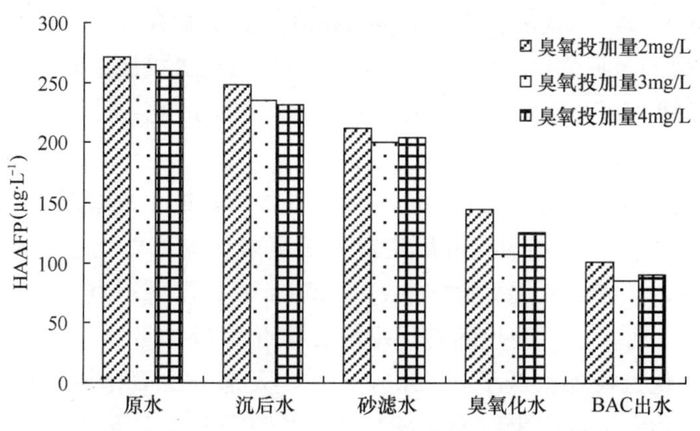

图 7-11　臭氧投加量对去除卤乙酸生成潜能的影响

综合以上试验结果，说明在试验水质条件下，较低的臭氧投量(2.0mg/L)就对卤乙酸生成潜能有较好的去除效果，并且随着臭氧投量的增加，去除效果不断提高，但当臭氧投量达到 4.0mg/L 时，对卤乙酸前体物的去除效果开始有所降低，不过仍然保持在较高水平。

7.3　生物活性炭池出水的 ClO_2 消毒效果

二氧化氯可作为氯消毒剂的替代品，但二氧化氯和水中有机物反应生成的亚氯酸盐对人体的血红细胞有一定的破坏力。二氧化氯消毒的另一种无机副产物是氯酸盐，目前还没明确的毒理学证据说明其对人体的影响。氯酸盐的产生一般控制在二氧化氯投加前，即控制亚氯酸钠和盐酸的反应条件，使得带入水体的氯酸盐离子浓度尽量小；而亚氯酸盐浓度则可通过降低二氧化氯的投加量和待处理水中有机物的含量来控制。

针对黄浦江微污染水源，试验时将臭氧－生物活性炭与二氧化氯消毒联用，臭氧－生物活性炭工艺可降低水中的有机物含量和细菌病毒数量，然后向炭池出水中投加二氧化氯进行二次消毒，通过水中残余的细菌总数、大肠杆菌数和亚氯酸盐浓度可以衡量最佳二氧化氯投加量。

应用不同二氧化氯投加量消毒 30min 后，水中细菌总数和大肠杆菌数见表 7-5。

O_3-BAC出水经二氧化氯消毒30min后的杀菌效果　　　　表7-5

ClO_2投加量(mg/L)	0.22	0.37	0.55	1.13	2.65	5.53
细菌总数(个/mL)	72	17	9	3	0	0
大肠杆菌数(个/L)	3	<2	<2	<2	<2	<2

由表7-5可知，二氧化氯的灭菌能力很好，投加量在0.22mg/L以上水中的细菌总数和大肠杆菌数均能达标。因此，选择二氧化氯投加量时应从能在管网中24h后仍能维持0.05mg/L以上的余氯量考虑，在满足此条件下尽量选择小的投加量，以减少亚氯酸盐的生成。

二氧化氯按不同量投加反应30min后，亚氯酸盐的生成情况见图7-12。

由图7-12可知，消毒30min后生成的亚氯酸盐的浓度随着二氧化氯投加量的增加而增加，且在二氧化氯投加量为0.55mg/L处出现折点。二氧化氯投加量小于0.55mg/L时，亚氯酸盐的转化率较二氧化氯投加量大于0.55mg/L时高。这是因为二氧化氯投加量低于0.55mg/L时，大部分二氧化氯与臭氧-活性炭滤后水中的有机物发生反应生成亚氯酸盐；而二氧化氯投加量大于0.55mg/L时，水中能与二氧化氯反应的有机物已基本被反应完，此时生成的亚氯酸盐大部分是剩余的二氧化氯自身衰减而得，因此亚氯酸盐的转化率降低。这说明在将二氧化氯应用于臭氧-生物活性炭滤后水消毒时，若要保持一定的剩余二氧化氯，二氧化氯的投加量以大于0.55mg/L为宜。

消毒后出水中余氯的多少直接关系到给水管网系统能否维持消毒能力，因此分析二氧化氯消毒后的余氯量至关重要。图7-13为不同投加量的二氧化氯经过30min反应后，水中剩余的二氧化氯以及余氯量随投加量的变化。

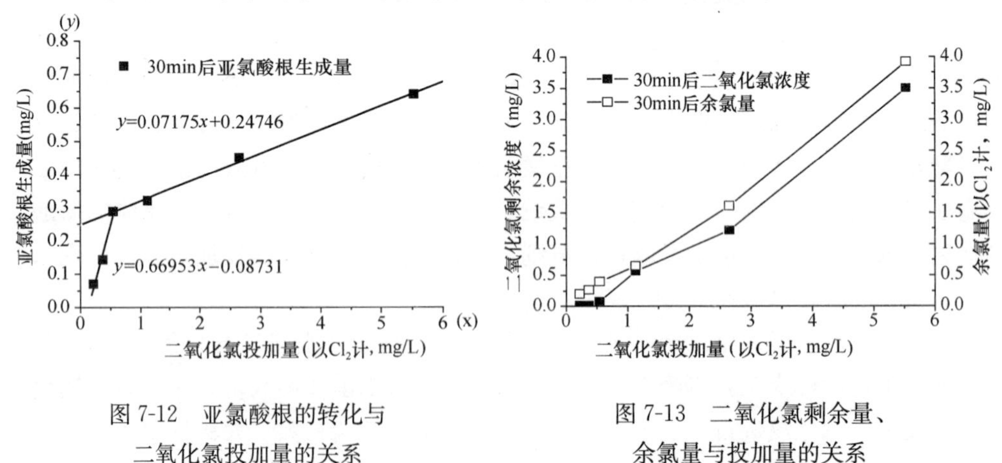

图7-12　亚氯酸根的转化与二氧化氯投加量的关系

图7-13　二氧化氯剩余量、余氯量与投加量的关系

相同二氧化氯投加量下，余氯量总比剩余二氧化氯量高，这是因为二氧化氯的有效氯浓度是氯的2.63倍。余氯和剩余二氧化氯浓度随着二氧化氯投加量的增加而增

加；且消毒反应 30min 后，余氯量总是占二氧化氯投加量(以有效氯计)的 22%以上；二氧化氯投加量为 0.55mg/L 时，余氯为 0.4mg/L。

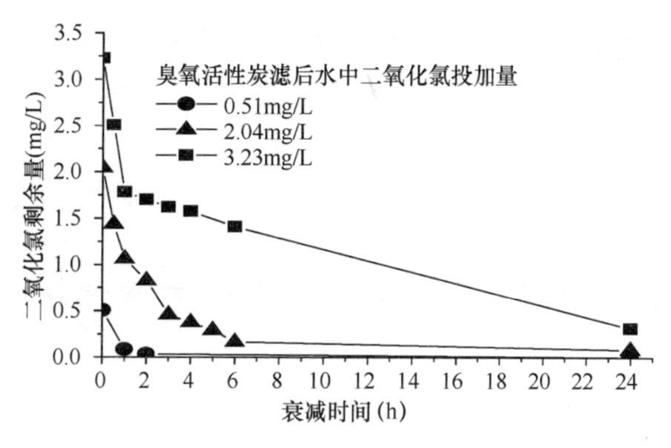

图 7-14 二氧化氯随反应时间的衰减情况

观测二氧化氯在臭氧-生物活性炭池出水中 24h 的衰减以及最终的余氯量，可以选择二氧化氯投加量。试验时，二氧化氯投加量分别为 0.51mg/L、2.04mg/L、3.23mg/L，研究 24h 内二氧化氯的衰减以及亚氯酸盐的生成情况，结果见图 7-14。图 7-15 表示不同二氧化氯投加量下亚氯酸盐的生成量。

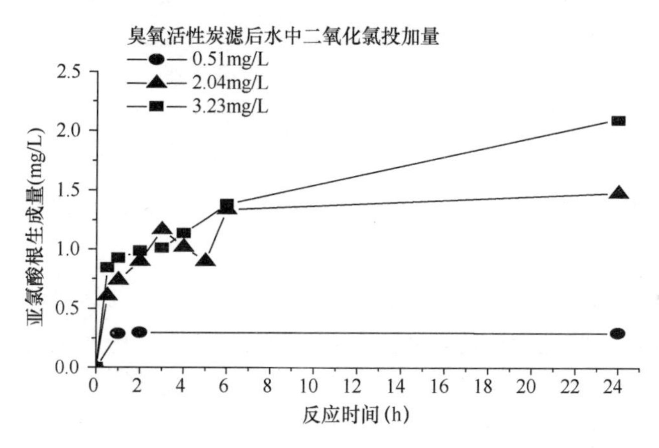

图 7-15 亚氯酸盐随反应时间的生成情况

试验结果表明，二氧化氯随反应时间延长而减少，反应前期衰减较快，后期衰减速率趋向平缓；二氧化氯投加量越大，快速衰减所需时间就越短，投加量为 3.23mg/L 时，二氧化氯基本在 1h 内快速衰减，之后衰减趋向平缓，而投加量为 2.04mg/L 时，在 6h 内衰减速率都较快。

图 7-15 显示，亚氯酸盐随反应时间延长而增加，且二氧化氯投加量越大，单位时间内生成的亚氯酸盐越多。二氧化氯投加量为 0.51mg/L、2.04mg/L、3.23mg/L 时，经过 24h 衰减后，亚氯酸盐的转化率分别为 58.3%、72.4%、65.1%，而余氯量(以 Cl_2 计)分别为 0.046mg/L、0.08mg/L、0.50mg/L。

从图 7-14 和图 7-15 可见，使用二氧化氯消毒的臭氧-生物活性炭滤池出水，在 24h 内要在管网末梢仍残留 0.05mg/L 以上的余氯，同时为尽量减少亚氯酸盐的生成，二氧化氯的投加量宜为0.6mg/L。

综上可得出结论：黄浦江原水经臭氧-生物活性炭处理后，其滤后水用二氧化氯消毒时的最佳投加量为0.6mg/L，能使24h后管网出水的余氯量维持在0.05mg/L以上，且出水细菌总数和大肠杆菌数达标，生成的亚氯酸盐浓度约为0.36mg/L。

7.4　长江原水臭氧化工艺中溴酸根的生成

黄浦江和长江是上海的两大水源地。近年来由于黄浦江上游水质改善的效果不佳，以及考虑到未来几年用水量需求的持续增长，目前位于长江口的青草沙水库已开始运行。由于水源地处入海口，咸潮入侵一直是长江水源的一个主要问题，加之全球天气变暖，上游冰川消失严重，伴随降雨量减少，使得水量来源不稳定；另外，2007年声势浩大的南水北调一期工程也开始调水。可以预计，水量减少可能使长江水源地在不久的未来面临规模更大、时间更长、次数更频繁的咸潮入侵。

在盐度为34.8‰的海水中溴离子浓度约为65mg/L。因此相对于地表水中平均几十个μg/L的水平而言，即便海水入侵不是很严重，扩散导致的溴离子浓度也是比较高的。本调查发现在2006年11月～2007年5月期间以陈行水库为水源的水厂原水中溴离子含量在114.5～183.4μg/L(每月取样2次)。而相对的，黄浦江水源水厂的原水取自经45km管道输送的上游，可能受咸潮的影响不大，因此溴离子含量较低，有时未检出。

仅仅考虑O_3-Br^--NOM之间的反应，已经相当复杂。这还不包括水中其他可与臭氧反应的还原性物质比如Mn^{2+}等。臭氧溶解于水中非常的不稳定，O_3分解产生羟基自由基(OH·)，并进而引发自分解链式反应。羟基自由基和臭氧都具有强氧化性，与溴离子及溴中间产物反应，最终形成溴酸根。一般认为，从溴离子(Br^-)到溴酸根(BrO_3^-)，其反应路径主要是以下3条：

(1)直接O_3氧化

$$Br^- \xrightarrow{O_3} HOBr/OBr^- \xrightarrow{O_3} BrO_2^- \xrightarrow{O_3} BrO_3^-$$

(2)间接-直接氧化

$$Br^- \xrightarrow{OH^-} Br^- \xrightarrow{O_3} BrO^- \xrightarrow{\text{歧化反应}} BrO_2^- \xrightarrow{O_3} BrO_3^-$$

(3)直接-间接氧化

$$Br^- \xrightarrow{O_3} HOBr/OBr^- \xrightarrow{OH^-} OBr^- \xrightarrow{\text{歧化反应}} BrO_2^- \xrightarrow{O_3} BrO_3^-$$

以上3条路径，第1条直接氧化，每一步都以臭氧为氧化剂；第2条和第3条不同之处在于初始阶段引发的氧化步骤不同，形成OBr^-后二者路径一致，均靠歧化反应和臭氧最终氧化形成了溴酸根。值得一提的是这3条路径为目前比较统一的研究成果，并没有考虑到其他自由基如 $CO_3\cdot$ 的作用，但有关 $CO_3\cdot$ 的反应研究尚不完整，故这里未列出。

纯水体系中 NH_3、pH 对臭氧氧化溴离子的影响报道的比较多。但是不同原水天然有机物 NOM 的特性不尽相同，而 O_3、$OH\cdot$、$CO_3\cdot$、$HOBr/OBr^-$ 均同原水中的有机物发生反应，因此任何一个水质因素的变化都将对整个体系中各个可能的反应产生不同程度的影响。

关于溴酸根(BrO_3^-)在臭氧工艺中的生成机理，相关文献较多且结论基本明确。但是对于长江和黄浦江原水使用臭氧后溴酸根的生成情况，相关研究较少。2010 年上海中心城区都要使用青草沙水库的长江原水，且臭氧-生物活性炭工艺已被初定为主要深度处理工艺之一。因此本章实验的主要目的是：调查长江和黄浦江中的溴离子含量，研究二者原水在臭氧作用后溴酸根(BrO_3^-)的生成情况；小试试验得到长江水水质、臭氧含量、双氧水投量等因素对臭氧消耗和溴酸根生成量的影响结果。

7.4.1　黄浦江和长江原水中溴酸根在臭氧化过程中的形成

臭氧在水中的分解是一系列的链式反应，仅从表观分析，臭氧在水溶液中的分解可近似的用一级反应速率方程表示。本试验的结果也表明在蒸馏水、黄浦江原水及长江原水中臭氧分解均可用一级反应速率方程表示(见图 7-16 和表 7-6)，相关系数 R^2 在 0.93 以上(本论文中所有数据计算均使用 Origin 软件内置数据拟合模块，后续章节中不再赘述)。依照一级反应方程：

$$C_t = C_0\exp(-kt) \tag{7-1}$$

式中，k 表示臭氧在水中分解速率常数，为所求斜率的绝对值(表 7-6)，C_0 为溶液中初始臭氧浓度，C_t 为 t 时间溶液中臭氧浓度。则半衰期 $t_{1/2}$ 通过式(7-2)可求得：

$$t_{1/2} = \ln 2/k \tag{7-2}$$

试验数据计算得到臭氧蒸馏水的半衰期为 22min 左右，和文献一致。添加溴离子 Br^- 后由于会同臭氧发生氧化还原反应，起到消耗作用，因此在蒸馏水和黄浦江水中添加溴离子后臭氧减少速率略加快(黄浦江水 $t_{1/2}$ 从 10min 降到 9.2min，蒸馏水 $t_{1/2}$ 从 23.0min 降到 22.9min)。因相对于臭氧来说毫克级的溴离子的含量较少，降低并不明显，在允许误差的范围内。研究表明，pH 对臭氧分解的影响也很大，碱性条件下羟基自由基($OH\cdot$)的浓度更高，加速了臭氧分解。黄浦江水的 pH 略高于长江原水，但是由于试验用水按原水：纯水=1：1 配制并加入磷酸根缓冲溶液，所以推测 pH 的影响较小。而长江原水中臭氧 $t_{1/2}$ 约比黄浦江水高 20%。有机物消耗臭氧及羟基自由基，黄浦江水中的 TOC 和高锰酸盐指数约为长江水中的 2 倍以上，因此本实验中有机物是影响臭氧消耗的主要原因。

无一例外，的在所有含溴离子的溶液中均产生了溴酸根。蒸馏水中生成溴酸根的曲线和原水中不大相同：前者随臭氧浓度的降低不断升高，前期和后期的速率相差不大；而原水中溴酸根的生成主要是在前10min，后期增加的速度比较缓慢。这可能与水中残余臭氧浓度有关。Siddiqui 和 Amy 以及 Kruitof *et al* 等人曾指出存在某一限值，当臭氧含量低于此值时溴酸根形成速度很慢，试验中的

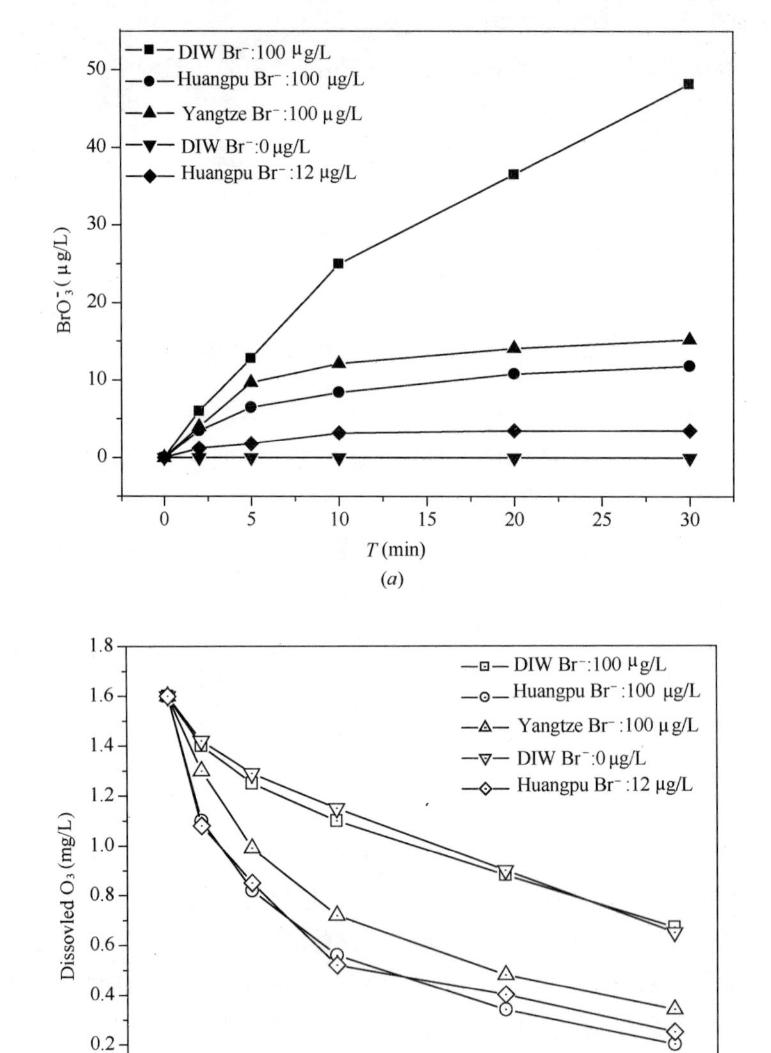

图7-16　不同原水水质背景臭氧氧化过程中溴酸根的生成和臭氧的衰减情况

(*a*)溴酸根的生成；(*b*)臭氧的衰减

Meuse 河流(含 TOC 2.4mg/L)的臭氧投加限值为 1mg/L 左右。从图 7-16 中可见，试验开始 10min 后，黄浦江水和长江水中的残余臭氧量不足 0.8mg/L，而蒸馏水中 30min 后还保持在 0.8mg/L 以上。说明可能只有满足一定的臭氧浓度才能较迅速的生成溴酸根。

由于黄浦江水中溴离子含量较小，有机物较多，溴酸根的生成量较小，30min 后为 3.5μg/L，前期数据低于可靠检测限但为显示完整曲线仍在图中标出。考虑到有些黄浦江水样中甚至检测不到溴离子，因此目前看来溴酸根超标的风险是很小的。而长江水中溴离子含量较高，有机物也比较低，相应的溴酸根形成量较高，30min 后为 15.2μg/L，已超过国家生活饮用水标准(GB 5749—2006) 10μg/L 的限值规定。

本试验原水取自水厂原水取样管，大半年的调查均显示溴离子含量在 100μg/L 以上。近年来长江口咸潮入侵日趋频繁，水厂原水中溴离子的问题必须得到重视。因此，本试验将对长江原水在臭氧化过程中溴酸根的形成做详细和系统的研究。

不同原水水质背景下臭氧衰减伪一级反应方程拟合结果　　表 7-6

原　水	斜　率	标准误差	R^2	$t_{1/2}$(min)
黄浦江原水(Br^- ：100μg/L)	−0.07554	0.006	0.96326	9.2
长江原水(Br^- ：100μg/L)	−0.05692	0.00425	0.96745	12.2
蒸馏水(Br^- ：0μg/L)	−0.0302	0.00114	0.99153	23.0
黄浦江原水(Br^- ：12μg/L)	−0.069	0.00731	0.93625	10.0
蒸馏水(Br^- ：100μg/L)	−0.03031	0.00172	0.98102	22.9

7.4.2 长江原水臭氧氧化形成溴酸根的影响因素

1. NH_3的影响

地表水中氨氮的量(以 N 计)一般小于 1mg/L。氨氮可以和水中的氧化剂如氯反应生成氯胺，也能够和 O_3反应直接氧化成 NO_3^-，见式(7-3)。

$$4O_3+NH_3 \longrightarrow NO_3^-+H^++H_2O+4O_2 \quad k=20L/(mol \cdot s) \tag{7-3}$$

相对于臭氧和溴离子的反应速率 160L/(mol・s)，也有说 258L/(mol・s)，式(7-4)，这个速度是比较慢的。研究表明，硝酸根主要不通过该路径生成，而是以溴离子为催化剂，通过如下途径完成：

$$O_3+Br^- \longrightarrow O_2+OBr^- \quad k=160M^{-1}s^{-1} \text{ 或 } 258L/(mol \cdot s) \tag{7-4}$$

$$HOBr \rightleftharpoons H^++OBr^- \qquad pKa=8.86$$

$$HOBr+NH_3 \longrightarrow H_2O+NH_2Br \quad k=8\times10^7 L/(mol \cdot s) \tag{7-5}$$

$$O_3 + NH_2Br \longrightarrow 2H^+ + NO_3^- + Br^- + 3O_2 \qquad k = 40L/(mol \cdot s) \quad (7\text{-}6)$$

这样溴离子通过式(7-4)～式(7-6)催化 O_3 氧化 NH_3 完成了一个循环，可以看到其中的限制步骤是最后一步式(7-6)，但速率也比直接氧化高了一倍。排除其他可能的少量 NH_3 和 N_2 挥发因素，此为水中 NH_3 在臭氧氧化过程中的主要变化路径。由于 $HOBr/OBr^-$ 是直接氧化和间接氧化路径中的一个环节。因此相当于水中的 NH_3 和 O_3 共同来竞争 $HOBr/OBr^-$，BrO_3^- 形成受到了一定程度的抑制。当然，以上只是简化的反应体系，其他的一些例如一溴胺(NH_2Br)与有机物的反应等机理和产物尚不清楚。另外，作为溴酸根生成的第三个途径间接－直接氧化，NH_3 也有一定的抑制作用。NH_3 可以作为 OH·捕捉剂(10^8 L/(mol·s))。因此总的说来，在理论上 NH_3 可以有效抑制住水中溴酸根的生成，在一些研究中也验证了此观点。

在我们的试验中，长江原水中原本就有 0.6mg/L NH_3-N(1∶1 配制后试验用水是 0.3mg/L)，投加 1mg/L NH_3-N 以后达到 1.3mg/L NH_3-N。加入 NH_3 后臭氧半衰期由 13.4min 降到了 9.1min，说明了 NH_3 对于臭氧的消耗具有一定作用。同样的蒸馏水加了 0.3mg/LNH_3-N 以后降至 16.9min。

由图 7-17 和表 7-7 可见，添加了 0.3mg/L 氨氮可以极大抑制蒸馏水中溴离子被臭氧氧化成溴酸根，因为溴离子只有 100μg/L，而氨氮 0.3mg/L 是过量的。比较长江水的两条曲线，1.3mg/L 氨氮和 0.3mg/L 氨氮相比溴酸根的生成量减少不大，抑制作用有限，特别是在前期更加不明显，后期的变化可能主要是因为臭氧浓度的减少造成的。这说明了：(1)少量的 NH_3 即可抑制原水中溴酸根的形成，之后继续投加抑制作用不明显(30min 生成量仅从 15.2μg/L 降至 12.5μg/L)，由于一般原水中均有 mg/L 级的 NH_3－N，若水厂采用预加 NH_3 作为防止溴酸根生成的手段，可能是不经济的；(2)羟基自由基是臭氧自分解的催化剂，NH_3 消耗了一定的 OH·(10^8 L/(mol·s))，可以延长 O_3 的半衰期，不过由于氨氮本身也消耗臭氧，这种消耗催化剂的作用没有显示出来。

试验表明 NH_3-N 不能完全抑制住溴酸根在臭氧氧化过程中的形成。理论上看，HOBr 与 NH_3 反应速率是 $k=8\times10^7$ L/(mol·s)式(7-5)，远大于 OBr^- 被 O_3 氧化成 BrO_2^- 的速度($k=100\pm20$L/(mol·s))，可以屏蔽直接氧化途径。但是 HOBr 和 OBr^- 与 OH·的反应速度分别是 2×10^9 L/(mol·s)和 4.5×10^9 L/(mol·s)，分别是 HOBr 与 NH_3 反应速率的 25 倍和 56.2 倍，另外间接－直接途径中的第一步，Br^- 通过 OH·氧化成 Br·的速率为 1.06×10^8 L/(mol·s)，所以要获得良好的屏蔽效果，NH_3 投加量必须较大。本试验也揭示了在长江原水中 0.8mg/L 的氨氮浓度背景下，投加氨氮抑制臭氧氧化过程中溴酸根形成的效果并不明显，应采取降低臭氧投加量等其他办法来进行。

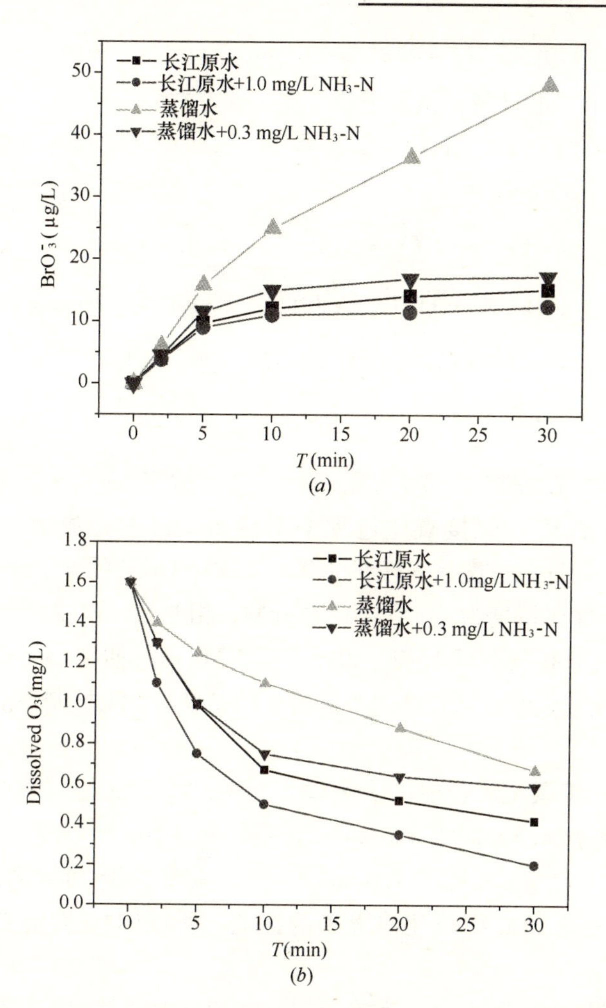

图 7-17 氨氮对臭氧氧化过程中溴酸根生成和臭氧衰减的影响

(*a*)溴酸根生成；(*b*)臭氧衰减

原水加氨后臭氧衰减伪一级反应方程拟合结果对比 **表 7-7**

原 水	斜 率	标准误差	R^2	$t_{1/2}$(min)
长江原水	－0.05187	0.00578	0.9299	13.4
长江原水＋NH_3－N1mg/L	－0.07624	0.00743	0.94554	9.1
蒸馏水	－0.03031	0.00172	0.98102	22.9
蒸馏水＋NH_3－N0.3mg/L	－0.04101	0.00615	0.87871	16.9

2. 碱度的影响

本试验通过投加 Na_2CO_3 调节原水中碱度的大小(以 $CaCO_3$ 表示)来考查碱度

对臭氧氧化过程的影响。原水碱度为49.5mg/L$CaCO_3$。投加后pH发生微小变化，通过HCl和NaOH稀溶液调节稳定在7.3左右。

原水中普遍存在CO_3^{2-}/HCO_3^-缓冲体系。这两种物质都是羟基自由基的捕捉剂，见式(7-7)～式(7-9)。

$$CO_3^{2-} + OH\cdot \longrightarrow CO_3^-\cdot + OH^- \quad k = 8.5 \times 10^6 L/(mol \cdot s) \tag{7-7}$$

$$HCO_3^- + OH\cdot \longrightarrow HCO_3\cdot + OH^- \quad k = 4.0 \times 10^8 L/(mol \cdot s) \tag{7-8}$$

$$HCO_3\cdot = CO_3^-\cdot + H^+ \quad pKa = 8.0$$

$$CO_3^-\cdot + OBr^- \longrightarrow CO_3^{2-} + BrO\cdot \quad k = 4.3 \times 10^7 L/(mol \cdot s) \tag{7-9}$$

CO_3^{2-}/HCO_3^-在捕捉了OH·的同时，又生成了CO_3^-·，氧化OBr^-生成BrO·。完成了直接一间接氧化过程中本应由OH·完成的一步。注意看到HCO_3^-和OH·的反应速度是NH_3的4倍，原水中CO_3^{2-}的摩尔浓度为98.0/60=1.65mM，N的摩尔浓度为0.6/7=0.086mM，相差20倍左右，所以大部分羟基自由基不大可能直接与NH_3反应。也就是说NH_3通过捕捉OH·抑制间接-直接氧化途径的可能性极小，这符合上节试验中的结果：NH_3抑制溴酸根形成的能力有一定的限度。

在直接一间接氧化途径中，尽管CO_3^{2-}/HCO_3^-形成相应的自由基，但它们氧化OBr^-的速率(4.3×10^7L/(mol·s)，式(3-9))要小于OH·(HOBr：2×10^9 L/(mol·s)，OBr^-：4.5×10^9L/(mol·s))，减弱直接-间接途径的生成效果；同时目前尚未见到CO_3^-·氧化溴离子的报道，所以间接-直接途径可能受到了屏蔽。

从试验结果来看(见图7-18和表7-8)，随着碱度的增加，溶解臭氧的半衰期有规律的增加。碱度为49.5mg/L、112mg/L和320mg/L水样对应的臭氧半衰期是13.4min、16.2min和18.3min。这不难理解，OH·引发O_3自分解的链式反应，减少水溶液中OH·的浓度，从而使O_3更稳定。但是BrO_3^-的形成曲线随碱度的变化程度并不明显，刚开始碱度从49.5mg/L升至112mg/L时，BrO_3^-生成量有所降低，碱度加至320mg/L时又略有升高。总体变化范围不大。这和一些文献的结果不一致。

但文献的结论也不尽相同。Hofman发现碱度从50mg/L升至357mg/L时溴酸根形成浓度随之降低，大约是30%到50%的降低量。他的解释是CO_3^{2-}/HCO_3^-消耗OH·，从而对直接-间接和间接-直接途径产生抑制效果。然而R.G.Song对6种不同NOM的水进行试验均得到了相反的结果，碱度从0.12mg/L升至216mg/L，BrO_3^-的产生量是升高的。理由是：①OH·的反应

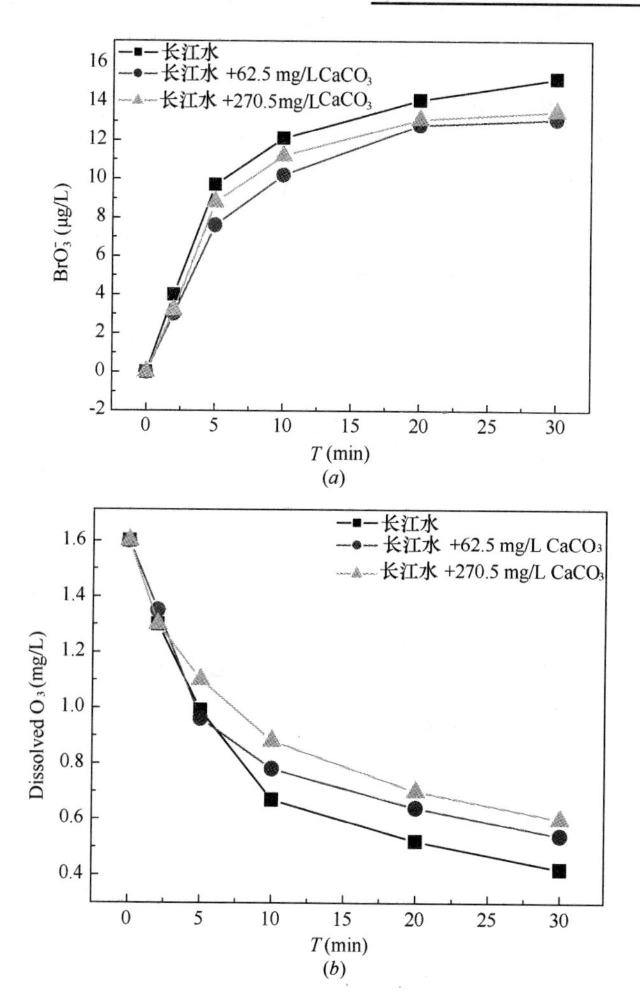

图 7-18 碱度对臭氧氧化过程中溴酸根生成和臭氧衰减的影响

(a)溴酸根生成；(b)臭氧衰减

选择性不如 CO_3^- ·，前者在水中的存在时间小于后者，抵消了后者同 OBr^- 反应速率低于前者的不足；②CO_3^{2-}/HCO_3^- 的存在降低了总有机溴(TOBr)的产生量，提高了无机溴的产生量；③O_3 的半衰期随碱度增加而增加，而残余溶解 O_3 的提高无疑对 3 条路径形成量的提高都有帮助。

综上所述，推测各种机理的相互影响程度不同决定了文献的不同结论。原水有机物的影响是比较重要的，然而其中的反应也是未知的。在本试验中 30min 后 BrO_3^- 的浓度范围是 13.1～15.2μg/L，变化不大。因此针对长江原水，碱度调节对溴酸根在臭氧工艺中的形成影响不大，规律性不明显。但值得一提的是，通常调节碱度，原水的 pH 都会发生变化，而 pH 则比较容易改变臭氧氧化过程的效果，这在下面将会涉及。

原水提高碱度后臭氧衰减伪一级反应方程拟合结果对比　　表7-8

原　水	斜　率	标准误差	R^2	$t_{1/2}$(min)
长江原水	－0.05187	0.00578	0.9299	13.4
长江原水＋62.5mg/L$CaCO_3$	－0.04268	0.00558	0.90557	16.2
长江原水＋270.5mg/L$CaCO_3$	－0.03795	0.00424	0.92938	18.3

3. pH值的影响

通过用HCl和NaOH溶液改变原水的pH值，考查pH对溴酸根生成量和臭氧消耗曲线的影响。由图7-19和表7-9可见，在pH＝6.3～8.7范围内，pH

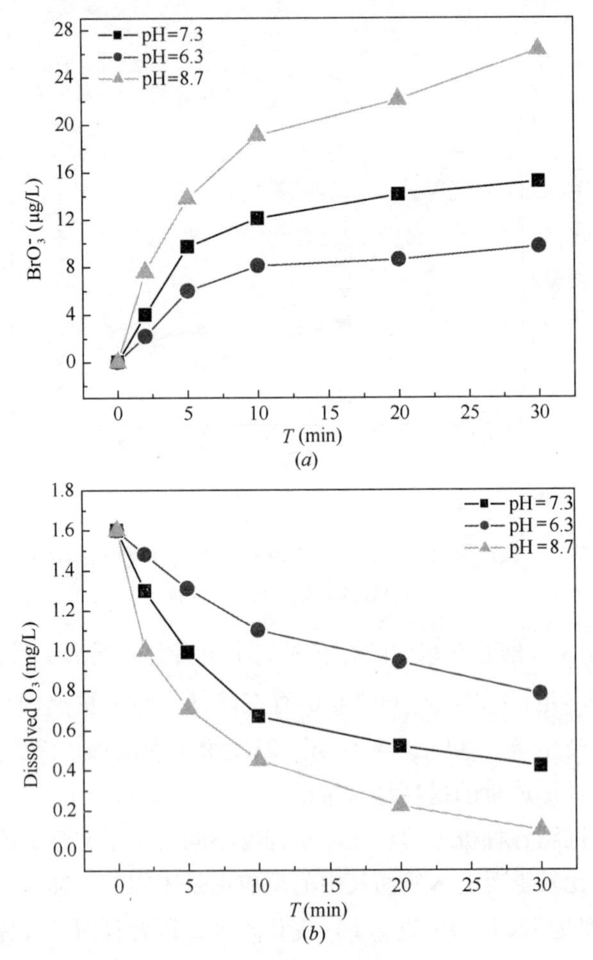

图7-19　pH对臭氧氧化过程中溴酸根生成和臭氧衰减的影响
(a)溴酸根生成；(b)臭氧衰减

升高，O_3稳定性降低，半衰期由26.7min单调递减至8.7min，变动幅度较大。对应的BrO_3^-浓度则随pH升高显著的升高，并且不同于CO_3^{2-}和NH_3的影响，在反应的初期也有很明显的提高作用。

pH是水溶液的一个宏观指标，该指标的变动会引起水溶液中各种物质和反应的变化，例如NH_4^+/NH_3平衡、CO_3^{2-}/HCO_3^-平衡、$HOBr/OBr^-$平衡、NOM电荷状态、O_3的自分解反应等等。若仔细探讨每个反应随pH变动的趋势比较困难，这里仅参考文献选取重要因素和步骤。一般认为，pH升高时$HOBr/OBr^-$比例降低，而OBr^-与OH·形成OBr·的速率($4.5\times10^9L/(mol\cdot S)$)约为HOBr($2\times10^9M^{-1}s^{-1}$)的两倍，因而直接-间接途径溴酸根的生成速率得到提高。同时在碱性条件下O_3自分解加快(图7-19可见)，OH·浓度升高，这也提升了直接-间接和间接-直接两个途径上的形成量。如果考虑到CO_3^{2-}/HCO_3^-对羟基自由基的反应(如上节"pH值的影响"所述)，OH·浓度升高增加了CO_3^-·的浓度，也有利于BrO_3^-通过上述两条途径形成。

此外，在试验原水NH_3-N浓度为0.3mg/L条件下，由于$HOBr/OBr^-$与NH_3反应速度远高于Br^-和O_3形成$HOBr/OBr^-$的速度，因此直接氧化途径基本被屏蔽了。通过该途径生成的溴酸根含量本来就少，所以臭氧加速分解，残余浓度降低也不会对该途径起到大的影响。

不同pH原水中臭氧衰减伪一级反应方程拟合结果对比　　表7-9

原水	斜率	标准误差	R^2	$t_{1/2}$(min)
长江原水pH=7.3	−0.05187	0.00578	0.9299	13.4
长江原水pH=6.3	−0.02596	0.00178	0.96527	26.7
长江原水pH=8.7	−0.09835	0.00638	0.97882	7.0

4. O_3投加量的影响

溶解O_3和Br^-是产生BrO_3^-的前提条件。在一个既定水厂的原水中，一般只能采用离子交换的方法去除溴离子但效果有限，因此溴离子是不大可以调控的。O_3是唯一可以调控的因素，涉及到投加量和投加方式两个方面。在这里因试验手段限制我们仅考虑了臭氧投加量的影响。

从图7-20和表7-10中可以看出，随臭氧投加量增加，其半衰期略有减小。臭氧浓度从0.8mg/L增加至2.5mg/L时，半衰期由17.5min减少至12.9min。可能是因为臭氧浓度增大，其在水中的消耗反应加快所致。

BrO_3^-的生成是随臭氧浓度的增大而明显增大。这不难解释，因为臭氧及其分解的OH·是BrO_3^-形成的必要条件，增大臭氧浓度对水中3条生成路径都有促成作用。分析3条曲线，其中初始臭氧1.6mg/L和0.8mg/L两条曲线在

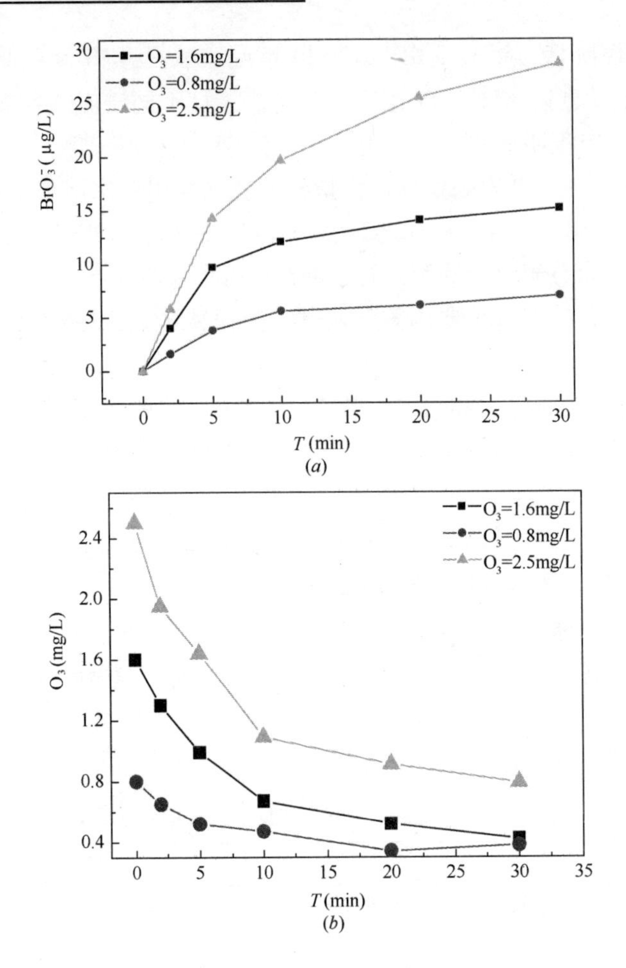

图 7-20 O_3初始浓度对臭氧氧化过程中溴酸根生成和臭氧衰减的影响

(*a*)溴酸根生成；(*b*)臭氧衰减

10min 后继续生成 BrO_3^- 的量比较少，此时二者残余臭氧浓度在 0.67mg/L 以下。而 2.5mg/L 曲线 10min 后仍能够继续形成 BrO_3^-，其残余臭氧量 20min 后还有 0.76mg/L。臭氧初始浓度为 0.8mg/L、1.6mg/L 和 2.5mg/L 三条曲线前 10minBrO_3^-的生成量占总生成百分比量的分别是 80%、80%和 68%。说明溶解臭氧量是重要的影响因素。

这和第 7.3.1 节一致，很可能臭氧须达到一定浓度的时候才能生成 BrO_3^-。文献中也有类似的阐述。Siddiqui 和 Amy 研究了 Meuse 河水臭氧氧化过程中溴酸根的生成现象，发现当 DOC 浓度为 2.4mg/L，pH 在 6.8～7.8 范围内时，臭氧需达到 1mg/L 才能形成溴酸根。因此理论上说如果把总的一次性臭氧投加量分成几个阶段进行投加(单点变成多点投加，总量不变)即可以有效减少溴酸根的形成了。这种通过降低臭氧平均停留时间，降低接触时间 CT 值的办法，国内和国外都有报道。李继等人用一次性投加和连续投加臭氧的方法，发现原水中的 BrO_3^- 的形成总量可以从 19.5μg/L 降到 6.07μg/L。Hoffman 改变三格臭氧接触池中的投加比例，发现可以将 BrO_3^- 的形成总量降低 1/8～1/4。可能此方法的 BrO_3^- 形成量降低程度也和水中有机物的性质有关。值得注意的是，这种方法是否会对有机物的氧化效果产生负面影响，即 CT 值降低是否也降低了有机物的臭氧化反应效果，文献中较少涉及，还有待进一步的研究。

不同初始臭氧投加量条件下原水中臭氧衰减伪一级反应方程拟合结果对比 **表 7-10**

原　水	斜　率	标准误差	R^2	$t_{1/2}$(min)
长江原水 O_3 1.6mg/L	−0.05187	0.00578	0.9299	13.4
长江原水 O_3 0.8mg/L	−0.03954	0.00396	0.9369	17.5
长江原水 O_3 2.5mg/L	−0.05357	0.00515	0.93127	12.9

5. 水温的影响

水温变化对水溶液中大多数反应都有显著的影响。一般水温变化 10℃，阿累尼乌斯速率常数变化 3～4 倍。上海地区一年四季气温变化比较大，因此考查了两个温度点判断水温对 BrO_3^- 在臭氧化过程中形成的影响。

由图 7-21 和表 7-11 可以看到，原水水温降低，溶解 O_3 的分解速率明显减少了，半衰期由 25℃的 13.4min 增加到 10℃的 26.6min，增长了一倍。其他文献中臭氧随温度变化的分解趋势也相同。随温度降低，BrO_3^- 的形成速率也明显减慢了。一方面，温度降低，水溶液中溴酸根相关的反应可能都相应地降低了速率；另一方面，根据文献臭氧自分解速率减慢导致了 OH・浓度降低，而 OH・是直接-间接和间接-直接两条 BrO_3^- 形成途径的中间氧化剂，因而通过这两条途径的 BrO_3^- 生成量得到降低。当然，残余臭氧量提高有利于直接途径中 BrO_3^- 的生成，但正如之前的讨论，在有 NH_3 和有机物等易和 $HOBr/OBr^-$ 反应的原水中，3 条路径中直接氧化途径已经被屏蔽了。因此，在试验的温度范围内，温度升高溴酸根的生成速率也升高，反之亦然。

咸潮入侵主要发生在气温较低的冬季枯水期，导致水中 Br^- 浓度升高，夏天 Br^- 浓度比较小。因此气候因素对控制 BrO_3^- 的生成来说是有利的。实验显示，10℃时 100μg/L 的 Br^- 在初始 1.6mg/L 溶解氧(DO)条件下，生成了 9.1μg/L 的 BrO_3^-，勉强达标。但具体原水水质、Br^- 浓度、臭氧投加量和方式等影响因素与 BrO_3^- 生成量之间的关系可能还有待中试试验进一步确定。

不同水温条件下原水中臭氧衰减伪一级反应方程拟合结果对比　　表7-11

原　水	斜　率	标准误差	R^2	$t_{1/2}$(min)
长江原水25℃	−0.05187	0.00578	0.9299	13.4
长江原水10℃	−0.02609	0.00211	0.9558	26.6

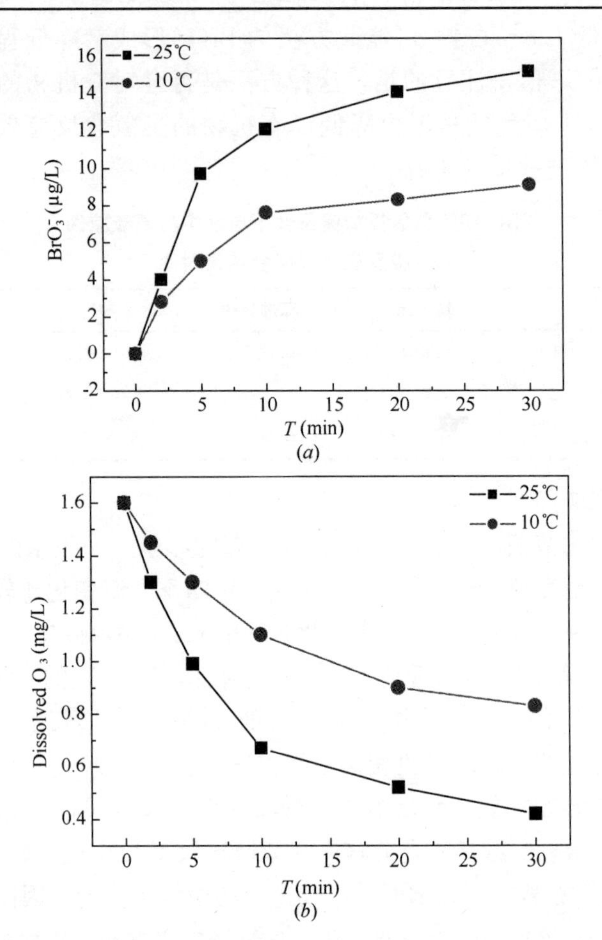

图7-21　水温对臭氧氧化过程中溴酸根生成和臭氧衰减的影响

(a)溴酸根生成；(b)臭氧衰减

6. H_2O_2投加量的影响

$H_2O_2-O_3$是很常见的高级氧化组合工艺，用来强化去除O_3单独氧化效果不佳的物质，比如2,4-D，硝基苯酚等。因此考查了H_2O_2投加量对BrO_3^-在臭氧工艺中形成的影响。试验中H_2O_2的投加量(按H_2O_2/O_3质量比计)从0.05mg/mg到1mg/mg，从原水和H_2O_2同时倒入臭氧纯水溶液中时开始计时。

从图7-22可见，H_2O_2是很好的臭氧分解触发剂，加入剂量为0.05mg/mg，

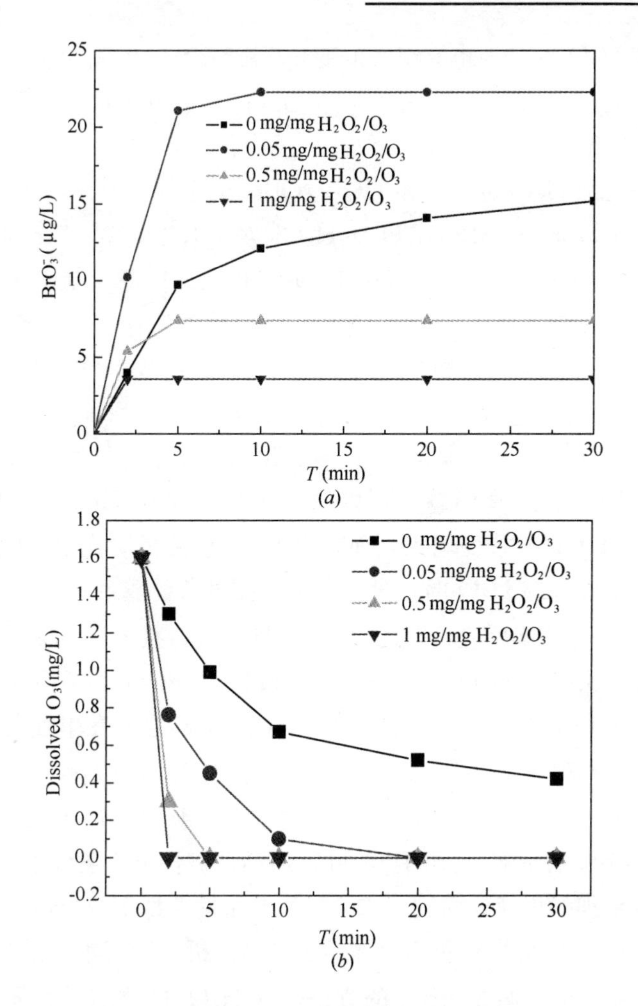

图 7-22 H_2O_2对臭氧氧化过程中溴酸根生成和臭氧衰减的影响

(a)溴酸根生成；(b)臭氧衰减

残余臭氧量在 20min 左右降为零，此后随投加量的升高，臭氧分解速度越来越快，基本前 5min 即分解完毕。这是因为根据 SBH 模型，O_3在水中的自分解链式反应中的 HO_2^- 来自反应式(7-10)：

$$O_3 + OH \cdot \longrightarrow HO_2^- + O_2 \quad k = 70M^{-1}s^{-1} \tag{7-10}$$

该反应速度较慢，而投入双氧水(H_2O_2)后，水解产生 HO_2^-：

$$H_2O_2 \longrightarrow HO_2^- + H^+$$

该反应使得 O_3分解链式反应加快。另一方面，H_2O_2引导的臭氧分解过程中每分解 1 个 O_3分子产生 1 个 OH·，而臭氧自分解每 3 个 O_3分子分解产生 2 个 OH·，因此加入 H_2O_2后 O_3分解加快，OH·瞬时浓度增大，反过来又促进了 O_3分解。BrO_3^-

的生成曲线随H_2O_2的加入也有很大的变化(图7-22)，生成的总时间减少和臭氧的过快分解有关。初始5min的生成趋势在0.05mg/mg和0.5mg/mg时要高于不加H_2O_2，但当加入1mg/mg H_2O_2时，反而初始阶段BrO_3^-的形成量也略降低。值得一提的是H_2O_2也可以和$HOBr/OBr^-$反应。

$$H_2O_2 + OBr^- \longrightarrow Br^- + O_2 + H_2O \quad k = 1.3 \times 10^6 L/(mol \cdot s) \tag{7-11}$$

$$H_2O_2 + HOBr^- \longrightarrow Br^- + O_2 + H_2O + H^+ \quad k = 5.8 \times 10^4 L/(mol \cdot s) \tag{7-12}$$

不过对于已含有NH_3的原水，笔者认为这种屏蔽作用并不会明显。因为如前节讨论，在有NH_3和有机物存在时，它们与中间产物$HOBr/OBr^-$反应，直接-间接和直接氧化两条途径已经得到了屏蔽；剩下不受影响的只有间接-直接途径。由于O_3分子和OH·都是间接-直接氧化途径中不可缺少的氧化剂，这必然涉及到二者之间量的平衡问题。可以这样解释，在0.05mg/mg投加量时，受H_2O_2作用，水中OH·浓度增大，而残余O_3的量又相对充足，因此BrO_3^-产量增加；而加入了过多的H_2O_2时，臭氧分解速度过快，残余O_3的量不足，抑制了间接-直接途径中后几步反应，因此BrO_3^-产量降低。鉴于O_3分解和OH·浓度与水质相关，因此文献中H_2O_2的作用也比较复杂。Ozekin等发现O_3/H_2O_2在pH=6.5的时候形成的BrO_3^-的量要高于pH=8.5。注意到在单独臭氧试验中一般认为pH为碱性有利于BrO_3^-形成，这可能是H_2O_2的存在过快分解O_3所致。

还要说明的是，本实验的pH在7.3左右。由于pH对O_3的衰减也有很大的影响[第(3)节"pH的影响"讨论中]，可以预计在碱性pH条件下，加入H_2O_2后臭氧的分解会更加的迅速，而同样的H_2O_2投加量条件下，BrO_3^-生成量是否会有和图7-22同样的趋势可能仍需具体情况具体分析。假若水厂采用添加H_2O_2作为消除水中残余臭氧、减少BrO_3^-的方法，则H_2O_2的添加量必须在一定的浓度比例之上(本实验中是0.5mgH_2O_2/mgO_3)；但是这种方法也是以削弱臭氧浓度、减小CT值为代价的，所以必须综合考虑水中其他物质的去除效果。

7.4.3 溴酸根生成量预测的简单模型

Von Gunten和Hoigne.J最早提出了"Contact time接触时间"的概念(也写作*ct*)即接触时间(contact time)，称作ozone exposure。他们认为$c\tau$值和溴酸根生成量有一定的近似线性关系，不同原水的斜率不尽相同。

在直接氧化步骤中，这是比较容易解释的。

$$Br^- \xrightarrow{O_3} HOBr/OBr^- \xrightarrow{O_3} OBr_2^- \xrightarrow{O_3} BrO_3^-$$

其中的限制步骤为OBr^-被O_3氧化成BrO_2^-(100L/(mol·s))。其反应式可以大致写为：

$$d[BrO_3^-]/dt = k[O_3][OBr^-] \quad (7\text{-}13)$$

$$d[BrO_3^-] = k[O_3][OBr^-]dt \quad (7\text{-}14)$$

$$\Delta[BrO_3^-] = 100[OBr^-]ct \quad (7\text{-}15)$$

若 $c\tau$ 值和溴酸根生成量呈线性关系，则$[OBr^-]$必须保持为常量，即稳态的中间产物。试验中一般都可以观察到在中期有较好的线性，而在反应的初期和末期线性较差。

对于有羟基自由基加入的反应体系，也能保持大致的线性关系。这可能是因为在低溴离子体系中，羟基自由基的量是足够的，相对于臭氧直接氧化，其反应速度也很快；因此这部分溴酸根生成的限制步骤来自于臭氧分解产生羟基自由基的比例，而该比例和 pH、捕获剂等因素有关。可能正是基于上述考虑，Song R. G. 在 OUT 的计算中引入了比例系数 f'_{OH} 和 f''_{OH}，分别表示各自途径中臭氧分子转化为羟基自由基的比例。

根据 ct 的定义，我们将臭氧变化曲线下对应的面积进行积分。由于臭氧降解基本符合伪一级反应方程。

$$dc/dt = -kt$$

曲线方程为 $c = c_0 \exp(-kt)$

$ct = \int_0^t C_0 \exp(-kt)dt$ 积分变换得到

$$ct = \frac{C_0}{-k}[\exp(-kt) - 1] \quad (7\text{-}16)$$

式中，c_0 为初始溶解臭氧浓度；k 为伪一级反应方程常数，是对数图上数据的线性拟合斜率的绝对值。

将图 7-16 中数据转化计算即可得到 $ct-BrO_3^-$ 关系图。图 7-23 分别为含

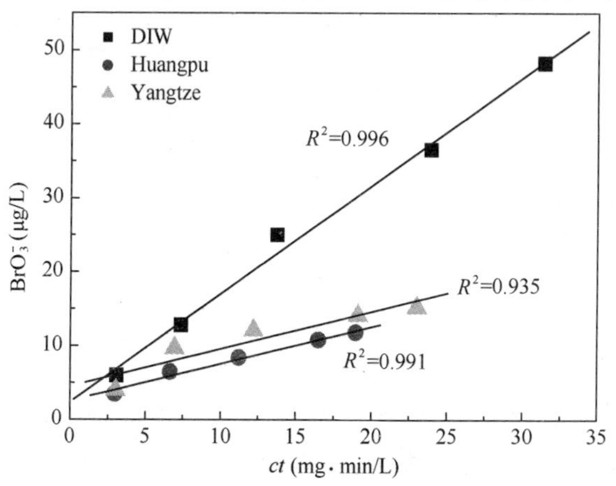

图 7-23 不同水质的原水臭氧氧化过程中 ct 值和溴酸根的线性关系（$[Br^-]$=100μg/L，$[DO_3]_0$=1.6mg/L，25℃）

100μg/LBr^-的蒸馏水(DIW)、黄浦江原水(Huangpu)和长江原水(Yangtze)在25℃时臭氧化过程中的ct-BrO_3^-关系图。图中可见，3种水质均呈良好的线性关系，R^2分别是0.996，0.935和0.991，以蒸馏水的拟合情况最好。

注意到黄浦江原水和长江原水曲线中第一个点在图中偏低，降低了整体的线性拟合结果。原水中臭氧一般存在初期的突降过程，应用阶段拟合较为准确。在本研究中因为测量点偏少，所以用伪一级反应方程拟合臭氧降解过程。在初始阶段，这样计算出的ct值偏大一些，使得图上第一个点右移，造成和后边的点线性不符合的情况。

图7-24～图7-26反映了不同pH、水温和初始臭氧浓度条件下，ct与BrO_3^-之间的关系。大体仍可用线性关系来表示。并且其斜率的大小也间接反映了各种因素增减对溴酸根生成的影响。试验范围内，提高初始臭氧浓度、提高pH值、提高温度均可以增大ct同BrO_3^-之间直线的斜率，表明使用这些方法有利于溴酸根的生成。

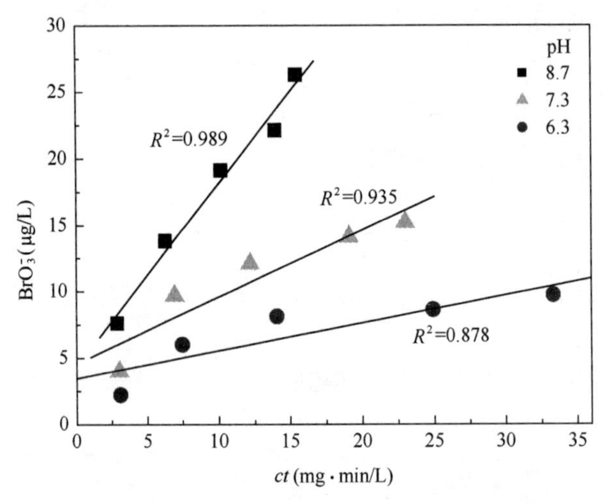

图7-24　pH对长江原水臭氧氧化过程中ct值和溴酸根关系的影响([Br^-]=100μg/L，[DO_3]$_0$=1.6mg/L，25℃)

可以看到，变换臭氧浓度、pH等条件后ct与BrO_3^-线性关系的截距和斜率都有所不同，因此很难提出具体的ct数值为参考标准。但本研究中各曲线仍可为实际原水厂使用臭氧工艺提供参考和借鉴。

SongRG曾提出用OUT指标代替ct作为衡量溴酸根的标准。根据OUT的定义"ozoneutilization"，其计算方法为初始浓度和时间乘积的面积减去ct后的那部分面积。

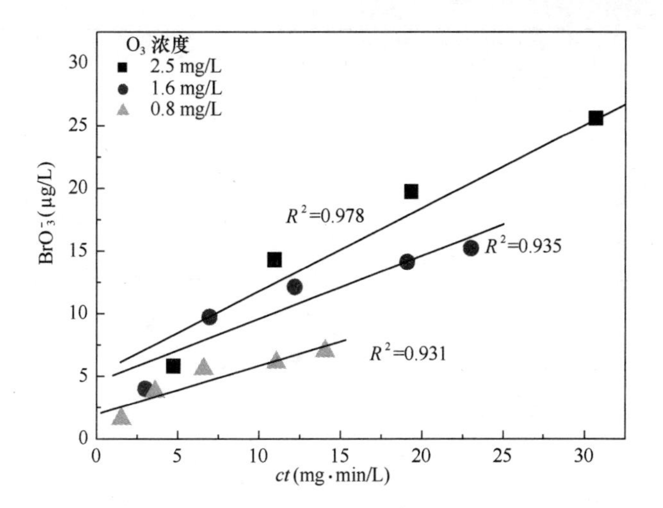

图 7-25　初始臭氧浓度对长江原水臭氧氧化过程中 ct 值和溴酸根关系的影响([Br^-]=100μg/L，pH=7.3，25℃)

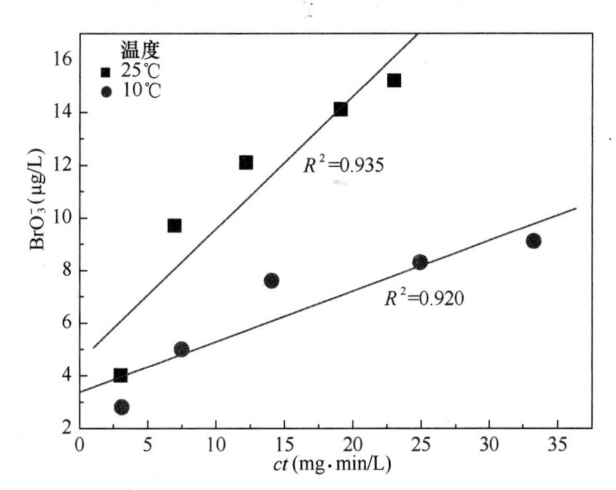

图 7-26　水温对长江原水臭氧氧化过程中 ct 值和溴酸根关系的影响([Br^-]=100μg/L，pH=7.3，[DO_3]$_0$=1.6mg/L)

$$\mathrm{OUT}=c_0t-ct=c_0t-\frac{C_0}{-k}[\exp(-kt)-1] \qquad (7\text{-}17)$$

将图 7-23 中横坐标变换为 OUT，得到图 7-27。

图中可见，和 ct 相比 OUT 与溴酸根产生量的线性关系不明显。在本试验研究中并不适用。

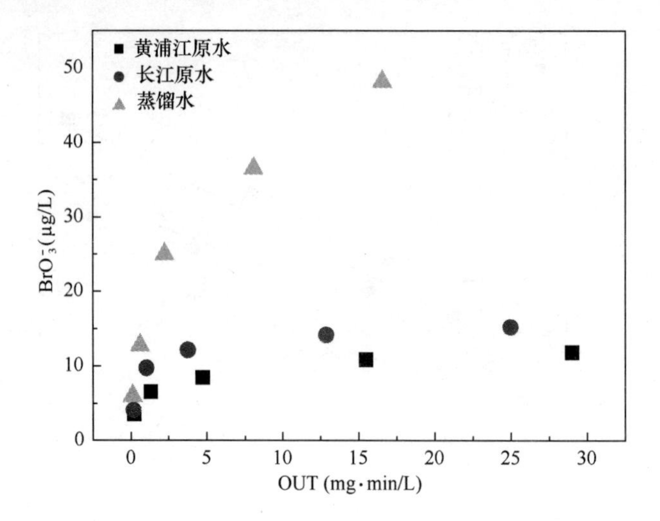

图 7-27　不同水质的原水臭氧氧化过程中 OUT 和溴酸根的关系
（$[Br^-]=100\mu g/L$，$[DO_3]_0=1.6mg/L$，25℃）

第8章　光化学氧化法去除卤乙酸

高级氧化法(AOP)是指水处理过程中以羟基自由基(·OH)为主要氧化剂的氧化过程，因其反应性强且无选择性，可以氧化水中的天然有机物，甚至可无机化为二氧化碳和水。羟基自由基是应用在水处理中的最强氧化剂，其标准氧化还原电位(E^0)为2.8V，而臭氧只有2.07V、二氧化氯为1.50V、氯为1.36V。羟基自由基与水中有机物的反应速率常数在$10^8 \sim 10^{10}$L/(mol·s)之间，而臭氧的氧化反应速率较慢，约为$10^5 \sim 10^8$L/(mol·s)。由于羟基自由基有高的氧化能力和反应性，使高级氧化法可以处理许多难降解污染物，如将臭味化合物和氯化有机物(如土臭素、MIB、酚类化合物)等转化为较少毒性的化合物。高级氧化法可以减少原水的总有机碳(TOC)浓度和三卤甲烷生成潜能(THMFP)，但对卤乙酸生成潜能(HAAFP)的影响报道不多。

高级氧化法是颇有前景的水处理方法，对环境的优点是可较完全的矿化有机污染物，不会生成有机卤化副产物。在去除臭味或氧化卤化污染物如溴酸盐时，高级氧化法比单独用臭氧或其他氧化剂时的效果好。高级氧化法特点是易控制，氧化能力强，二次污染较少，运行灵活。

该法的不足之处在于：水中有溴化物时可以生成溴酸盐离子，其浓度比单独投加臭氧时高；水的pH和碱度高时，硫酸盐和CO_2可和羟基自由基发生反应，会降低高级氧化法的氧化作用，影响处理效果；此外还会生成可生物降解有机碳，将会促使配水管网中的微生物再生长。

饮用水处理工艺中，原水预氯化是自来水厂用于抑制藻类生长，提高后续混凝、沉淀效果的措施。预氯化虽有投加成本低，投加方便，效果明显等优点，但是氯与水中有机物反应会生成三卤甲烷、卤乙酸等有致癌风险的消毒副产物，因此本章将介绍应用高级氧化法进行卤乙酸类消毒副产物处理的试验。

在正常臭氧化条件下，臭氧的浓度比羟基自由基高得多。相反，高级氧化法的设计是有利于生成羟基自由基，促进羟基自由基的氧化。在酸性(低pH值)条件下，臭氧由于其本身的氧化性，进行直接氧化，速度较慢而且有选择性，但在中性和碱性条件下是靠产生·OH而进行间接氧化。从后一角度，虽然臭氧和有机物或无机物的反应有很高的选择性并且反应缓慢，因为它产生了·OH，所以臭氧氧化也可认为是高级氧化法。

到 20 世纪 70 年代，研究人员将 O_3 和 H_2O_2 或 UV 结合起来以产生·OH，发现氧化效果优于 O_3。无论是 O_3 或 O_3-H_2O_2 都可有效地破坏 TOC，不过 O_3－H_2O_2 可产生类似于臭氧氧化时的副产物，如醛、酮、过氧化物、溴酸盐离子和可生物降解有机物。

美国密歇根州从 1994 年开始将光氧化工艺用于处理被有机氯化物污染的地下水，而 Mont－Valerien 水厂采用 O_3/UV 氧化河水中的农药阿特拉津。法国也已在水处理厂中应用 O_3/H_2O_2 和活性炭过滤相结合的工艺。英国、荷兰等国为了去除水中的有机氯，在水厂中增加了 O_3/H_2O_2 净水工艺。

8.1　高级氧化法分类

高级氧化法可分成两类：光化学氧化法和光催化氧化法，前者如 UV/H_2O_2 系统、UV/O_3 系统、H_2O_2/O_3 系统、UV/H_2O_2/O_3 系统等，光催化氧化法则有 TiO_2/UV 系统、TiO_2/O_2/UV 系统、H_2O_2/Fe^{2+} 系统（芬顿试剂）等。其中有些已应用于饮用水和污水处理，有些仍停留在实验室研究阶段。

高级氧化法的性能受到许多因素的影响，如有无·OH 的清除剂、pH、水温、氧化剂剂量和比例、接触时间等。因为·OH 的反应性很强，任何一种高级氧化法都会受到清除剂（碳酸盐、碳酸氢盐、天然有机物）的影响。

8.1.1　UV/H_2O_2 法

UV/H_2O_2 法是将 H_2O_2 投加在 UV 反应器内，其氧化机理如下：

$$H_2O_2 + h\upsilon \longrightarrow 2 \cdot OH \tag{8-1}$$

该法是用波长小于 280nm 的 UV 光辐照含有 H_2O_2 的污染物溶液，通过 H_2O_2 的直接光解得出反应性极强的羟基自由基（·OH）。理论上每吸收 1 个辐照量子可产生 2 个·OH，实际上由于种种限制，产量是 0.5 而不是 2，因为·OH 会消耗在下列基-基重组反应中：

$$\cdot OH + \cdot OH \longrightarrow H_2O_2 \tag{8-2}$$

UV/H_2O_2 可有效去除水中多数脂族和芳族化合物。最佳 H_2O_2 剂量须由试验求出，如所用剂量过高将会降低氧化速率。如水中含 Cu，有利于 H_2O_2 的分解进而提高有机物的氧化速率。但如水中含有碳酸盐和碳酸氢盐离子时，由于其对羟基自由基的清除作用而抑制有机物的氧化。

如式（8-1）所示，紫外光（$h\upsilon$）的作用是使过氧化氢（H_2O_2）离解为 2 个·OH，由于其强的氧化能力，最终可能使有机污染物完全矿化成二氧化碳、水和矿物盐，成为无害物。

8.1.2 H_2O_2/O_3法

H_2O_2和O_3的浓度都会明显影响该法的氧化效率，因为O_3的光解可生成过氧化氢：

$$O_3+H_2O+h\upsilon \longrightarrow H_2O_2+O_2 \tag{8-3}$$

而过氧化氢可以产生·OH。过氧化氢既是·OH的促进剂，又是·OH的清除剂，因此增加H_2O_2-O_3的比例，直到·OH的清除效果达到最大时为止，可以提高H_2O_2/O_3法的氧化效率。

凡是涉及臭氧分解的光化学氧化法，如$H_2O_2-O_3$法和UV$-O_3$法，都可能产生和O_3相似的消毒副产物，如醛、酮和羧酸。水中有溴化物时，也可生成溴化副产物，如溴酸盐、溴仿、溴乙酸、溴乙腈和溴化氰(水中有氨时)。

8.1.3 UV-O_3法

该法的原理是经UV辐射作用将O_3分解生成·OH，以氧化水中的污染物，它可以是臭氧的直接氧化、光分解或·OH的氧化。上述3种光化学氧化法中，以UV-O_3法的·OH产率最高。

UV-O_3法的性能受到O_3和UV剂量比例的影响，·OH的生成量随O_3剂量的增加而增加，直到最佳剂量时为止。一旦超出最佳的O_3剂量范围，O_3光解产生的过量过氧化氢可作为清除剂而降低氧化效率。

本章将讨论应用UV-H_2O_2，UV-H_2O_2-O_3和UV-H_2O_2-微曝气3种光氧化工艺去除卤乙酸(二氯乙酸和三氯乙酸)的效果。

8.2 高级氧化法去除卤乙酸的试验装置

试验的工艺流程如图8-1所示，含卤乙酸的原水间歇加入到容积为25L的不锈钢反应器中。反应器内均匀布置紫外灯管5根，灯管的光照强度见表8-1。循环冷却水是防止在紫外辐照时水温升高，影响处理效果。为保证氧化反应的均匀性，采用循环泵，流量为3000L/h，将溶液不断循环，起到搅拌的作用。曝气装置的曝气头位于反应器的下部，通过曝气使反应液达到供氧和完全混合的效果。臭氧采用循环泵后水射器投加。试验装置如图8-1和图8-2所示。

开启不同数量灯管时的光强　　表8-1

灯管开启数量/根	1	2	3	4	5
光强(μW/cm^2)	183	411	640	843	1048

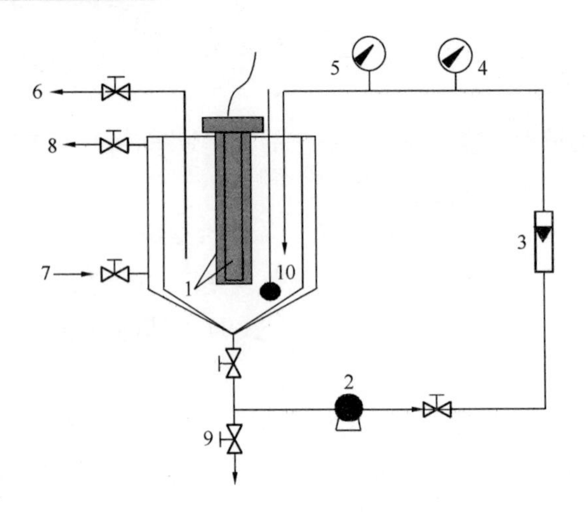

图 8-1　光氧化试验装置图

1—紫外灯光源；2—循环泵；3—流量计；4—压力表；5—温度计；6—取样口；7—循环冷却水进口；8—循环冷却水出口；9—放空阀；10—曝气头

图 8-2　试验装置图

表 8-1 为紫外光强度计所测得的不同数量紫外灯光源开启时的强度，测试点位于反应器上表面的中心位置。

8.3 紫外、臭氧、双氧水降解二氯乙酸效果

8.3.1 紫外降解二氯乙酸(DCAA)

采用自来水配制二氯乙酸溶液，控制紫外光强分别为 411μW/cm² 和 1048μW/cm²，在 25L 的间歇式反应器中进行紫外光照射降解，光照时间 180min，每 30min 取样分析，二氯乙酸浓度随时间的变化如图 8-3 所示。

从图 8-3 中可以看出，反应初始时二氯乙酸浓度为 113μg/L，紫外光强度为 411μW/cm² 时，在前 80min 内二氯乙酸浓度下降速度较快，以后随着光照时间延长趋于平缓，但总体下降幅度不大，当紫外光照射 180min 时，二氯乙酸浓度降为 87μg/L，去除率为 22%；随着紫外光强度增加，紫外光对二氯乙酸的去除效果增强，当紫外光强度为 1048μW/cm² 并光照 180min 时，二氯乙酸去除率增加为 29%。

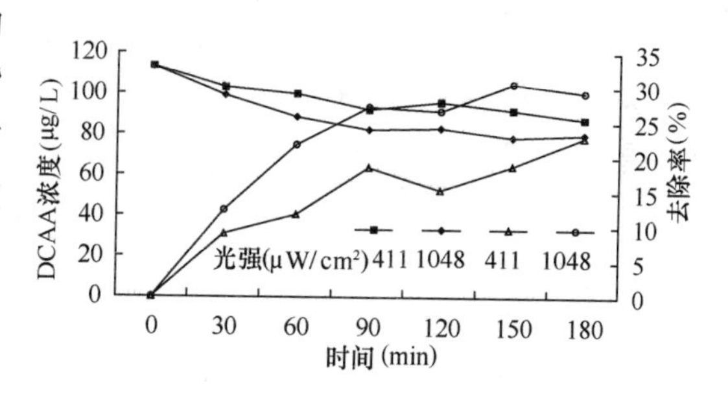

图 8-3 紫外光降解条件下二氯乙酸浓度随时间的变化

从机理分析，紫外照射对物质的降解主要是依靠紫外光子的能量，使物质的电子发生跃迁和转移，1 个分子吸收紫外光的 1 个光子后，在正常情况下会发生跃迁，即从低能量的基态跃迁到高能量的激发态，从而发生化学变化。当紫外辐照二氯乙酸溶液时，二氯乙酸分子吸收紫外光子能量，产生能量跃迁，发生化学变化。在二氯乙酸分子中，存在着一个碳氧共价键，在电磁波谱的紫外区，1 个光子具有能有效地破坏共价键的能量，所以在一定时间紫外辐照后出现二氯乙酸浓度下降的现象；但是通常这种紫外光子的能量并不易被共价键有效吸收，所以对二氯乙酸的去除效果并不是很明显。

8.3.2 双氧水(H_2O_2)降解二氯乙酸(DCAA)

采用自来水配制二氯乙酸溶液，投加双氧水 100mg/L，在 25L 反应器中反应，每 30min 取样分析二氯乙酸浓度，图 8-4 为水样中二氯乙酸浓度和双氧水对二氯乙酸去除率随时间的变化。

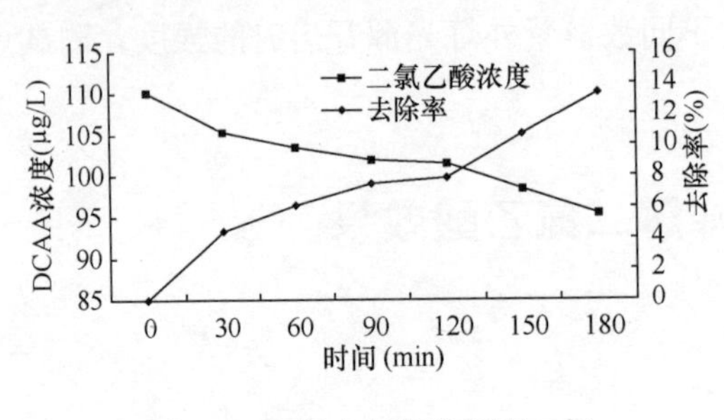

图 8-4 双氧水氧化条件下二氯乙酸浓度随时间的变化

从图 8-4 可见，二氯乙酸浓度呈持续下降趋势，反应 180min 后，二氯乙酸浓度降为 95.43μg/L，去除率仅为 13%。双氧水是由两个 OH 所组成，即结构是 H-O-O-H，过氧化氢分子中氧的价态是－1，它可以转化成－2 价，表现出氧化性，也可以转化成 0 价态，而具有还原性，因此过氧化氢具有氧化还原性。过氧化氢在水溶液中的氧化性由下列电势决定：

$$H_2O_2+2H^++2e \longrightarrow 2H_2O \qquad E^\ominus=1.77V \tag{8-4}$$

$$O_2+2H^++2e \longrightarrow H_2O_2 \qquad E^\ominus=0.68V \tag{8-5}$$

$$HO_2^-+H_2O+2e \longrightarrow 3OH^- \qquad E^\ominus=0.87V \tag{8-6}$$

过氧化氢在酸性溶液和碱性溶液中都是强氧化剂，在酸性溶液中氧化性更强，而氧化反应速率却极慢，在碱性溶液中氧化反应速率很快。当双氧水加入到二氯乙酸溶液中，由于二氯乙酸本身是弱酸性物质，使得双氧水表现出一定的氧化性能，但是双氧水氧化性能并不是很强，氧化还原电位为 1.77V，很难从碳氧共价键或 α 碳原子上得到电子；但随着双氧水和二氯乙酸接触时间的延长，也不排除由于电子的自由运动被双氧水捕获而发生化学变化的可能性，所以如图 8-4 所示二氯乙酸浓度会表现出一定程度的下降，并随着时间的延长，有持续下降的趋势，但是反应速度很慢。

8.3.3 臭氧降解二氯乙酸（DCAA）

配制二氯乙酸溶液，浓度 100μg/L 左右，臭氧投加量为 6.5mg/L，臭氧氧化 180min，每 30min 取样分析二氯乙酸浓度，水样中二氯乙酸浓度及二氯乙酸去除率随时间的变化如图 8-5 所示。

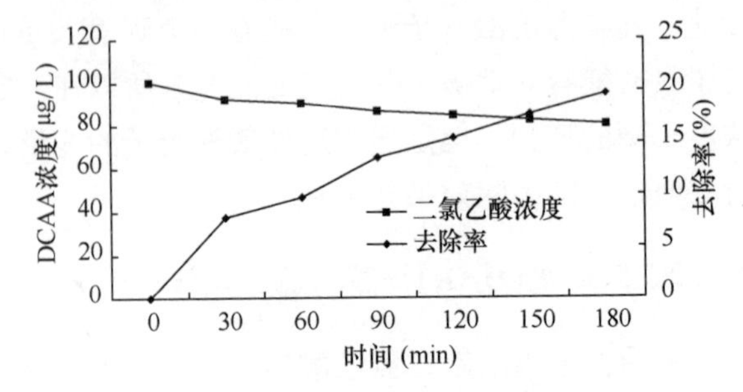

图 8-5 臭氧氧化时二氯乙酸浓度随时间的变化

从图 8-5 中可见，臭氧氧化 180min 后，二氯乙酸由初始浓度 100.18μg/L 降为 80.43μg/L，去除率为 19.71%。

臭氧是一种强氧化剂，其氧化还原电位与 pH 值有关，在酸性溶液中，氧化还原电位为 2.07V，在 pH 值为 5.6～9.8，水温 0～39℃范围内，臭氧的氧化效力不受影响。臭氧分子的结构呈三角形，中心氧原子与其他两个氧原子间的距离相等，在分子中有一个离域 π 键，臭氧分子的特殊结构使得它可以作为偶极剂、亲电试剂及亲核试剂，所以臭氧分子与被氧化物质反应主要为：打开双键，发生加成反应或亲电反应；同时臭氧的自身分解可以导致羟基自由基反应的发生。

二氯乙酸溶液为弱酸性溶液，根据臭氧的羟基自由基发生机理，该反应是受到抑制的，但该溶液的弱酸性又使得臭氧表现出比较强的氧化性能，同时臭氧分子由于其特殊结构能打开双键，发生加成反应或取代电子基团—OH 发生亲电反应；而在二氯乙酸的分子结构中，1 个碳原子与羧基相连，羧基中的双键有的可被臭氧打开发生加成反应，且羧基中的 1 个碳上也连着 1 个电子基团，即－OH，这也为臭氧氧化二氯乙酸提供了可能性，但由于 α 碳原子上得电子基团的氯存在，使得两个碳原子基团的电子云密度降低，增加了臭氧夺取电子、打开碳氧双键的难度，最终因氧化性不够，臭氧氧化二氯乙酸效果并不理想。

综上所述，紫外、双氧水、臭氧等单独氧化二氯乙酸时，去除率不高，平均在 30％以下。

8.4 UV-H_2O_2 联用工艺降解二氯乙酸（DCAA）

8.4.1 UV-H_2O_2 联用工艺去除二氯乙酸的效果

为研究 UV-H_2O_2 联用工艺对二氯乙酸的去除效果，用自来水配制浓度为 1000μg/L 左右的二氯乙酸溶液，加入间歇式反应器中，双氧水投加量为 60mg/L，开启紫外灯，控制光强为 1048μW/cm^2，在循环泵的搅拌下，反应 3h，每隔 30min 取样分析，二氯乙酸浓度随时间的变化如图 8-6 所示。

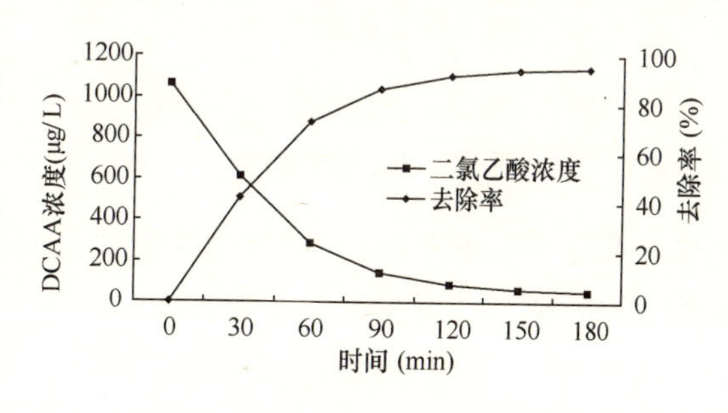

图 8-6 UV-H_2O_2 工艺对二氯乙酸去除效果随时间的变化

图 8-6 为 UV-H_2O_2 氧化条件下，水样中二氯乙酸浓度随时间的变化，可以看出，在紫外光强为 1048μW/cm^2、双氧水投加量为 60mg/L 时，反应 180min 后，二氯乙酸浓度由初始的 1064.05μg/L 下降到 82.78μg/L，去除率达到了 90％以上。

8.4.2　H_2O_2 投加量对 UV-H_2O_2 工艺降解二氯乙酸的影响

为研究双氧水投加量对二氯乙酸去除效果的影响，配制二氯乙酸溶液，控制紫外光强为 1048$\mu W/cm^2$，然后以不同的双氧水投加量，在 25L 的间歇式反应器中反应 180min，不同的双氧水投加量时，二氯乙酸的去除率见表 8-2。

H_2O_2 投加量对 UV-H_2O_2 工艺降解二氯乙酸的影响　　**表 8-2**

序号	双氧水投加量(mg/L)	初始 DCAA 浓度(μg/L)	反应后 DCAA 浓度(μg/L)	去除率(%)
1	10	1610.21	1188.04	26.22
2	30	1793.21	828.30	53.81
3	40	1313.30	303.05	76.92
4	50	1353.57	288.70	78.67
5	60	1288.60	209.19	83.77
6	70	1193.10	184.00	84.58

表 8-2 和图 8-7 表示不同双氧水投加量下，UV-H_2O_2 对二氯乙酸的去除率，可以看出，随着双氧水投加量的增加，二氯乙酸的去除率逐渐增加。

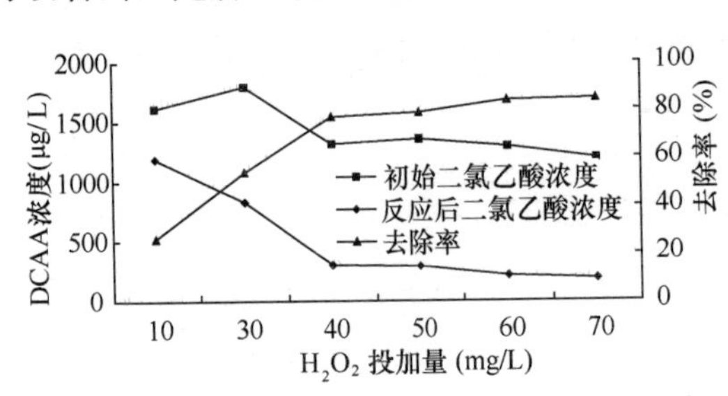

图 8-7　H_2O_2 投加量对 UV-H_2O_2 降解二氯乙酸的影响

在双氧水投加量小于 40mg/L 时，随着双氧水投加量的增加，二氯乙酸的去除率急剧增加，当投加量超过 40mg/L 时，二氯乙酸去除率增加较少。分析其原因，H_2O_2 在 UV 光照射下激发出大量的羟基自由基，能够很好地氧化二氯乙酸，在 H_2O_2 投加量不饱和时，H_2O_2 在 UV 激发下产生的羟基自由基随着 H_2O_2 的投加量增加而急剧增加，所以出现二氯乙酸去除率急剧增加的现象；而在该紫外光强度范围内，水溶液中 H_2O_2 饱和，甚至过量时，由于 H_2O_2 既是羟基自由基的发生剂，又是羟基自由基的清除剂，当水样中 H_2O_2 投加量超过 40mg/L 时，可能部分 H_2O_2 起着羟基自由基清除剂的作用，所以去除率增加缓慢。

H_2O_2 投加量对二氯乙酸去除速率的影响是，在紫外光辐照的条件下，增加 H_2O_2 的投加量，必然增加羟基自由基的产量，进而对反应速率产生影响。为了研究不同 H_2O_2 投加量下二氧化氯浓度随时间的变化情况，试验设置 H_2O_2 投加量为 10mg/L、20mg/L、30mg/L、40mg/L、50mg/L、60mg/L 和 70mg/L，紫外光强 1048μW/cm²，配制二氯乙酸溶液，反应 180min，每隔 20～30min 取样分析，不同双氧水投加量时二氯乙酸浓度的变化如图 8-8 所示。

从图 8-8 中可见，当紫外光强为 1048μW/cm²、投加双氧水 10mg/L 时，二氯乙酸浓度随时间下降比较平缓；但当双氧水投加量增加到 30mg/L 时，二氯乙酸浓度随时间下降幅度增大，即 UV-H_2O_2 降解二氯乙酸的反应速率加快，从变化趋势线可见，在前 120min 内，二氯乙酸浓度下降幅度随着时间延长而增加较快，超过 120min 后，二氯乙酸浓度下降趋于平缓。

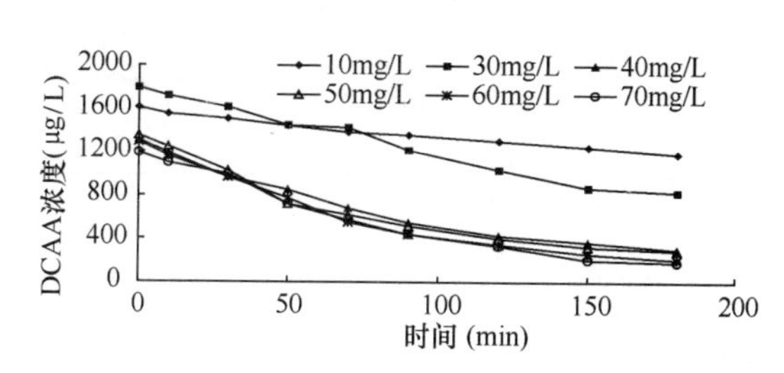

图 8-8 不同双氧水投加量时二氯乙酸浓度的变化

根据反应动力学特征曲线进行判断，认为 UV-H_2O_2 降解二氯乙酸反应符合一级反应动力学，即反应速率满足以下关系式：

$$\frac{dC_{DCAA}}{dt}=kC_{DCAA} \tag{8-7}$$

式（8-7）两边分别进行积分得：

$$\ln\left(\frac{C_{DCAA,0}}{C_{DCAA}}\right)=kt \tag{8-8}$$

式中，k 为反应速率常数，$C_{DCAA,0}$ 和 C_{DCAA}（下面表示为 $C_{A,0}$ 和 C_A）分别表示反应开始时的初始浓度和 t 时间的浓度。

将图 8-8 中的数据按照式（8-8）进行计算，得出图 8-9 的 ln（$C_{A,0}/C_A$）与时间关系。

将所计算得的 ln（$C_{A,0}/C_A$）值对时间进行曲线拟合，所得的一元线性回归方程及相关系数见表 8-3。双氧水投加量不同，UV-H_2O_2 降解二氯乙酸的反应速率常数 k 值不同，且随着双氧水投加量的增加而增大。

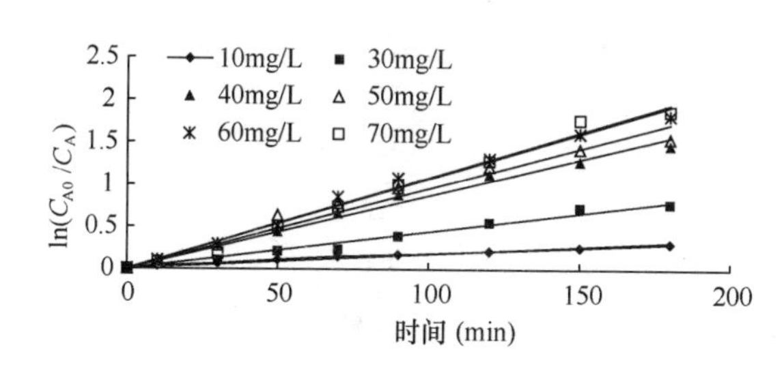

图 8-9 ln（$C_{A,0}/C_A$）与时间的关系

根据统计学理论，进行一元线性回归、拟合直线，如果拟合曲线所得的相关系数大于 $n-2$ 且可信度大于 99%，则所拟合的直线是有意义的，本试验 $n=6$，对应的相关系数为 0.917，由表 8-3 中可见相关系数显然大于该置信度的相关系数，可见二氯乙酸降解符合一级反应动力学。

不同双氧水投加量条件下 UV-H_2O_2 降解二氯乙酸的速率方程　　表 8-3

序号	H_2O_2 投加量（mg/L）	线性方程	k 值	相关系数 R^2
1	10	$\ln(C_{A0}/C_A)=0.0018t$	0.0018	0.9747
2	30	$\ln(C_{A0}/C_A)=0.0044t$	0.0044	0.9815
3	40	$\ln(C_{A0}/C_A)=0.0087t$	0.0087	0.9866
4	50	$\ln(C_{A0}/C_A)=0.0095t$	0.0095	0.9681
5	60	$\ln(C_{A0}/C_A)=0.0107t$	0.0107	0.9894
6	70	$\ln(C_{A0}/C_A)=0.0109t$	0.0108	0.9875

8.4.3 pH 对 UV-H_2O_2 工艺去除二氯乙酸的影响

1. pH 对 UV-H_2O_2 工艺去除二氯乙酸效果的影响

用自来水配制二氯乙酸溶液，浓度约为 110μg/L，采用 1∶5 的硫酸和 10％的 NaOH 溶液调节溶液的 pH 值，紫外光强 1048μW/cm^2，双氧水投加量 60mg/L，反应 180min，分析水样中的二氯乙酸浓度的变化，结果见图 8-10。

从图 8-10 可见，二氯乙酸在酸性或中性溶液中去除率达到 90％以上。一般认为在酸性条件下更有利于 UV-H_2O_2 工艺产生更大量的羟基自由基，同时，H^+ 的存在又能够阻止 H_2O_2 分解成 HOO^-，而 HOO^- 是捕获羟基自由基的一种基团；在碱性条件下，OH^- 离子消耗了大量的 H^+，促进了 H_2O_2 分解成 HOO^-，同时也消耗了大量的双氧水，因此在酸性条件下 UV-H_2O_2 更容易降解去除二氯乙酸。但是 pH 过低时，由于二氯乙酸本身是一种酸性物质，会使得其更加稳定而难于去除，所以 UV-H_2O_2 工艺在弱酸性或中性条件下去除二氯乙酸的效果较好。

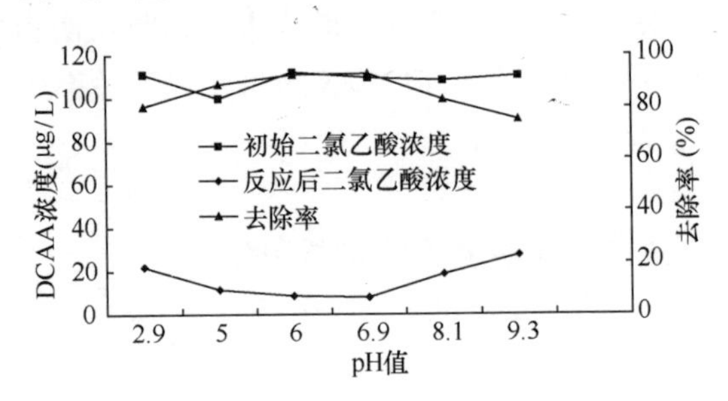

图 8-10　在不同 pH 值条件下 UV-H_2O_2 工艺降解二氯乙酸效果

2. pH 对 UV-H_2O_2 工艺去除二氯乙酸速率的影响

自来水配制二氯乙酸溶液，浓度约为 110μg/L，采用 1∶5 的硫酸和 10％的

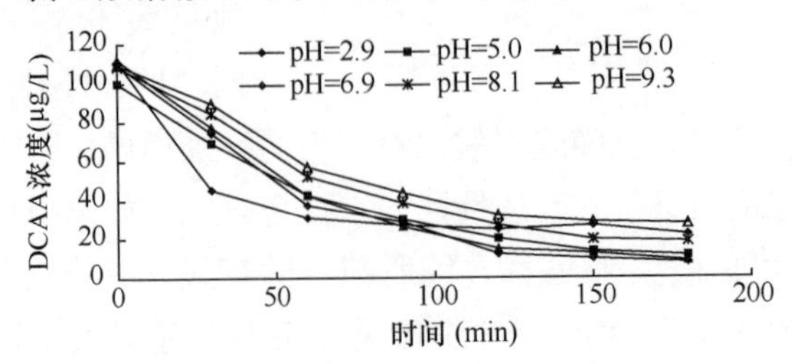

图 8-11　不同 pH 时 UV-H_2O_2 工艺去除二氯乙酸的效果

NaOH溶液调节溶液的pH值，紫外光强为1048μW/cm²，双氧水投加量60mg/L，反应180min，每隔30min取样分析水样中的二氯乙酸浓度，试验结果见图8-11。

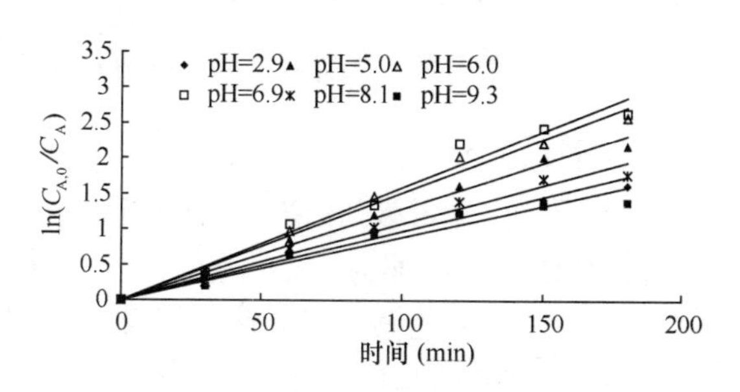

图8-12 不同pH值时UV-H_2O_2工艺降解二氯乙酸的ln（$C_{A,0}/C_A$）与时间的关系

从图8-11可见，在不同初始pH条件下，二氯乙酸浓度随着时间的延长逐渐降低，在前100min内，二氯乙酸浓度下降很快，按照式（8-7）将图8-11中的数据作图，如图8-12所示。

将图8-12中ln（$C_{A,0}/C_A$）与时间的关系进行曲线拟合，所得直线方程与相应的速率常数k值和相关系数见表8-4。

不同pH值时UV-H_2O_2工艺降解二氯乙酸的速率方程 **表8-4**

序号	pH值	线性方程	k值	相关系数R^2
1	2.9	$\ln(C_{A0}/C_A)=0.0097t$	0.0097	0.9721
2	5.0	$\ln(C_{A0}/C_A)=0.0129t$	0.0129	0.9902
3	6.0	$\ln(C_{A0}/C_A)=0.0151t$	0.0151	0.9841
4	6.9	$\ln(C_{A0}/C_A)=0.0159t$	0.0159	0.9727
5	8.1	$\ln(C_{A0}/C_A)=0.0108t$	0.0108	0.9782
6	9.3	$\ln(C_{A0}/C_A)=0.0089t$	0.0089	0.9473

从表8-4可知各处理的相关系数均在0.94以上，根据pH值和速率常数k值进行作图，如图8-13所示。从图中可见，UV-H_2O_2工艺降解二氯乙酸的反应速率常数在pH接近中性略偏酸性条件下最大，在酸性或者碱性条件下反应速率常数均下降，且在碱性条件下下降速率更快。

图8-13为在紫外光强1048μW/cm²，双氧水投加量60mg/L时的UV-H_2O_2工艺去除二氯乙酸的反应速率常数与pH关系，从图中可见，UV-H_2O_2工艺降解二氯乙酸的反应速率常数在pH接近中性略偏酸性条件下最大，在酸性或者碱性条件下反应速率常数均下降，且在碱性条件下下降速率更快。

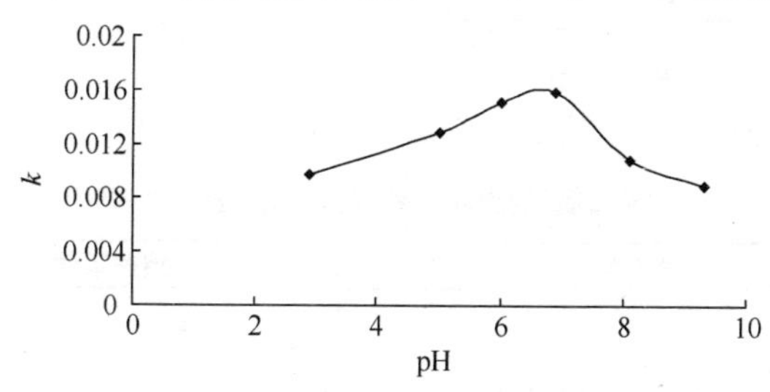

图8-13 UV-H_2O_2工艺去除二氯乙酸的速率常数k值和pH值的关系

8.4.4 不同二氯乙酸初始浓度对 UV-H_2O_2 工艺去除二氯乙酸的影响

1. 不同二氯乙酸初始浓度对 UV-H_2O_2 工艺去除二氯乙酸效果的影响

为研究不同二氯乙酸初始浓度对 UV-H_2O_2 工艺去除二氯乙酸的影响，用自来水配制初始浓度分别为 65.33μg/L、109.48μg/L、353.27μg/L、764.32μg/L 和 1064.06μg/L 的二氯乙酸溶液，将其分别加入不同反应器内，控制紫外光强为 1048μW/cm^2，双氧水投加量 60mg/L，反应 180min，每隔 30min 分析二氯乙酸浓度，试验结果如图 8-14 所示。

从图 8-14 可见，随着初始二氯乙酸浓度增加，UV-H_2O_2 降解二氯乙酸的速率在前 100min 增加较快，但总体去除率却增加不明显。当初始二氯乙酸浓度为 65μg/L 时，180min 后降为 11.56μg/L，去除率为 82%左右；当初始浓度上升到 109μg/L 时，去除率为 92%；而后随着二氯乙酸初始浓度的增加，去除率就上升非常缓慢。

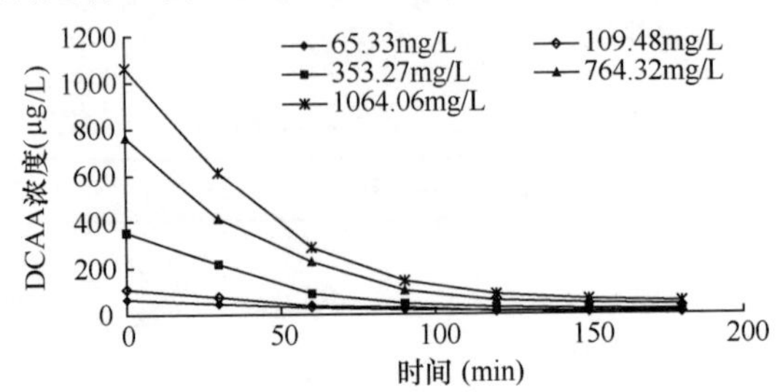

图 8-14 不同二氯乙酸初始浓度时 UV-H_2O_2 工艺降解二氯乙酸随时间的变化

2. 不同二氯乙酸初始浓度对 UV-H_2O_2 工艺去除二氯乙酸速率的影响

将图 8-14 中的数据按照一级反应动力学将 ln（$C_{A,0}/C_A$）与时间线性拟合，结果如图 8-15 所示，所得到的速率方程、速率常数及相关系数见表 8-5。

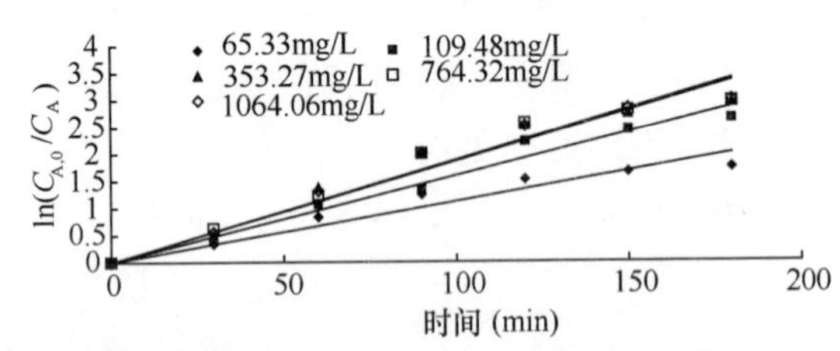

图 8-15 不同二氯乙酸初始浓度时 UV-H_2O_2 工艺降解二氯乙酸的 ln（$C_{A,0}/C_A$）与时间关系

不同二氯乙酸初始浓度时 UV-H_2O_2 工艺降解二氯乙酸的速率方程及相关系数 表 8-5

序号	DCAA 初始浓度（μg/L)	线性方程	k 值	相关系数 R^2
1	65.33	ln（C_{A0}/C_A）=0.0111t	0.0111	0.9329
2	109.48	ln（C_{A0}/C_A）=0.0159t	0.0159	0.9727
3	353.27	ln（C_{A0}/C_A）=0.0186t	0.0186	0.9439
4	764.32	ln（C_{A0}/C_A）=0.0187t	0.0187	0.9519
5	1064.06	ln（C_{A0}/C_A）=0.0188t	0.0188	0.9555

从表 8-5 中可见，随着初始浓度的提高，在起始时，反应速率常数 k 急剧增加，反应速率明显加快；但是二氯乙酸增加到一定浓度时，速率常数增加缓慢，到超过 350μg/L 时，反应速率常数几乎不再增加。根据表中的二氯乙酸初始浓度和 k 值，进行曲线拟合得到如图 8-16 所示的曲线。

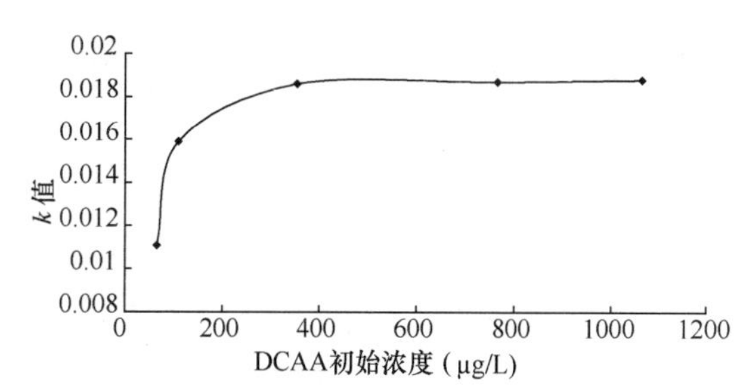

图 8-16 二氯乙酸反应速率常数 k 与不同初始浓度的关系

图 8-16 为在紫外光强 1048μW/cm^2，双氧水投加量 60mg/L 时，UV-H_2O_2 工艺降解二氯乙酸反应速率常数与初始浓度的关系。从图中可见，在二氯乙酸初始浓度 400μg/L 以下时，反应速率常数变化呈上升的趋势，速率常数从 0.0111 上升到 0.159，随着初始浓度进一步的增加，反应速率常数趋于不变。

8.4.5 不同本底值对 UV-H_2O_2 工艺去除二氯乙酸的影响

1. 不同本底值对 UV-H_2O_2 工艺去除二氯乙酸效果的影响

为研究 UV-H_2O_2 工艺不同本底值时对二氯乙酸的降解的影响，分别采用超纯水、稀释自来水、自来水、校园景观河道等原水，配制二氯乙酸浓度相同的溶液，初始浓度约 100μg/L，配制用水的有机物参数见表 8-6。

配制二氯乙酸溶液的不同本底值　　表 8-6

有机物参数	超纯水	稀释自来水	自来水	校园景观河道原水
UV_{254}（cm^{-1}）	0.006	0.045	0.099	0.106
DOC（mg/L）	0.5	2.39	5.13	10.96

控制紫外光强 1048μW/cm^2，双氧水投加量 60mg/L，二氯乙酸反应 180min，每隔 30min 取样分析，二氯乙酸浓度的变化如图 8-17 所示。

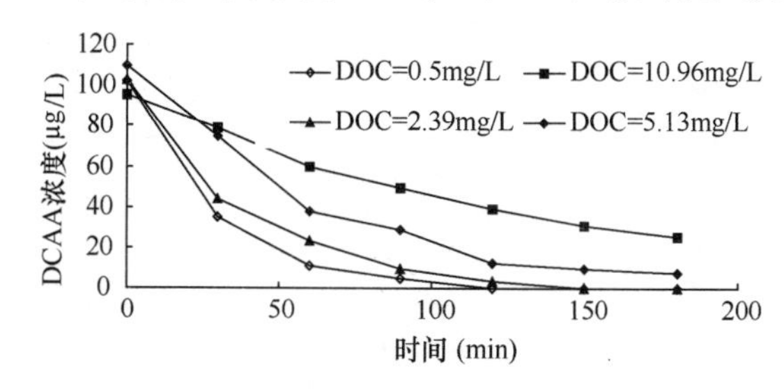

图 8-17 不同本底值水样 UV-H_2O_2 降解二氯乙酸随时间的变化

从图 8-17 中可以看出，有机物对 UV-H_2O_2 降解工艺影响非常大，当溶解有机碳（DOC）为 0.5mg/L 时，120min 时二氯乙酸完全降解去除，DOC 为

2.3mg/L 时，150min 时二氯乙酸被完全降解去除，随着 DOC 值的增大，降解速率越来越慢，当 DOC 为 10.96mg/L 时，180min 对二氯乙酸去除率仅为 73%。

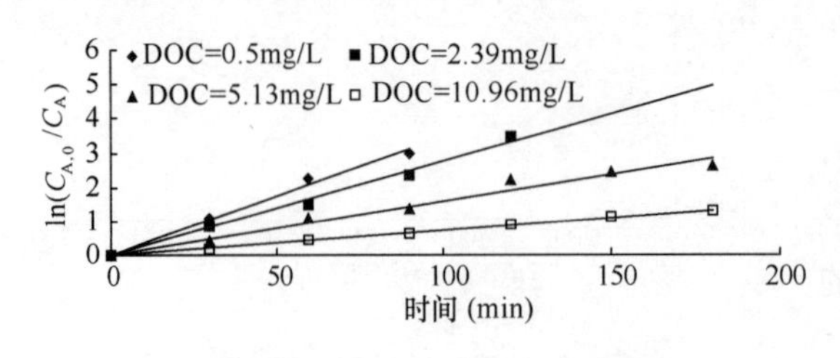

图 8-18　不同本底值时 UV-H_2O_2 工艺降解二氯乙酸的 ln（$C_{A,0}/C_A$）与时间关系

2. 不同本底值对 UV-H_2O_2 工艺去除二氯乙酸速率的影响

为试验不同本底值水样对 UV-H_2O_2 工艺降解二氯乙酸的反应速率常数的影响，将图 8-17 中的数据按照式 8-7 进行曲线拟合，如图 8-18 所示。

根据图 8-18 所拟合的不同本底值时 UV-H_2O_2 降解二氯乙酸的速率方程、速率常数、相关系数见表 8-7，可见当水中有机物不断增加时，反应速率迅速下降，当 DOC 为 10.96mg/L，紫外光强为 1048μW/cm^2，双氧水投加量为 60mg/L 时，反应速率常数仅为 0.0074。

不同本底值时 UV-H_2O_2 工艺降解二氯乙酸速度方程及相关系数　　表 8-7

序号	本底值/DOC（mg/L）	线性方程	k 值	相关系数 R^2
1	0.5	ln（C_{A0}/C_A）=0.0347t	0.0347	0.9915
2	2.39	ln（C_{A0}/C_A）=0.0275t	0.0275	0.9906
3	5.13	ln（C_{A0}/C_A）=0.0159t	0.0159	0.9727
4	10.96	ln（C_{A0}/C_A）=0.0074t	0.0074	0.9985

8.4.6　不同紫外光强对 UV-H_2O_2 工艺去除二氯乙酸的影响

1. 不同紫外光强对 UV-H_2O_2 工艺去除二氯乙酸效果的影响

试验时配制二氯乙酸溶液浓度为 150μg/L 左右，双氧水投加量为 50mg/L，紫外光强分别为 183、411、640、843 和 1048μW/cm^2，反应 180min，每隔 20～30min 取样分析，二氯乙酸浓度随时间的变化如图 8-19 所示。

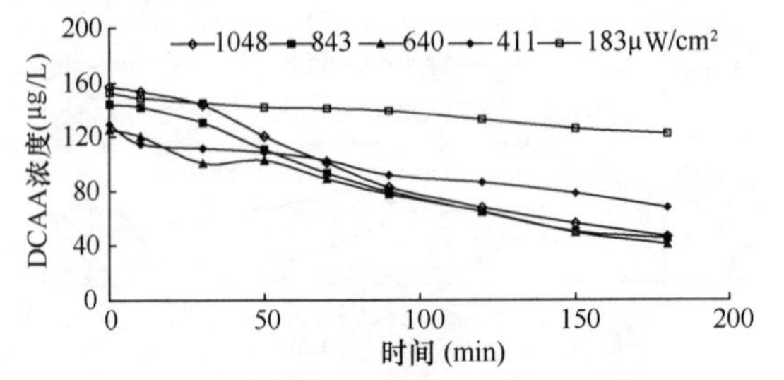

图 8-19　不同紫外光强下 UV-H_2O_2 工艺去除二氯乙酸随时间的变化

从图 8-19 可见，当紫外光强为 183μW/cm，反应 180min 后，二氯乙酸去除率仅为 20%，随着紫外光的增强，去除率明显上升，如 UV 光强增大到 411μW/cm^2 时，反应 180min

后二氯乙酸的去除率为 47%，当 UV 光强升至 640μW/cm^2，反应 180min 后二氯乙酸的去除率为 67.32%。

2. 不同紫外光强对 UV-H_2O_2 工艺去除二氯乙酸速率的影响

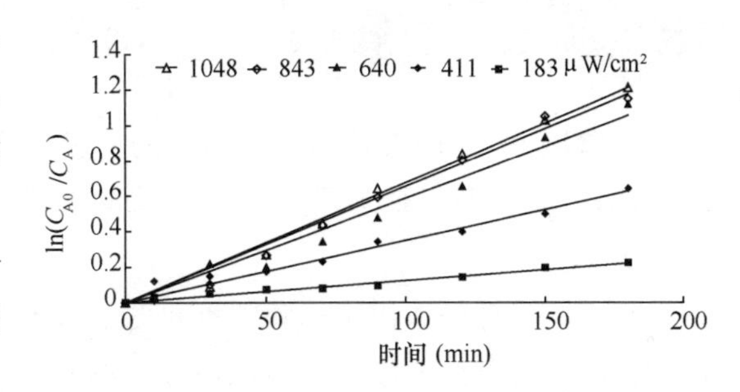

图 8-20 不同紫外光强条件下 UV-H_2O_2 工艺降解二氯乙酸的 ln（$C_{A,0}/C_A$）随时间变化

紫外光强度的强弱直接影响到整个反应的速率，将图 8-19 中的数据按照一级反应动力学方程（式（8-7））进行计算，所得 ln（$C_{A,0}/C_A$）随时间的变化见图 8-20。

不同紫外光强时 UV-H_2O_2 工艺降解二氯乙酸的速率方程及相关系数　表 8-8

序号	UV 强度（μW/cm^2）	线性方程	k 值	相关系数 R^2
1	183	ln（C_{A0}/C_A）=0.0012t	0.0012	0.9771
2	411	ln（C_{A0}/C_A）=0.0035t	0.0035	0.9667
3	640	ln（C_{A0}/C_A）=0.0059t	0.0059	0.9776
4	843	ln（C_{A0}/C_A）=0.0065t	0.0065	0.9857
5	1048	ln（C_{A0}/C_A）=0.0067t	0.0067	0.9851

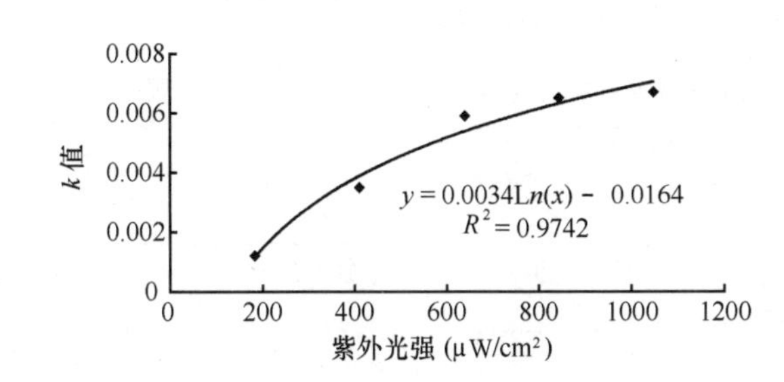

图 8-21 UV-H_2O_2 工艺降解二氯乙酸速率常数与紫外光强的关系

根据图 8-20 所拟合的速率方程、速率常数、相关系数列于表 8-8，当紫外光强增加时，速率常数显著增加，但当紫外光强增加到一定程度时，速率常数增加变缓，甚至趋于不变。

为进一步分析紫外光强与速率常数 k 值的关系，将表 8-8 中的速率常数与紫外光强作图，如图 8-21 所示，速率常数 k 值与紫外光强符合下列关系式：$k = 0.0034\ln(UV) - 0.0164$，相关系数为 0.9742。

8.4.7 UV-H_2O_2 联用工艺对二氯乙酸降解的动力学分析

UV-H_2O_2 工艺降解二氯乙酸符合一级反应动力学方程式，即反应速率 γ_a 符合下式：

$$\gamma_a = \frac{dC_{DCAA}}{dt} = kC_{DCAA} \qquad (8\text{-}9)$$

本试验以 UV-H_2O_2 降解二氯乙酸的一级反应动力学为基础，采用均匀试验设计方法，建立 UV-H_2O_2 联用工艺的降解速率常数与 UV 光强、H_2O_2 投加量的模型关系。

均匀试验设计是求出指标和因素间的函数关系，各因素各水平分布均匀，试验次数少的试验设计方法。均匀试验方法不像正交试验那样用来分析各因素影响程度，只能用来求回归方程，建立函数模型。试验时只分析 UV 光强和 H_2O_2 投加量两个因素，参考均匀试验表中的表 U_5（5^2）进行，选用 2 因素和 5 水平进行均匀试验表设计，试验因素、水平见表 8-9。

U_5（5^2）均匀试验设计表　　表 8-9

因素＼水平	1	2	3	4	5
UV 光强（$\mu W/cm^2$）	183	411	640	843	1048
H_2O_2（mg/L）	50	60	10	40	70

采用自来水配制二氯乙酸溶液，浓度 100μg/L 左右，根据表 8-9 进行 5 组典型试验，反应时间为 180min，每隔 30min 取样分析，按照均匀试验参数设计的 5 种工况，经 UV-H_2O_2 工艺降解，水样中二氯乙酸浓度随时间的变化见表 8-10。

均匀试验结果（μg/L）　　表 8-10

时间（min）＼试验号	1	2	3	4	5
0	116.42	104.71	98.21	103.99	97.12
30	110.57	93.16	79.08	73.74	65.79
60	90.61	62.14	70.12	42.65	35.67
90	90.04	47.13	66.43	24.11	17.31
120	75.35	34.64	60.45	14.68	11.37
150	69.9	26.21	49.12	10.98	6.29
180	58.47	17.96	43.86	8.85	5.69

将表 8-10 中的数据按照 ln（$C_{A,0}/C_A$）与时间 t 的关系作图，如图 8-22 所示。

根据均匀试验所测得的数据，按照一级反应动力学拟合的直线，所得动力学方程、速率常数及相关系数列于表 8-11。

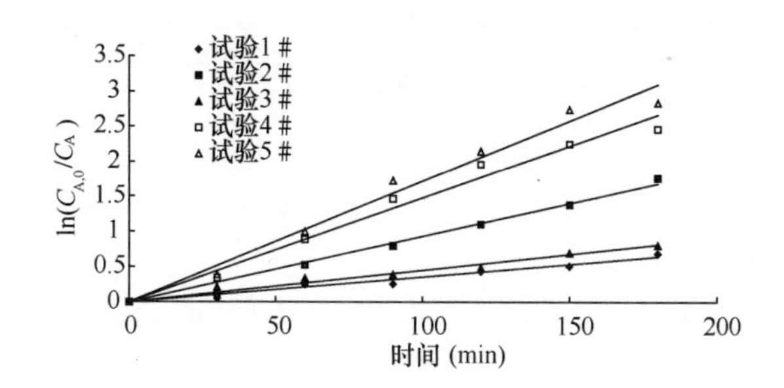

图 8-22 均匀试验的 ln（$C_{A,0}/C_A$）与时间 t 的关系

均匀试验工况下拟合的速率方程及相关系数 **表 8-11**

试验号	线性方程	k 值	相关系数 R^2
1	ln（C_{A0}/C_A）=0.0036t	0.0036	0.9691
2	ln（C_{A0}/C_A）=0.0093t	0.0093	0.9854
3	ln（C_{A0}/C_A）=0.0045t	0.0045	0.9691
4	ln（C_{A0}/C_A）=0.0148t	0.0148	0.9816
5	ln（C_{A0}/C_A）=0.0172t	0.0172	0.9805

表 8-11 中的速率方程及速率常数 k 值是 UV 光强和 H_2O_2 剂量的函数，建立速率常数方程：$k=a_1 UV^{a_2} H_2O_2{}^{a_3}$，采用 Matlab 进行动态模拟，求解 a_1、a_2、a_3，拟合结果如表 8-12 所示。

UV-H_2O_2 工艺降解二氯乙酸模型参数值 **表 8-12**

参数	a_1	a_2	a_3	R^2
值	0.2077×10^{-4}	0.7295	0.4030	0.9368

所计算出来的模型预测值和 95%置信区间及其各参数变化范围如图 8-23

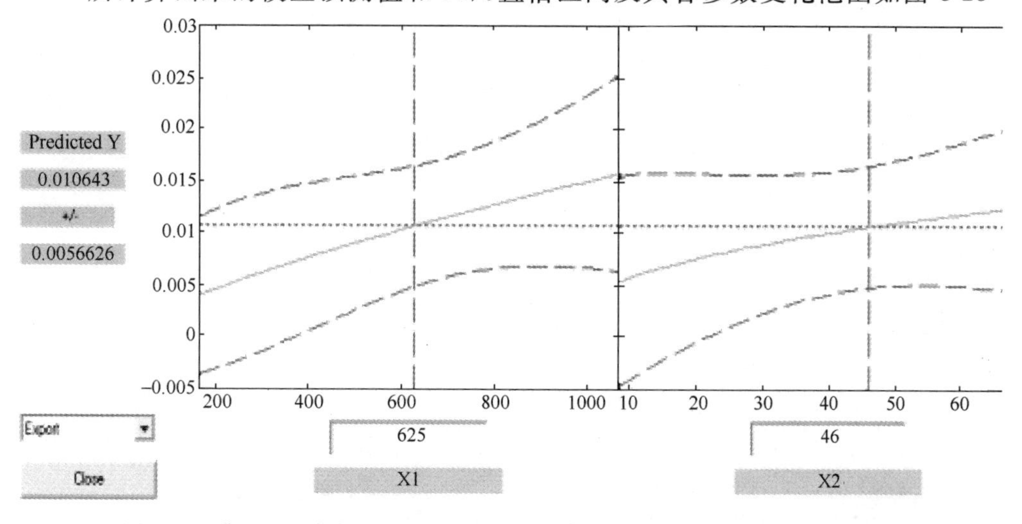

图 8-23 典型工艺条件下模型预测值和 95%置信度区间各参数的变化范围图

所示。

从表 8-12 可以知，UV-H_2O_2 工艺降解二氯乙酸的反应速率常数受 UV 强度和双氧水投加量的影响，根据反应动力学模型及 Matlab 拟合的数值可知，在二氯乙酸初始浓度 100μg/L 左右，反应速率常数 k 与 UV 光强和双氧水投加量的关系适合于式（8-10）：

$$k = 0.2077 \times 10^{-4} \times [UV]^{0.7295} \times [H_2O_2]^{0.4030} \quad (8\text{-}10)$$

将二氯乙酸初始浓度值设定为 100μg/L，将反应速率常数 k 值与 UV 光强与 H_2O_2 的关系用三维网格图进行描述，如图 8-24 所示。

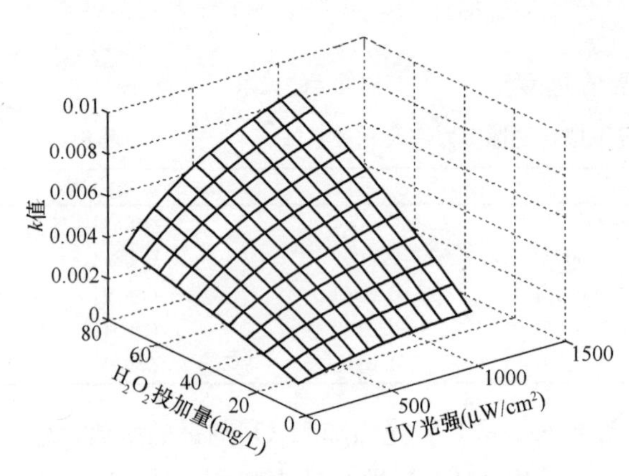

图 8-24 UV-H_2O_2 工艺降解二氯乙酸反应速率常数 k 随 UV 光强和 H_2O_2 变化

从图 8-24 中可见，三维网格图沿 H_2O_2 投加量和紫外光强增加的方向增加而增加，而且三维网格图在沿二者增加方向抬升的更快，可以推测，UV 和双氧水二者发生协同效应，在紫外光强增加和 H_2O_2 剂量相互增加的条件下，k 值增加幅度加大。

8.5 UV、H_2O_2 降解三氯乙酸（TCAA）

本试验对 UV 和双氧水降解三氯乙酸的效果进行探讨。

用自来水配制三氯乙酸溶液，浓度为 110μg/L 左右，加入间歇式反应器中，经 UV 光强 411μW/cm² 和 1048μW/cm²，照射 180min，每隔 30min 取样分析，试验结果如图 8-25 所示。

图 8-25 为单独紫外光辐照三氯乙酸溶液时的降解情况，当紫外光强为 411μW/cm² 辐照 180min 时，UV 降解三氯乙酸的去除率仅为 11%；当紫外光强增加到 1048μW/cm² 时，180min 后去除幅度较大，达到 20%。

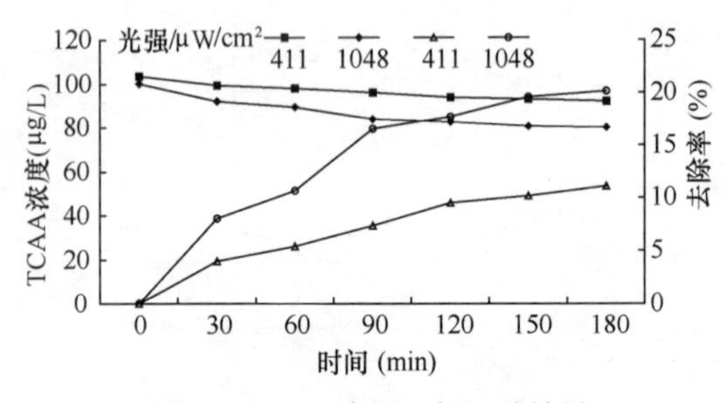

图 8-25 UV 降解三氯乙酸效果

同样配制浓度为 100μg/L 的

三氯乙酸溶液，加入反应器中，再加入双氧水 60mg/L，反应 180min，每隔 30min 取样分析，三氯乙酸的去除情况如图 8-26 所示。

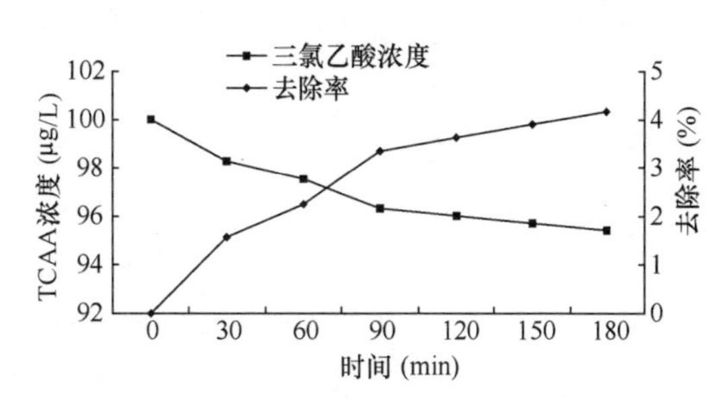

图 8-26 H_2O_2 工艺降解三氯乙酸情况

从图 8-26 可以看出，三氯乙酸是难以被 H_2O_2 所氧化，在 H_2O_2 投加量 60mg/L 时，180min 后去除率仅为 4%，几乎没有去除效果。对比 UV 和 H_2O_2 去除三氯乙酸的效果，可见 UV 辐照对三氯乙酸去除率高于双氧水氧化。

8.6 UV-H_2O_2 工艺降解三氯乙酸

本试验探讨 UV-H_2O_2 联用工艺去除三氯乙酸的效果，并分析双氧水投加量、UV 光强、三氯乙酸初始浓度对 UV-H_2O_2 去除三氯乙酸的影响。

8.6.1 H_2O_2 投加量对 UV-H_2O_2 工艺去除三氯乙酸的影响

用自来水配制三氯乙酸溶液，紫外光强度为 1048$\mu W/cm^2$，投加双氧水 40mg/L，在间歇式反应器中反应 180min，每隔 30min 取样分析，试验结果如图 8-27 所示。

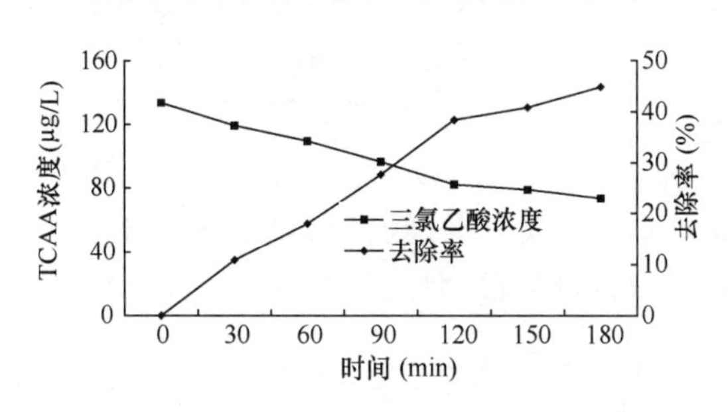

图 8-27 UV-H_2O_2 工艺降解三氯乙酸的效果

从图 8-27 中可见，在 180min 内，三氯乙酸浓变随着时间推移而逐渐下降，由初始浓度 133.54$\mu g/L$ 降为 73.62$\mu g/L$，去除率为 44.9%。

将图 8-27 中的数据按照指数曲线拟合，所得方程为 $y=146.58e^{-0.1032x}$，相关系数为 $R^2=0.9827$，因此认为 UV-H_2O_2 工艺降解三氯乙酸的反应具有一级反应动力学特征，即速率方程符合式（8-7）和式（8-8）。

将图 8-27 中的数据根据式（8-8）进行计算，得出如图 8-28 所示 ln（$C_{A,0}/C_A$）与时间的线性关系，所拟合的方程为 $y=0.0035x$，相关系数为 0.98，可认为 UV-H_2O_2 工艺降解三氯乙酸符合一级反应动力学。

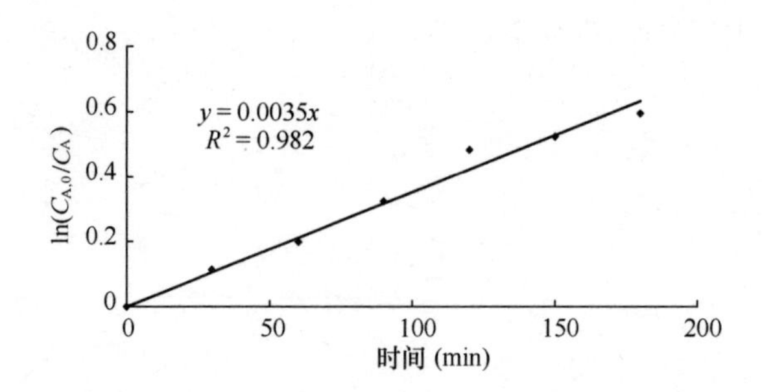

图 8-28　UV-H_2O_2 工艺降解三氯乙酸的 ln（$C_{A,0}/C_A$）与时间的关系

8.6.2　双氧水投加量的影响

为研究双氧水投加量对 UV-H_2O_2 工艺去除三氯乙酸的影响，用自来水配制三氯乙酸溶液，浓度为 130μg/L 左右，加入间歇式反应器内，紫外光强为 1048μW/cm²，双氧水投加量分别为 20mg/L、40mg/L、50mg/L、60mg/L 和 80mg/L，反应 180min，每隔 30min 取样分析，三氯乙酸浓度的变化如图 8-29 所示。

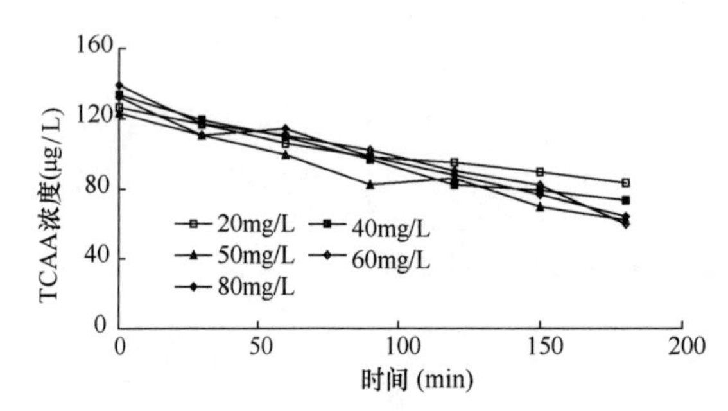

图 8-29　在不同双氧水投加量条件下 UV-H_2O_2 工艺去除三氯乙酸效果比较

从图 8-29 可以看出，UV-H_2O_2 工艺降解三氯乙酸的效果随双氧水投加量增加，并没有明显增加，当双氧水投加量为 20mg/L 时，反应 180min，去除率大概上升 10％左右；而在投加量增加到 50mg/L 时，再增加双氧水投加量，则去除率上升缓慢。将图 8-29 中的数据按照一级反应动力学进行曲线拟合，如图 8-30 所示。

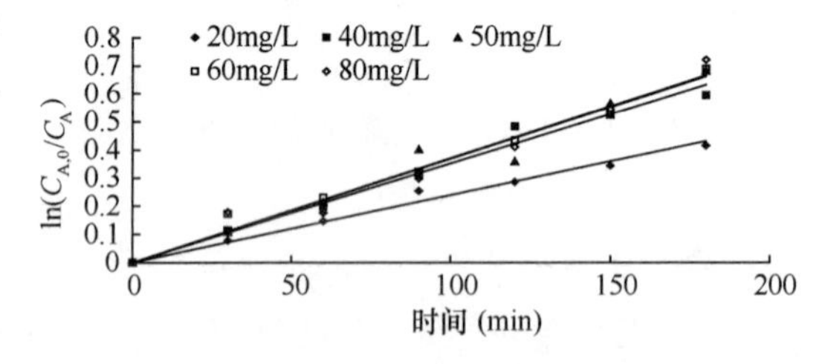

图 8-30　不同双氧水投加量下三氯乙酸的 ln（$C_{A,0}/C_A$）与时间的关系

从图 8-30 所拟合的不同双氧水投加量下，三氯乙酸的速率方程、速率常数及相关系数列于表 8-13。当双氧水投加量超过 40mg/L 时，UV-H_2O_2 工艺降解三氯乙酸速率常数增加非常缓慢，或者近似不变。

不同双氧水投加量下 UV-H_2O_2 工艺降解三氯乙酸的速率方程和相关系数　　表 8-13

序号	双氧水投加量（mg/L）	线性方程	k 值	相关系数 R^2
1	20	$\text{Ln}(C_{A,0}/C_A)=0.0024t$	0.0024	0.9761
2	40	$\text{Ln}(C_{A,0}/C_A)=0.0035t$	0.0035	0.9820
3	50	$\text{Ln}(C_{A,0}/C_A)=0.0037t$	0.0037	0.9653
4	60	$\text{Ln}(C_{A,0}/C_A)=0.0037t$	0.0037	0.9815
5	80	$\text{Ln}(C_{A,0}/C_A)=0.0037t$	0.0037	0.9569

从 TCAA 的分子结构来看，UV-H_2O_2 对 TCAA 的降解主要是通过紫外光源对其辐照使得 TCAA 的碳氧双键断开而得到去除，同时，H_2O_2 在水解条件下离解出 H^+，发生质子化反应，有利于 TCAA 的碳氧双键断开，从而使得 H_2O_2 投加量增加，对 TCAA 去除率又有一定的增加；但由于 TCAA 的第一个碳原子上有三个氯取代基，阻碍了·OH 的脱氢反应，所以 UV-H_2O_2 工艺对 TCAA 的去除率比对 DCAA 的去除率要低。

8.6.3 紫外光强对 UV-H_2O_2 工艺去除三氯乙酸的影响

试验采用自来水配制三氯乙酸溶液，加入间歇式反应器中，双氧水投加量为 50mg/L，改变紫外光强，反应 180min，每隔 30min 取样分析，试验结果如图 8-31所示。

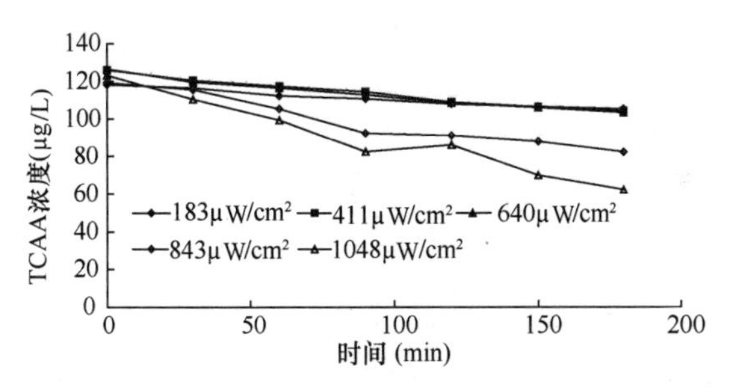

图 8-31　不同紫外光强条件下 UV-H_2O_2 工艺降解三氯乙酸的效果

从图 8-31 可见，当紫外光强增加到 640μW/cm^2 时，总体去除率并不高，即使在紫外光强为 1048μW/cm^2 时，三氯乙酸去除率仅为 50%。将图 8-31 中的数据按照式（8-7）进行计算，得出如图 8-32 所示的 ln（$C_{A,0}/C_A$）与时间关系，所

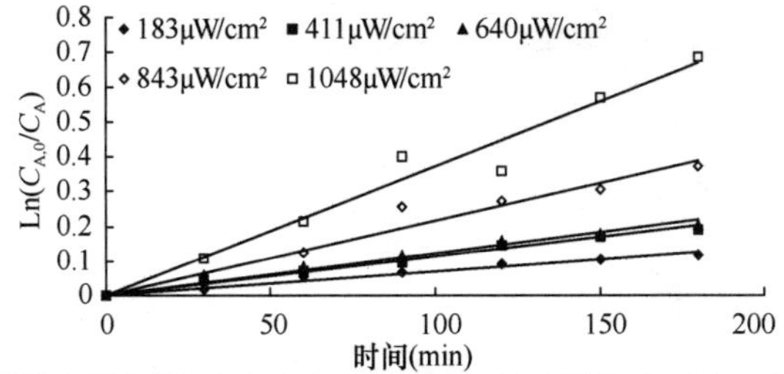

图 8-32　不同紫外光强条件下 UV-H_2O_2 降解三氯乙酸的 ln（$C_{A,0}/C_A$）与时间关系

拟合的线性速率方程、速率常数和相关系数见表8-14。

不同紫外光强条件下 UV-H_2O_2 工艺降解三氯乙酸的速率方程及相关系数　　表8-14

序号	紫外光强（μW/cm²）	线性方程	k值	相关系数R^2
1	183	$Ln(C_{A,0}/C_A)=0.0007t$	0.0007	0.9725
2	411	$Ln(C_{A,0}/C_A)=0.0011t$	0.0011	0.9855
3	640	$Ln(C_{A,0}/C_A)=0.0012t$	0.0012	0.9719
4	843	$Ln(C_{A,0}/C_A)=0.0022t$	0.0022	0.9550
5	1048	$Ln(C_{A,0}/C_A)=0.0037t$	0.0037	0.9653

从表8-14中可见，按照一级反应动力学拟合的直线方程其相关系数均在0.95以上，同时随着紫外光强的增加，速率常数增加，在紫外光强640μW/cm²以下，速率常数增加缓慢，而紫外光强超过640μW/cm²时，速率常数随紫外光强增加而略有增大。

8.6.4　不同三氯乙酸初始浓度对 UV-H_2O_2 工艺降解三氯乙酸的影响

为研究三氯乙酸初始浓度对 UV-H_2O_2 工艺去除三氯乙酸的影响，本试验分别配制不同浓度的三氯乙酸溶液：55μg/L、98μg/L、139μg/L、233μg/L 和503μg/L，在紫外光强1048μW/cm²的条件下，投加双氧水50mg/L，反应180min，每30min取样分析，试验结果如图8-33所示。

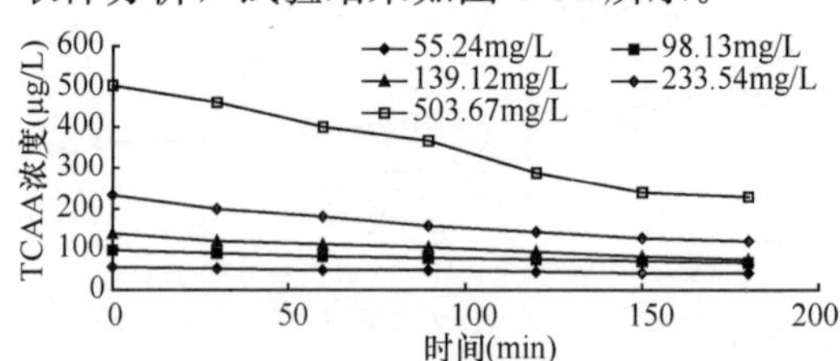

图8-33　不同三氯乙酸初始浓度时 UV-H_2O_2 去除三氯乙酸效果比较

从图8-33中可见，三氯乙酸初始浓度不同，其去除率也不同，当初始浓度为55.24μg/L时，反应180min后去除率仅为23%；当初始浓度增加至139μg/L时，反应180min后去除率为49%；再随着初始浓度的增加，去除率略有上升，但总体上去除率增加不多。图8-33中的数据点按照式（8-7）进行计算，所得 $\ln(C_{A,0}/C_A)$ 与时间的关系见图8-34。所拟合的速率线性方程、速率常数和相关系

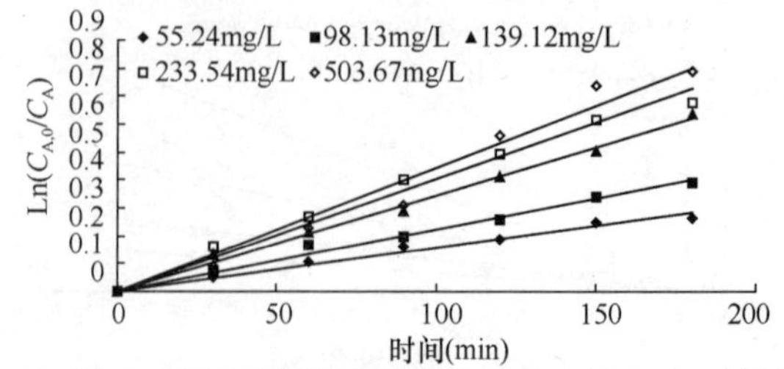

图8-34　不同三氯乙酸初始浓度时 $\ln(C_{A,0}/C_A)$ 与时间的关系

数见表 8-15。

不同三氯乙酸初始浓度时 $UV-H_2O_2$ 工艺降解三氯乙酸的速率方程及相关系数　　表 8-15

序号	TCAA 初始浓度（μg/L）	线性方程	k 值	相关系数 R^2
1	55.24	$Ln(C_{A,0}/C_A)=0.0016t$	0.0007	0.9828
2	98.13	$Ln(C_{A,0}/C_A)=0.0022t$	0.0022	0.9894
3	139.12	$Ln(C_{A,0}/C_A)=0.0034t$	0.0034	0.9937
4	233.54	$Ln(C_{A,0}/C_A)=0.0040t$	0.0040	0.9819
5	503.67	$Ln(C_{A,0}/C_A)=0.0044t$	0.0044	0.9721

从表 8-15 可见，当三氯乙酸初始浓度较低时，速率常数 k 值较小，随着初始浓度的增加，速率常数增加，但是当初始浓度超过 233μg/L 时，速率常数增加缓慢。

8.7 $UV-H_2O_2-O_3$ 联用工艺降解二氯乙酸

试验采用 $UV-H_2O_2-O_3$ 工艺，研究该工艺对卤乙酸的去除效果。配制浓度为 600μg/L 的二氯乙酸溶液，紫外光强为 139μW/cm²，双氧水投加量 47mg/L，臭氧投加量为 5mg/L，反应 120min，每隔 20min 取样分析，二氯乙酸的浓度变化和去除率如图 8-35 所示。

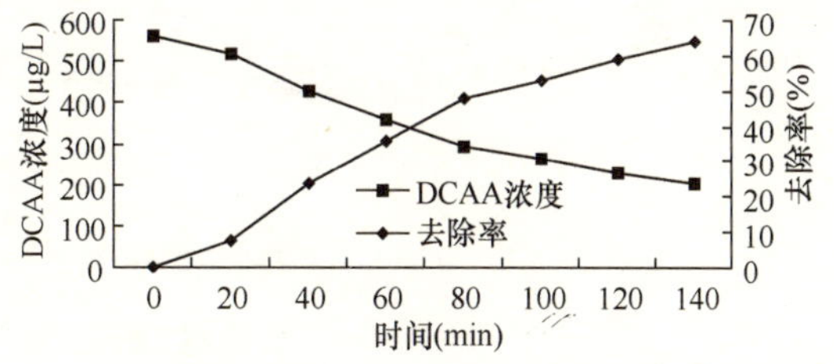

图 8-35　$UV-H_2O_2-O_3$ 联用工艺降解二氯乙酸的效果

从图 8-35 可见，反应 140min 后二氯乙酸初始浓度由 560μg/L 下降到 200μg/L，去除率达到 64%。将图中数据按照式（8-7）进行计算并作图，得出如图 8-36 所示的 $\ln(C_{A,0}/C_A)$ 与时间的关系。

从图 8-36 可见，$UV-H_2O_2-O_3$ 工艺降解二氯乙酸时，$\ln(C_{A,0}/C_A)$ 与时间成线性关系，具有一级反应动力学特征。

为研究双氧水投加量对 $UV-H_2O_2-O_3$ 工艺降解二氯乙酸的速率常数的影响，配制浓度为 600μg/L 的二氯乙酸溶液，紫外光强为 139μW/cm²，臭氧投加量 5mg/L，双氧水投加量分别为 3.54mg/L、11.79mg/L、23.59mg/L、47.17mg/L、94.34mg/L 和 141.51mg/L，每 20min 取样分析，二氯乙酸的浓度变化如图 8-37 所示。

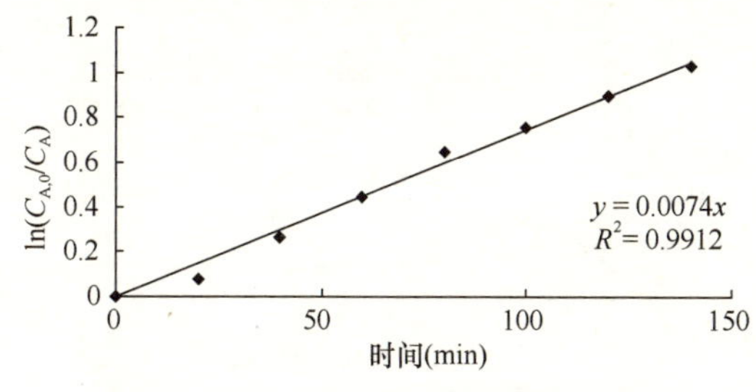

图 8-36　$UV-H_2O_2-O_3$ 去除二氯乙酸时 $\ln(C_{A,0}/C_A)$ 与时间的关系

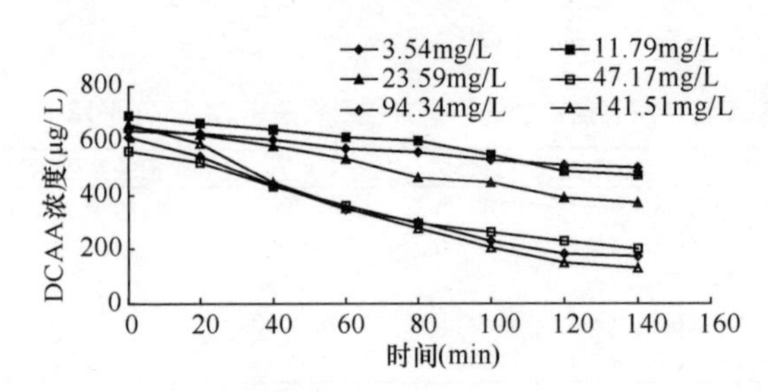

图 8-37 不同双氧水投加量时 UV-H_2O_2-O_3 工艺降解二氯乙酸的效果

从图 8-37 可见，随着 H_2O_2 投加量的增加，二氯乙酸的去除率增加，当 H_2O_2 投加量达到 141.51mg/L 时，反应 140min 后二氯乙酸的去除率为 80.37%。

按照一级反应动力学式（8-7）将图 8-37 中的数据进行计算，UV-H_2O_2-O_3 工艺降解二氯乙酸的 ln（$C_{A,0}/C_A$）与时间关系如图 8-38 所示。反应速率方程、速率常数及相关系数列于表 8-16。

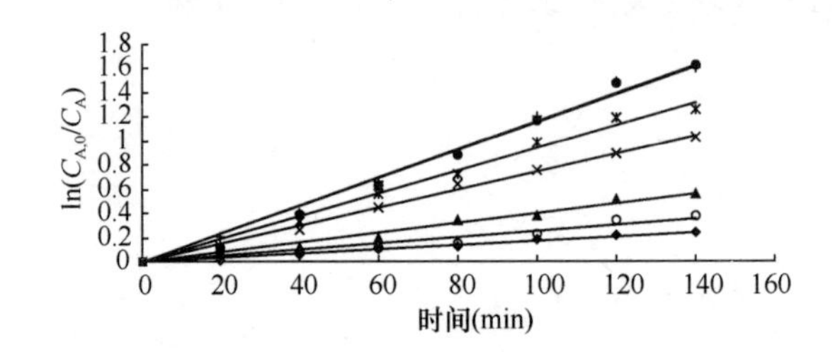

图 8-38 UV-H_2O_2-O_3 工艺降解二氯乙酸 ln（$C_{A,0}/C_A$）与时间的关系

UV-H_2O_2-O_3 工艺降解二氯乙酸的速率方程及相关系数 **表 8-16**

序号	H_2O_2 投加量（mg/L）	线性方程	*k* 值	相关系数 R^2
1	3.54	Ln（C_{A0}/C_A）=0.0018*t*	0.0018	0.9836
2	11.79	Ln（C_{A0}/C_A）=0.0025*t*	0.0025	0.9421
3	23.59	Ln（C_{A0}/C_A）=0.0040*t*	0.0040	0.9774
4	47.17	Ln（C_{A0}/C_A）=0.0074*t*	0.0074	0.9912
5	94.34	Ln（C_{A0}/C_A）=0.094*t*	0.094	0.9894
6	141.51	Ln（C_{A0}/C_A）=0.0116*t*	0.0116	0.9868

从表 8-16 可以看到，在紫外光强 139μW/cm²，臭氧投加量为 5mg/L 时，UV-H_2O_2-O_3 工艺降解二氯乙酸的反应速率常数 *k* 值随着双氧水的投加量增加而增加，根据表 8-16 中的数据拟合 *k* 值与双氧水投加量的关系，见图 8-39。

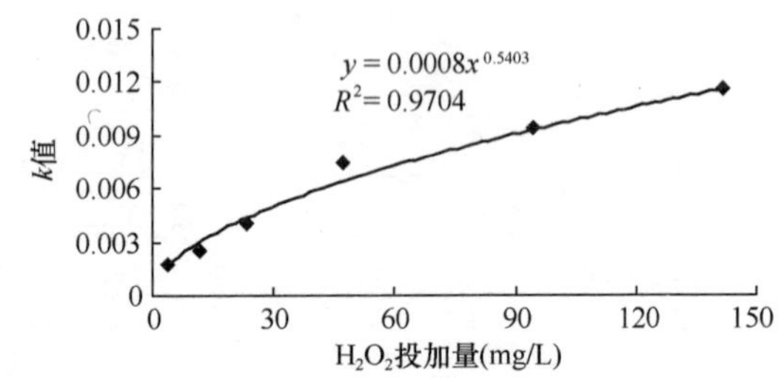

图 8-39 UV-H_2O_2-O_3 工艺降解二氯乙酸的速率常数 *k* 值随双氧水投加量的变化

图 8-39 中去除二氯乙酸的反应速率常数 *k* 值与双氧水的投加量呈幂函数的关系，当紫外光强为 139μW/cm²、双氧水投加量

5mg/L 时，UV-H_2O_2-O_3 工艺降解二氯乙酸的反应速率与双氧水投加量的动力学方程为 $k=0.0008[H_2O_2]^{0.5403}$，相关系数为 0.9704。

8.8 UV-H_2O_2-O_3 和 UV-H_2O_2 工艺降解二氯乙酸机理分析

UV-H_2O_2-O_3 和 UV-H_2O_2 工艺去除二氯乙酸时，主要是通过 H_2O_2 和 UV 联用产生羟基自由基，从而能更有效地分解卤乙酸类物质。一般认为 UV-H_2O_2 的反应机理是：1 分子的 H_2O_2 首先在紫外光的照射下产生 2 分子的·OH，然后·OH与有机物作用使其分解。

在紫外光激发下，O_3 和 H_2O_2 的协同作用对有机污染物具有更广谱的去除效果。UV-H_2O_2-O_3 氧化工艺的原理与 UV-H_2O_2 基本相同，均借助于紫外光激发，形成强氧化性的·OH；但与 UV-H_2O_2 工艺相比，O_3 的加入对·OH 的产生有协同作用，从而加速了有机污染物的降解速率。

为研究二氯乙酸在 UV-H_2O_2 和 UV-H_2O_2-O_3 工艺中羟基自由基氧化二氯乙酸的过程，采用蒸馏水配置二氯乙酸溶液，经 UV-H_2O_2 工艺氧化 180min，二氯乙酸浓度由 304.12μg/L 降至 25.25μg/L，不同时间的气相色谱如图 8-40 所示。

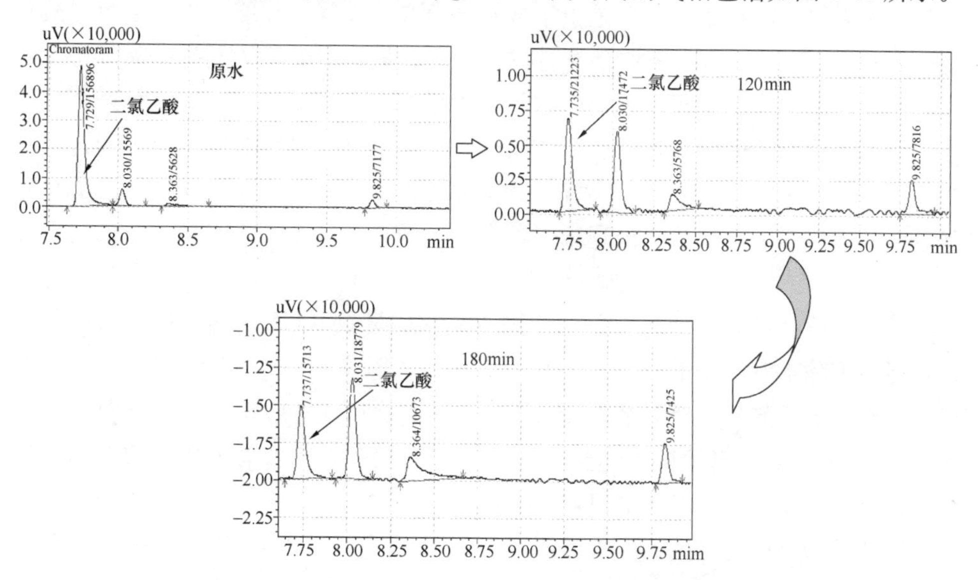

图 8-40 UV-H_2O_2 工艺去除二氯乙酸反应过程色谱图

从图 8-40 可见，二氯乙酸在 UV-H_2O_2 联用工艺的氧化作用下，色谱峰面积下降，即二氯乙酸在反应过程中逐渐被降解。为进一步研究氧化后的产物，分别用正戊烷和甲基叔丁基醚萃取被 UV-H_2O_2 工艺氧化 180min 的二氯乙酸溶液，并改变色谱条件，进行气相色谱分析，色谱图如图 8-41 所示。

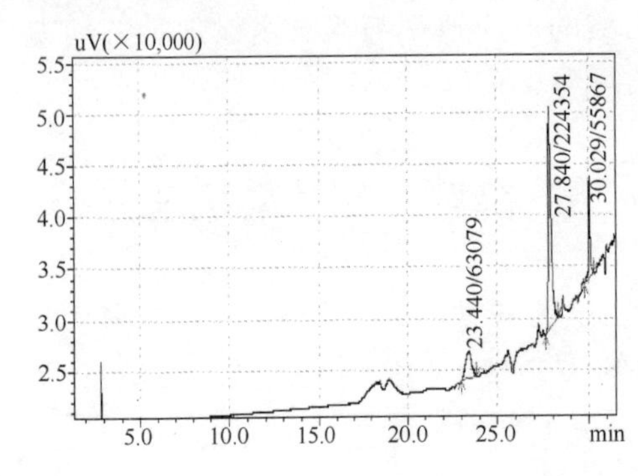

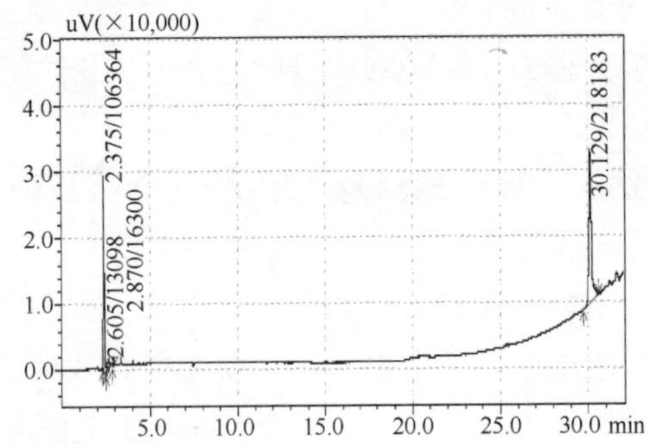

图 8-41　不同溶剂萃取后的气相色谱图

从图 8-41 中可以看出，在 27min 和 30min 时分别出现气相色谱峰，初步认为是有产物存在，但是在 GC/MS 分析过程中，发现该色谱峰代表的物质不是合理的 UV-H_2O_2 氧化产物，所以二氯乙酸在 UV-H_2O_2 工艺中极有可能被矿化。

卤乙酸是弱酸性物质，由于有卤素原子的存在，使得该类物质表现出不同的化学特征。下面从分子结构角度来讨论二氯乙酸被 UV-H_2O_2 工艺氧化的过程。

从二氯乙酸分子结构式可见，虽然氯原子作为得电子基团，使得第一个碳原子难于失去电子而被氧化，但是由于羟基自由基的强氧化性能，去除二氯乙酸可能有三种情况：一是在羟基强氧化性的作用下，第二个碳原子上的碳氧双键发生加氢反应；二是第二个碳原子上的碳氧共价键失去电子断裂加氢；三是两个碳原子之间的共价键断裂。三种情况可能同时发生，也可能先后顺序发生。通过氧化产物的 GC/MS 分析，图谱上检测不出任何物质的存在，所以认为二氯乙酸在羟基自由基的作用下，很可能出现第三种情况，即两个碳原子之间的共价键断裂而被矿化。

综上所述，可以归纳为：单独使用双氧水、臭氧、UV，随着反应时间的延长，能够去除水溶液中部分二氯乙酸，但平均去除率在 30％以下；UV-H_2O_2 联用工艺对二氯乙酸具有较好的去除效果，在紫外光强 1048$\mu W/cm^2$ 的条件下，反应 180min 对二氯乙酸去除率达到 90％以上，且去除机理符合一级反应动力学模型，即 $d[DCAA]/dt=0.0107[DCAA]$。

UV-H_2O_2 联用工艺去除二氯乙酸时，紫外光强、双氧水投加量、pH 值、二氯乙酸初始浓度、有机物本底值等对二氯乙酸去除效果均有较大影响。试验结果表明各种因素的影响：①UV-H_2O_2 联用工艺对二氯乙酸的去除随着双氧水投加量增加而增加，但当双氧水投加量增加到一定值时，去除效果增加缓慢，反应速率常数符合以下方程式 $k=0.0002\,[H_2O_2]^{0.9885}$，相关系数为 0.9599；②UV-$H_2O_2$ 联用工艺在酸性或中性条件下对二氯乙酸去除效果较好，而在强酸性条件下去除效果下降，进行反应速率常数与pH值图解发现，反应速率常数是在酸性或中性条件下偏大，在强酸性和碱性条件下下降；③UV-H_2O_2联用工艺降解二氯乙酸随着二氯乙酸初始浓度的增加而略有加快，但去除率却增加不明显。反应速率常数随着初始浓度增加而增大，但当初始浓度增加到353μg/L时，速率常数就增加缓慢；④有机物本底值对UV-H_2O_2联用工艺去除二氯乙酸影响效果表现为去除率随着有机物浓度的增加而下降；⑤紫外光强直接影响到UV-H_2O_2联用工艺对二氯乙酸的去除效果，UV-H_2O_2工艺对二氯乙酸去除率随着紫外光增强而增加，其反应速率常数与UV光强关系符合方程式$k=0.0034\ln(UV)-0.0164$，相关系数R^2为0.9742；⑥采用均匀试验设计，以紫外光强和双氧水投加量作为双因素，进行不同工况试验研究，推导出反应速率常数与UV和H_2O_2投加量的模型方程：$k=0.2077\times10^{-4}\times[UV]^{0.7295}\times[H_2O_2]^{0.4030}$，相关系数$R^2$为0.9368。

单独UV和H_2O_2对三氯乙酸的去除效果比对二氯乙酸去除效果差，平均去除率在20%以下；UV-H_2O_2联用工艺对三氯乙酸的去除符合一级反应动力学模型，且紫外光强、双氧水投加量和三氯乙酸初始浓度对去除效果均有影响，但影响程度不及二氯乙酸。试验研究表明：①当双氧水投加量增加，去除率增加，但增加至40mg/L时，反应速率常数增加缓慢，甚至几乎不增加；②UV光强对三氯乙酸的去除影响比较明显，随着紫外光强的增加而增加；③三氯乙酸初始浓度的影响表现为随着三氯乙酸初始浓度增加，反应速率常数增加，当三氯乙酸增加至一定浓度时，反应速率常数增加缓慢。

UV-O_3-H_2O_2联用工艺对二氯乙酸去除效果较好，当臭氧投加量5mg/L、紫外光强139μW/cm^2、投加双氧水40mg/L时，二氯乙酸的去除率达到65%，且该反应符合一级反应动力方程$d[DCAA]/dt=0.0074[DCAA]$，相关系数R^2为0.99。

在保持臭氧投加量和紫外光强不变，改变双氧水投加量，试验研究发现，反应速率常数随着双氧水投加量增加而增加，且反应速率常数与双氧水投加量符合指数函数关系，即$k=0.0008[H_2O_2]^{0.5403}$，相关系数$R^2$为0.9704。

8.9 紫外（UV）、双氧水和微曝气联用工艺（UV-H_2O_2-MCA）去除卤乙酸

本节应用紫外（UV）辐射、双氧水（H_2O_2）和微曝气（MCA）联用工艺（UV-H_2O_2-MCA）对HAAs的去除性能进行研究。

8.9.1 UV-H_2O_2和UV-H_2O_2-MCA两种工艺对HAAs的去除效果

由于卤乙腈（HANs）和卤乙酰胺（HAcAms中的DCAcAm和TCAcAm）

等通过水解或氯化可以生成HAAs（DCAA和TCAA），在试验HAAs的去除工艺时，需要同时研究该工艺对HANs和HAcAms的去除效果，以防止由于HANs和HAcAms的水解或氯化而生成HAAs。

采用超纯水配制HAAs、HANs和HAcAms溶液，为防止HANs和HAcAms水解，将溶液pH值调至5左右，将配制好的溶液放入反应器内进行试验。

图8-42为UV-H_2O_2和UV-H_2O_2-MCA两种工艺分别对二氯代消毒副产物（DCAA、DCAcAm和DCAN）和三氯代消毒副产物（TCAA、TCAcAm和TCAN）的去除效果，其中DCAA、DCAcAm和DCAN的初始浓度为100±1.0μg/L，TCAA、TCAcAm和TCAN的初始浓度为35±1.0μg/L，H_2O_2投加量30mg/L，pH=5±0.5，反应时间2h，UV光强1048.7μW/cm^2。

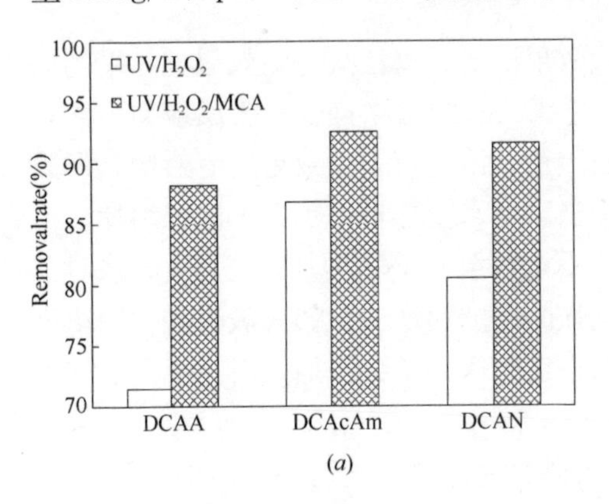

(a)

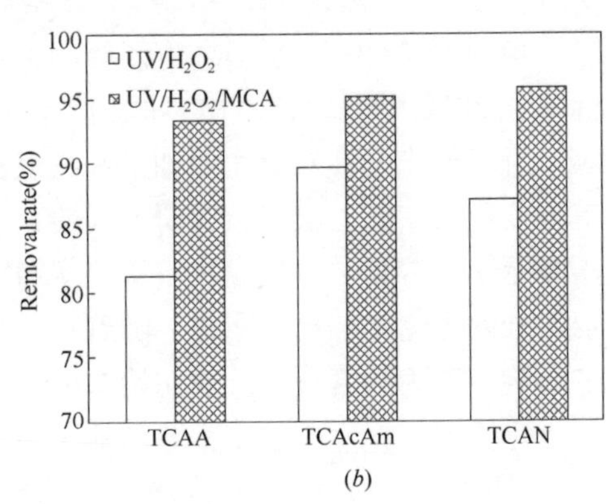

(b)

图8-42　UV-H_2O_2和UV-H_2O_2-MCA两种工艺对HAAs的去除效果

由图8-42可以看出，UV-H_2O_2-MCA联用工艺的去除效果优于UV-H_2O_2，说明MCA在去除消毒副产物的过程中起着促进作用。因曝气时氧（O_2）在185nm波长的UV辐照下可以生成O_3，而O_3可以在254nm波长的UV辐照下产生·OH，所以曝气不仅起到搅拌混合作用，还能引入空气中的O_2以提高·OH的浓度。

由图8-42（*a*）可以看出，UV-H_2O_2和UV-H_2O_2-MCA两种联用工艺对DCAA、DCAcAm和DCAN（分别是3种最常见的HAAs、HAcAms和HANs）的去除效果各不相同，相对于DCAcAm和DCAN来说，DCAA的去除效果最差。另外，由图8-42（*b*）可以看出，此两种工艺对TCAA、TCAcAm和TCAN的去除效果不尽相同，TCAA的去除效果最差。对比图8-42（*a*）和8-42（*b*）可以看出，除DCAA外，UV-H_2O_2-MCA对所有的去除率皆在90%以上。

除了咸潮时Br^-浓度较高的情况外，饮用水中的HAAs以DCAA和TCAA的检出率和检出浓度最高，特别是DCAA的检出浓度高达10～100μg/L，而

TCAN 和 TCAcAm 少有检出。因而以下重点研究 UV-H_2O_2-MCA 联用工艺对 DCAA 的去除效果。

8.9.2 UV、H_2O、MCA 单独和联用工艺对 DCAA 的去除效果

图 8-43 表示 UV 光解、H_2O_2 氧化、MCA 曝气、UV-H_2O_2 和 UV-H_2O_2-MCA 联用工艺对 DCAA 的去除效果（DCAA 的初始浓度为 100±1.0μg/L，H_2O_2 投加量为 30mg/L，pH＝7±0.5，UV 光强 1048.7μW/cm^2）。由图 8-43（*a*）可以看出，UV 光解、H_2O_2 氧化和 MCA 曝气三种工艺单独使用对 DCAA 的去除效果较差，去除效果依次为：UV 光解＞H_2O_2 氧化＞MCA 吹脱。DCAA 是一种难挥发有机物，在常温下只通过曝气不能有效去除，所以曝气对 DCAA 的去除效果最差。

图 8-43（*b*）为采用拟一级反应动力学拟合 ln（$[DCAA]_0$/$[DCAA]_t$）随时间（*t*）的变化，可以看出 UV-H_2O_2 和 UV-H_2O_2-MCA 两种联用工艺对 DCAA 的去除规律符合一级动力学，并且发现 UV-H_2O_2-MCA 所对应的表观速率常数 k_1（斜率）明显大于 UV-H_2O_2 所对应的表观速率常数 k_2（斜率）。

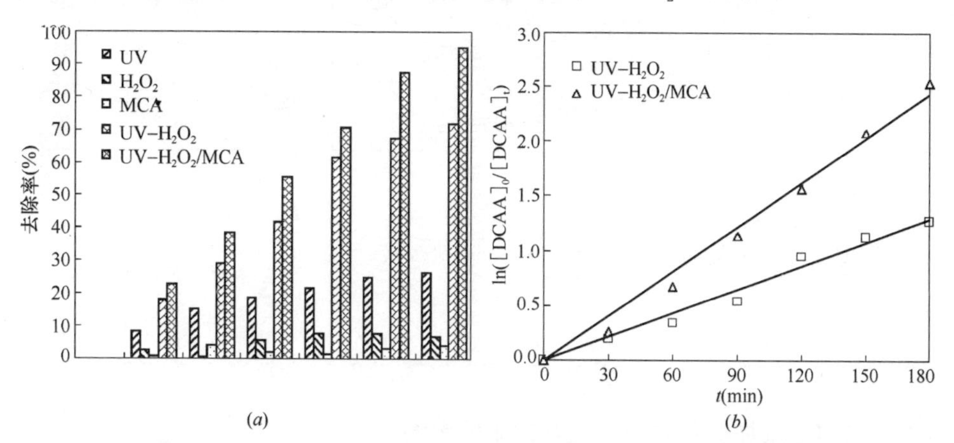

图 8-43　UV、H_2O_2、MCA 单独和联用工艺对 DCAA 的去除效果

8.9.3 UV 光强对 DCAA 去除效果的影响

图 8-44 比较了不同 UV 光强对 UV-H_2O_2-MCA 联用工艺去除 DCAA 的效果，其中 DCAA 的初始浓度为 100±1.0μg/L，H_2O_2 投加量为 30mg/L，pH＝7±0.5。由图可以看出，随着 UV 光强的增大，DCAA 的去除效果逐渐提高。UV 光强由 183.6μW/cm^2 增加到 1048.7μW/cm^2 时，在 180min 后 DCAA 的去除率由 44.7％增加到 93.4％。

不同 UV 光强辐照条件下 UV-H_2O_2-MCA 联用工艺去除 DCAA 的拟一级动

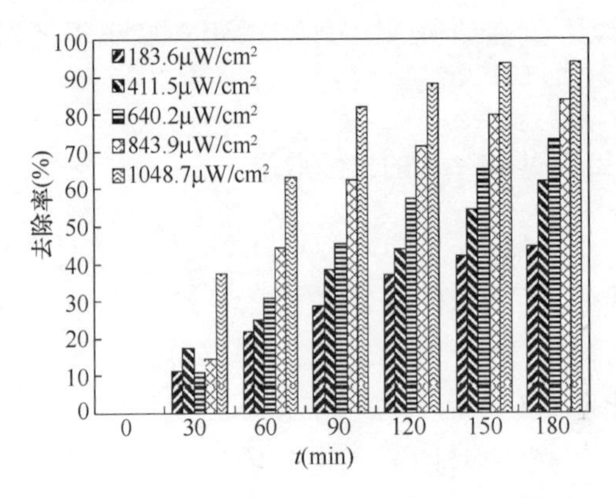

图 8-44　UV 光强对 DCAA 去除效果的影响

力学模型拟合参数如表 8-17 所示。由该表可以看出，不同 UV 光强辐照下，UV-H_2O_2-MCA 联用工艺去除 DCAA 的规律皆符合拟一级动力学，并且随着 UV 光强的增加，UV-H_2O_2-MCA 联用工艺去除 DCAA 的表观反应速率也逐渐增加。UV 光强的增加促进了光子的产生，提高了 H_2O_2 生成 · OH 的产率，同时促进了 185nm 光强辐射下 MCA 引入 O_2 生成 O_3 的产率，以及 O_3 进一步生成 · OH的产率，从而导致整个反应体系产生的 · OH 随着光强的增大而增加，提高了 DCAA 的去除效果。

UV-H_2O_2-MCA 联用工艺去除 DCAA 的拟一级动力学模型拟合参数　表 8-17

UV 光强 ($\mu W/cm^2$)	不同 UV 光强		H_2O_2 投加量 (mg/L)	不同 H_2O_2 投加量		DCAA 初始浓度 ($\mu g/L$)	不同 DCAA 初始浓度	
	表观速率常数 k (min^{-1})	相关系数 R^2		表观速率常数 k (min^{-1})	相关系数 R^2		表观速率常数 k (min^{-1})	相关系数 R^2
183.6	0.0034	0.9617	10	0.0028	0.9531	51.2	0.0162	0.9725
411.5	0.0052	0.9894	20	0.0049	0.9824	82.7	0.0168	0.9512
640.2	0.0075	0.9909	30	0.0068	0.9906	110.1	0.0172	0.9650
843.9	0.0107	0.9867	40	0.0091	0.9722	167.5	0.0122	0.9925
1048.7	0.0169	0.9925	50	0.0112	0.9641	209.5	0.0106	0.9623

8.9.4　H_2O_2 投加量对 DCAA 去除效果的影响

不同 H_2O_2 投加量对 UV-H_2O_2-MCA 联用工艺去除 DCAA 效果的影响如图 8-45 所示。其中，DCAA 的初始浓度＝100±1.0μg/L，pH＝7±0.5，UV 光强（254nm）＝640.2μW/cm²。由该图可以看出，随着 H_2O_2 投加量的增大，DCAA 的去除效果逐渐提高。在 180min 时，当 H_2O_2 投加量由 10mg/L 增加到 50mg/L，UV-H_2O_2-MCA 联用工艺对 DCAA 的去除率也由 41.4% 增加到 91.2%。在 H_2O_2 投加量较大的情况下，H_2O_2 可以清除 · OH 并与之反应生成 H_2O 和过氧化氢自由基（· OOH），· OOH 也可以与 · OH 反应生成水和 O_2，从而抑制 · OH 的生成。在 UV-H_2O_2-MCA 联用工艺对 DCAA 去除的过程中未

发现 H_2O_2 对·OH 的抑制作用，即在 30min、60min、90min、120min、150min 和 180min 的特定时间下，随着 H_2O_2 投加量的增大，DCAA 的去除率都是逐渐增大的，这可能是由于 H_2O_2 投加量（50mg/L）未达到抑制·OH所需要的剂量。

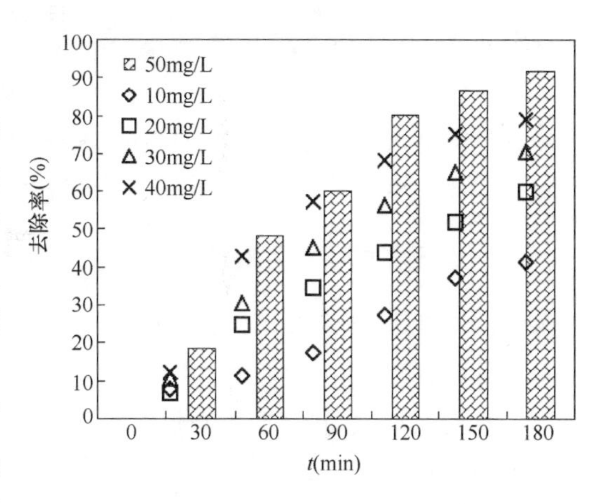

图 8-45 H_2O_2 投加量对 DCAA 去除效果的影响

不同 H_2O_2 投加量条件下 UV-H_2O_2-MCA 联用工艺去除 DCAA 反应的拟一级动力学模型拟合参数也如表 8-17 所示，不同 H_2O_2 投加量下，去除 DCAA 的规律皆符合拟一级动力学，并且可以发现，随着 H_2O_2 投加量的增加，UV-H_2O_2-MCA 联用工艺去除 DCAA 的表观反应速率也逐渐增大，未发现因 H_2O_2 过量而抑制 DCAA 去除速率的情况。

8.9.5 初始浓度对 DCAA 去除效果的影响

图 8-46 对比了不同 DCAA 初始浓度下 UV-H_2O_2-MCA 联用工艺去除 DCAA 的效果。其中，H_2O_2 投加量＝30mg/L，pH＝7±0.5，UV 光强（254nm）＝1048.7μW/cm^2。本研究根据饮用水消毒中形成的 DCAA 浓度范围，考察了 51.2～209.5μg/L DCAA 在 UV-H_2O_2-MCA 联用工艺中的降解效果，结果发现，当反应进行到 150min 时，DCAA 皆降解到 50μg/L 以下。

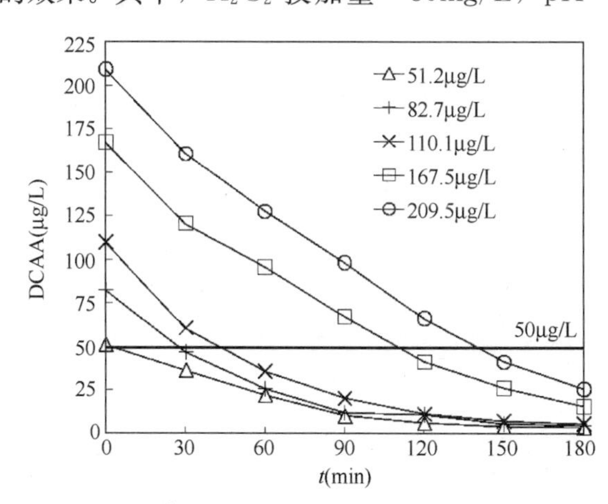

图 8-46 DCAA 初始浓度对 DCAA 去除效果的影响

不同初始浓度条件下 UV-H_2O_2-MCA 联用工艺去除 DCAA 反应的拟一级动力学模型拟合参数如表 8-17 所示。由该表可以看出，不同初始浓度条件下 UV-H_2O_2-MCA 联用工艺去除 DCAA 的规律皆符合拟一级动力学，并且可以发现，当 DCAA 初始浓度分别为 51.2μg/L、82.7μg/L 和 110.1μg/L 时，

UV-H_2O_2-MCA 联用工艺去除 DCAA 的表观反应速率常数非常接近，且明显高于 DCAA 初始浓度分别为 167.5μg/L 和 209.5μg/L 时对应的表观反应速率常数 k。这说明在相应的工况条件下，UV/H_2O_2/MCA 联用工艺对饮用水中 DCAA（<100μg/L）的去除效果和速率受 DCAA 初始浓度的影响较小。

8.9.6　反应速率常数 k 与各影响因素之间的关系

图 8-47（a）和图 8-47（b）分别为拟一级动力学反应速率常数 k 与 UV 光强和 H_2O_2 投加量之间的关系。由图 8-47（a）可以看出，不同 UV 光强与其对应的反应速率常数 k 之间存在较明显的线性关系、指数关系和乘幂关系，分别如式（8-11）、式（8-12）和式（8-13）所示，其中以指数关系最为明显（$R^2=0.9960$）。同样由图 8-47（b）可以看出，不同 H_2O_2 投加量与其对应的反应速率常数 k 之间也存在较明显的线性关系和非线性关系，分别如式（8-14）、式（8-15）和式（8-16）所示，其中以线性关系最为明显（$R^2=0.9993$）；而不同的 DCAA 初始浓度与其对应的反应速率常数 k 之间并未存在明显的线性关系或非线性关系，这主要是因为 DCAA 浓度在 100μg/L 以下时，初始 DCAA 浓度对表观

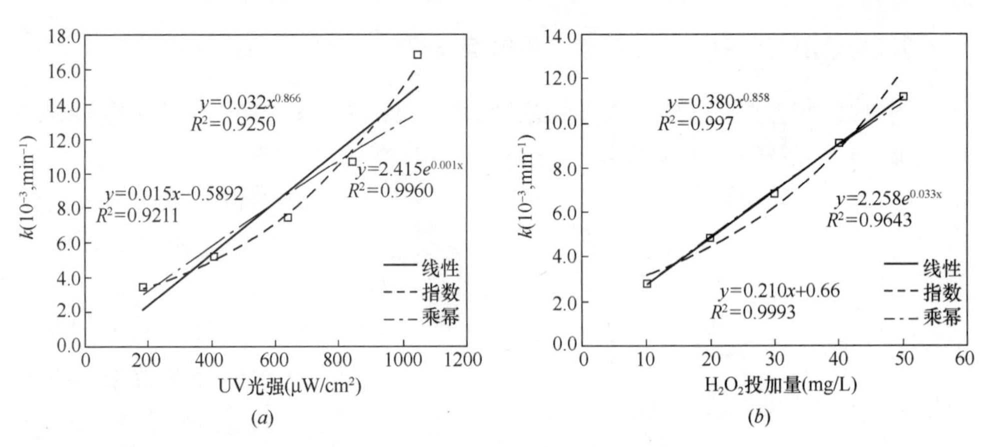

图 8-47　反应速率常数 k 与各影响因素之间的关系

反应速率常数 k 的影响较小所致。

$$k(10^{-3},\mathrm{min}^{-1}) = 0.015\times \mathrm{UV}(\mu\mathrm{W/cm^2}) - 0.5892(R^2=0.9211) \quad (8\text{-}11)$$

$$k(10^{-3},\mathrm{min}^{-1}) = 2.415\times e^{0.001\mathrm{UV}}(\mu\mathrm{W/cm^2})(R^2=0.9960) \quad (8\text{-}12)$$

$$k(10^{-3},\mathrm{min}^{-1}) = 0.032\times \mathrm{UV}^{0.866}(\mu\mathrm{W/cm^2})(R^2=0.9960) \quad (8\text{-}13)$$

$$k(10^{-3},\mathrm{min}^{-1}) = 0.210\times H_2O_2(\mathrm{mg/L}) + 0.66(R^2=0.9993) \quad (8\text{-}14)$$

$$k(10^{-3},\mathrm{min}^{-1}) = 2.258\times e^{0.033H_2O_2}(\mathrm{mg/L})(R^2=0.9643) \quad (8\text{-}15)$$

$$k(10^{-3},\mathrm{min}^{-1}) = 0.380\times {H_2O_2}^{0.858}(\mathrm{mg/L})(R^2=0.9970) \quad (8\text{-}16)$$

第 9 章　还原去除消毒副产物

9.1　零价铁还原去除水中的卤乙酸

20 世纪 80 年代，美国科学家 Sweeny 首次报道了用金属铁还原氯代脂肪烃的研究，他们及 Senzaki 早期的工作主要集中在地表水处理反应器设计方面，而自从 Gillham 和 O. Hannesin 提出金属铁可以用于地下水的就地修复以来，用零价铁金属促进还原脱氯就成为一个非常活跃的研究领域。目前使用的原料有金属铁、二元金属（Pd/Fe、Ni/Fe、Cu/Fe 等）、FeS_2、Fe_2O_3、FeS、绿锈 [$Fe_4^{II}Fe_2^{III}(OH)_{12}SO_{4y}H_2O$]，所降解的有机物有四氯化碳、氯仿、六氯乙烷、三氯乙烯、四氯乙烯、氯乙烯、多氯联苯、五氯苯酚等。

本章在前人研究的基础上，探索将铁还原技术用于处理低浓度的卤乙酸（二氯乙酸和三氯乙酸）的可行性，进而研究铁还原技术去除卤乙酸的影响因素和反应动力学。

9.1.1　试验方法

将加工厂取来的铁刨花先用除油剂除油，然后用自来水冲洗干净，再用 3% 的稀硫酸浸泡 1h 除锈后，用自来水冲洗干净，放进烘箱 105℃恒温烘干 1h，取出待冷却备用，试验时根据所需的重量称取加入反应器中。

本试验所用的反应器为容积 3L 的定制玻璃瓶，瓶口可用橡胶塞塞住，瓶中间留一取样口，反应过程中将铁刨花加入该反应器中然后盖紧瓶塞，放在摇床上震摇，转速为 200 r/min，使得铁刨花和受试溶液充分接触，反应 160min，取样频率为 20min 一次。反应装置图如图 9-1 所示。

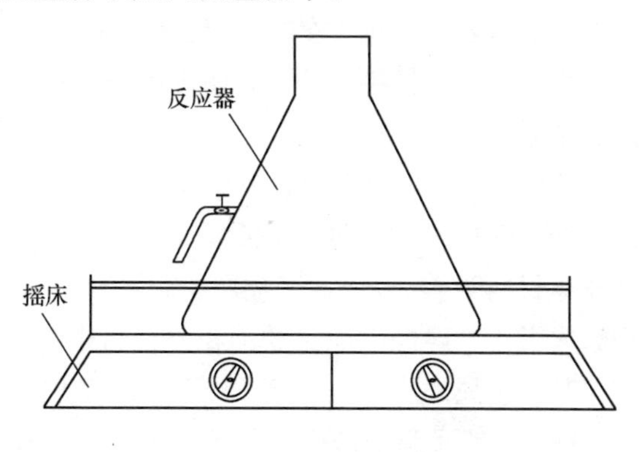

图 9-1　还原反应试验装置图

9.1.2 铁还原基本反应机理

铁在水系中还原脱氯处理含氯有机物的反应机理主要是电化学反应原理。目前认为金属铁对有机氯化物的还原脱氯有 3 种可能反应路径：①氢解，②还原消除，③加氢还原。目前普遍认同氢解机理。在铁-水体系中存在 3 种还原剂：金属铁（Fe^0）、亚铁离子（Fe^{2+}）和氢（H_2），因而有 3 种可能的反应机理：

（1）氯代有机物在金属表面直接得到电子

$$Fe^0 + RCl_X + H^+ \longrightarrow Fe^{2+} + RHCl_{X-1} + Cl^-$$

（2）由金属腐蚀产生的 Fe^{2+}

$$2Fe^{2+} + RCl_X + H^+ \longrightarrow 2Fe^{3+} + RHCl_{X-1} + Cl^-$$

（3）由腐蚀过程产生的 H_2 还原

$$Fe^0 + 2H_2O \longrightarrow Fe(OH)_2 + H_2$$

$$H_2 + RCl_X \longrightarrow RHCl_{X-1} + H^+ + Cl^-$$

对于氯代有机物的具体还原机理，是 H_2 还原还是电子直接转移给氯代有机物还没有一致的意见，但作为 Fe—H_2O 体系，存在以下电极半反应，其中阳极半反应为：

$$Fe^0 - 2e \longrightarrow Fe^{2+}$$

或者进一步被氧化： $Fe^{2+} - e \longrightarrow Fe^{3+}$

而阴极发生的还原反应共有 3 个：

$$2H^+ + 2e \longrightarrow H_2$$

$$O_2 + 2H_2O + 4e \longrightarrow 4OH^-$$

有机物 A＋ne＋B$\longrightarrow$有机物 C＋D

9.1.3 铁还原去除三氯乙酸效果的研究

用蒸馏水配制浓度约为 100μg/L 的三氯乙酸溶液 2L，放入玻璃反应器中，然后称取备用的铁刨花 60g，加入反应器中，反应 160min，每 20min 取样分析，试验结果如图 9-2 所示。

从图 9-2 中可以看出，铁刨花对低浓度三氯乙酸有着较好的去除效果，当三氯乙酸溶液中仅 60g 铁刨花时，反应 160min 时，去除率达到 98.45%。所用铁刨花原材料为 45 号钢，该金属材料中含有较多杂质或夹杂物，基体金属和夹杂物组成微小的腐蚀电池。铁刨花原材料中的夹杂物主要为 C，是阴极性组分，能加速基体金属的腐蚀，提高 Fe 还原脱氯去除三氯乙酸的效果和反应速度。

图 9-2 所示为溶液中三氯乙酸的下降规律，其具有指数函数曲线的特征；而由于铁刨花是加入浓度很低的三氯乙酸溶液中，且铁刨花为固体，假设忽略其浓

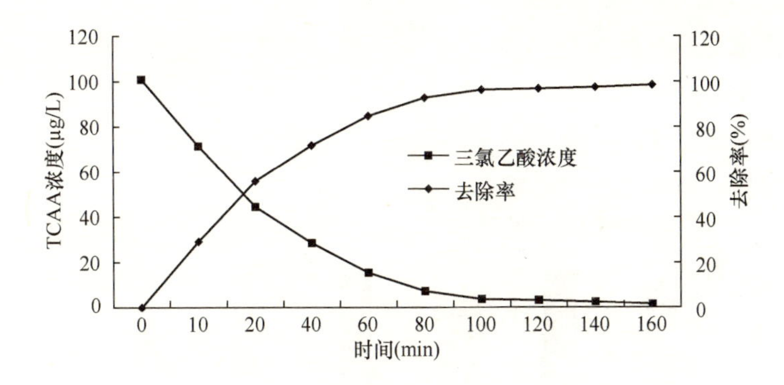

图 9-2 铁还原去除三氯乙酸效果

度或者认为其浓度无限大，可初步认为铁刨花还原脱氯反应具有伪一级反应的特征，但仍按一级反应处理即：

$$\gamma_a = \frac{dC_A}{dt} = kC_A \tag{9-1}$$

进行积分后为：

$$\ln\left(\frac{C_{A,0}}{C_A}\right) = kt \tag{9-2}$$

式中，k 为反应速率常数，$C_{A,0}$ 和 C_A 为反应初始三氯乙酸浓度和 t 时间取样分析的反应器中残余的三氯乙酸浓度。

按照式（9-2）将图 9-2 中的数据进行整理、作图，得图 9-3。

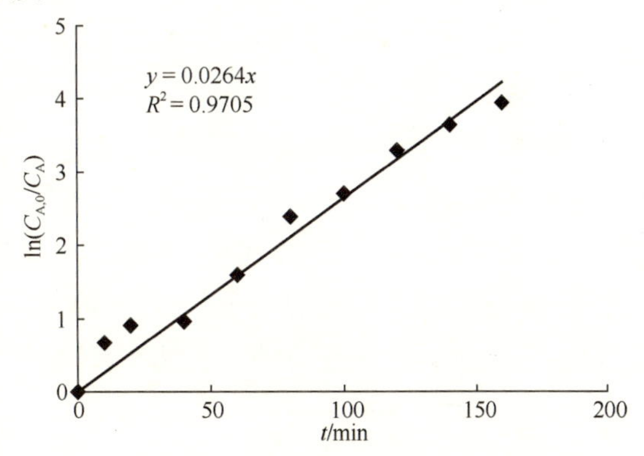

图 9-3 铁刨花还原脱氯去除三氯乙酸的 ln（$C_{A,0}/C_A$）与时间的关系

从图 9-3 中可以看出，铁刨花通过还原脱出三氯乙酸的氯而去除三氯乙酸，ln（$C_{A,0}/C_A$）呈线性关系，且符合公式：$\frac{d[TCAA]}{dt} = 0.0283\ [TCAA]$，相关系数为 0.9655。根据统计学相关系数检验表，如果以上数据点拟合的直线要具有 99%的置信度，相关系数需大于 0.708，显然 0.9655 大于 0.708，即所拟合的曲线具有显著的意义，进而证明铁刨花还原脱除三氯乙酸中的氯这一反应符合一级反应动力学。

1. pH 的影响

用蒸馏水配制浓度100～130μg/L的三氯乙酸溶液，采用稀硫酸和氢氧化钠溶液调节pH值分别为2.62、3.25、5.51、7.27、8.49、10.81，然后加入准备好的铁刨花60g，放在摇床上反应160min，每隔20min钟取样分析水样中残余的三氯乙酸浓度，试验结果分析如下。

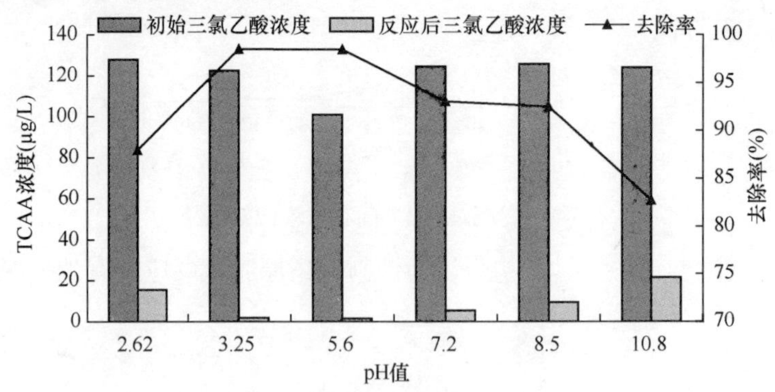

图 9-4 不同pH值条件下铁还原对三氯乙酸的去除效果

图9-4为溶液不同初始pH值条件下铁刨花还原去除三氯乙酸的情况，从图中可见，在酸性条件下效果较好，而在碱性条件脱氯效果下降，铁刨花脱氯所适宜的pH范围在3.5～8.5之间，效果均比较理想，在超过pH＝8.5以后，去除效果迅速下降。其原因从反应过程和机理上可以进行分析，认为铁还原脱氯过程中发生以下反应，即：

$$Fe^0 + RCl_X + H^+ \longrightarrow Fe^{2+} + RHCl_{X-1} + Cl^-$$

$$2Fe^{2+} + RCl_X + H^+ \longrightarrow 2Fe^{3+} + RHCl_{X-1} + Cl^-$$

以上两个脱氯反应均需消耗H^+，pH越低，H^+浓度越高，推动反应向右进行，有利于增强脱氯效果，所以铁还原在脱氯在酸性条件下效果更好；而如果在碱性条件下，OH^-浓度越高，H^+浓度越低，同时碱性条件有利于氧捕获电子发生反应$O_2 + 2H_2O + 4e \longrightarrow 4OH^-$，Fe所释放的电子因被氧所捕获而难以传递给含氯有机物，发生脱氯反应；所以在碱性条件下脱氯效果就差，而在强酸性条件下，H^+浓度过高，容易发生析氢反应，所以也不利于零价铁脱氯。

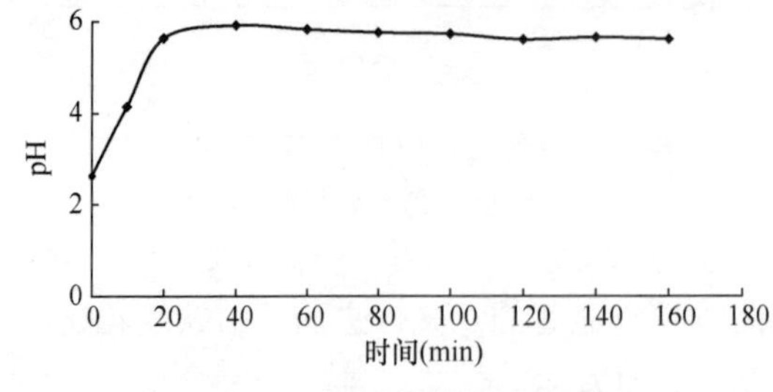

图 9-5 铁刨花还原脱氯过程中溶液pH值随时间的变化

在进行强酸性反应过程中，每隔20min测试溶液pH的变化，共反应160min，结果如图9-5所示。

从图9-5中可以看出，当溶液初始pH值在2.6左右，在反应开始的前 40min 内溶液 pH 直线上升，升至 5.7 左右，开始趋于平衡，之后不再上升或下降，该 pH 值近似于蒸馏水的 pH 值。原因可分析为当 pH 在 2.62 时，H^+ 浓度较高，但铁还原脱氯需要消耗 H^+ 使得 pH 上升，同时溶液中发生析氢反应，即 $Fe+2H^+ \longrightarrow Fe^{2+}+H_2$，使 pH 迅速上升，反应至 40min，随着 pH 上升，H^+ 浓度下降，此时析氢反应已经很弱，溶液中主要发生铁还原脱氯反应，即 $Fe^0+RCl_X+H^+ \longrightarrow Fe^{2+}+RHCl_{X-1}+Cl^-$，这使得 pH 值变化缓慢，按照推理铁还原脱氯反应继续进行，pH 会不断上升，但是，还原脱氯过程中还存在着如下反应：

$$Fe+2H_2O+RCl_X \longrightarrow Fe(OH)_2\downarrow+RHCl_{X-1}+HCl$$

即，反应过程中又会产生 H^+，使得溶液中的 pH 在一定的范围变动，而不会一直上升或下降。

为深入研究 pH 对铁刨花降解三氯乙酸的影响，将不同 pH 条件下的水溶液中残余的三氯乙酸浓度随时间的变化作图如图 9-6 所示。

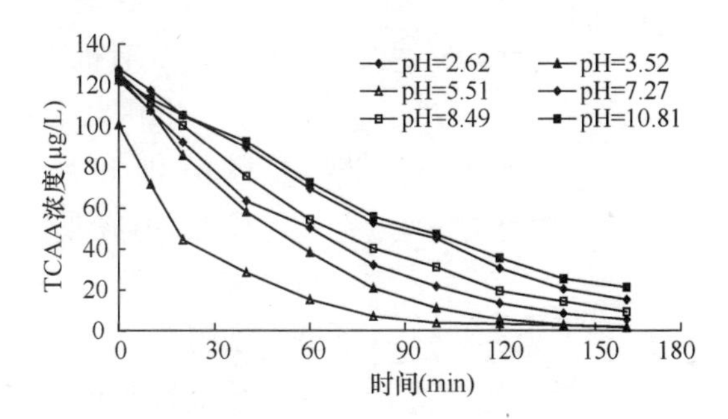

图 9-6 不同 pH 值条件下三氯乙酸随时间的变化

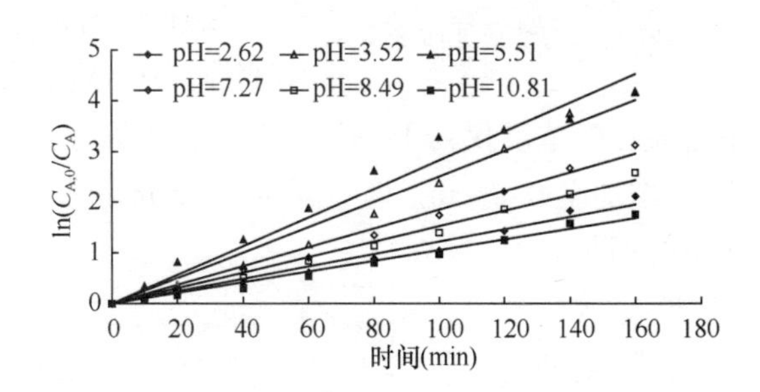

图 9-7 不同 pH 条件下 ln（$C_{A,0}/C_A$）与时间的关系

图 9-6 为不同 pH 值条件下水中三氯乙酸浓度随时间的变化，将图中的数据按照式（9-2）进行整理并作图，如图 9-7 所示。

图 9-7 为不同 pH 值条件下 ln（$C_{A,0}/C_A$）与时间的关系，并且将图中的数据进行线性拟合，所拟合的速率方程和相关系数列于表 9-1 中。

不同 pH 值条件下速率方程和相关系数　　表 9-1

序　号	pH 值	线性方程	K 值	相关系数 R^2
1	2.62	$\ln(C_{A,0}/C_A)=0.0122t$	0.0122	0.9763
2	3.52	$\ln(C_{A,0}/C_A)=0.0251t$	0.0251	0.9818
3	5.51	$\ln(C_{A,0}/C_A)=0.0283t$	0.0283	0.9655
4	7.27	$\ln(C_{A,0}/C_A)=0.0185t$	0.0185	0.9891
5	8.49	$\ln(C_{A,0}/C_A)=0.0153t$	0.0153	0.9904
6	10.81	$\ln(C_{A,0}/C_A)=0.0105t$	0.0105	0.9851

从表 9-1 中可以看出所拟合的线性速率方程相关系数均在 0.96 以上，远大于置信度在 99%以上的最低相关系数 0.708，所以所拟合的全部直线速率方程均具有显著意义。从表中可以看出，在酸性条件下，反应速率常数较大，反应速度较快；但在碱性条件下或者在强酸性条件下，反应速率常数值下降，反应速度较慢。

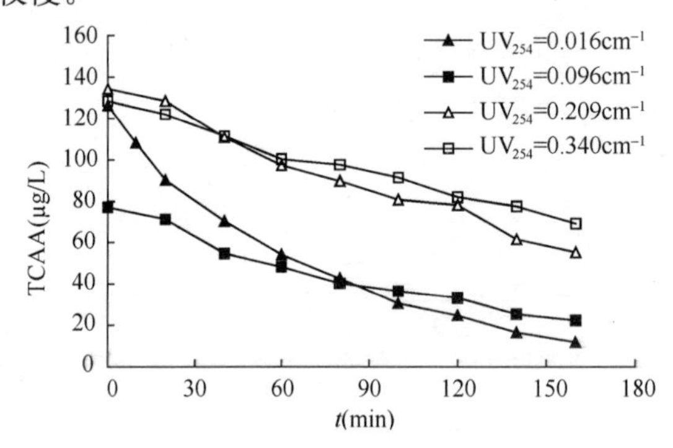

图 9-8　不同有机物本底值时的铁还原脱氯效果

2. 有机物本底值的影响

取用蒸馏水，加入十二水合硼酸钠和腐殖酸，配制不同 UV_{254} 本底吸附值的三氯乙酸溶液，浓度为 130μg/L 左右，加入铁刨花 30g，反应 160min，试验结果如图 9-8 所示。

从图 9-8 可见，有机物浓度对铁还原脱氯影响是比较大的，当水中 UV_{254} 为 0.016cm^{-1} 时，反应 160min，水中三氯乙酸浓度仅为 11.71μg/L，去除率为 90.73%，随着有机物浓度增加，当 UV_{254} 增加至 0.34cm^{-1} 时，反应 160min，去除率降至 46%；原因分析认为，有机物的增加，会与三氯乙酸争夺 Fe 所释放的电子，从而影响 Fe 还原脱氯的速率和效果。

按照一级反应动力学方式将图 9-8 中的数据进行整理并进行线性拟合，详见图 9-9 所示。

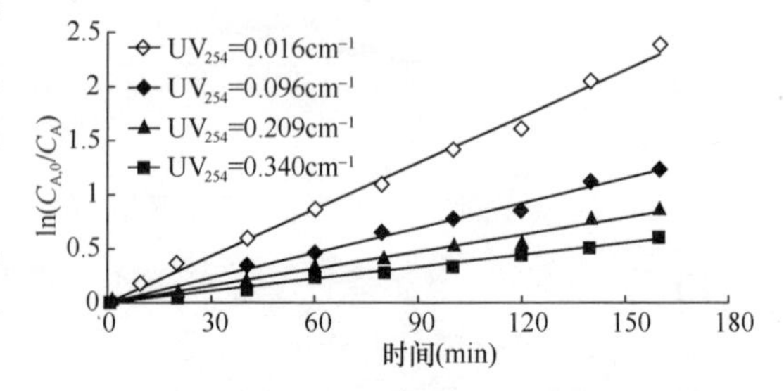

图 9-9　不同本底值条件下铁还原去除三氯乙酸 $\ln(C_{A,0}/C_A)$ 与时间的关系

从图 9-9 可以看出在不同的

有机物本底条件下，铁还原脱氯反应速度受影响很大，随着有机物浓度的增加，反应速率常数下降，反应速度变缓，如有机物本底值 UV_{254} 为 0.016 时，反应速率常数为 0.143，当有机物本底增加到 0.340 时，反应速率常数降至 0.0037，反应速率急剧下降。在不同本底条件下所拟合的铁还原脱氯的反应速率方程和反应速率常数见表 9-2。

不同有机物本底条件下铁还原脱氯的反应速率方程和速率常数　　表 9-2

序号	UV_{254}本底值(cm^{-1})	线性方程	K 值	相关系数 R^2
1	0.016	$\ln(C_{A,0}/C_A)=0.0143t$	0.0143	0.9960
2	0.096	$\ln(C_{A,0}/C_A)=0.0076t$	0.0076	0.9887
3	0.209	$\ln(C_{A,0}/C_A)=0.0052t$	0.0052	0.9785
4	0.340	$\ln(C_{A,0}/C_A)=0.0037t$	0.0037	0.9900

3. 铁投加量的影响

在前面推导铁刨花反应动力学时，因为铁刨花是固体，将其浓度视为无穷大，从而按照一级反应动力学进行处理，但是由于在试验中发现，铁刨花在一定投加量范围内也会影响还原脱氯效果，对反应速率产生明显的影响，本试验就此针对铁刨花的投加量进行研究。

取用蒸馏水配制三氯乙酸溶液，浓度约 125μg/L，加入反应其中，称取备用的铁刨花，重量分别为 10g、30g、45g、60g 和 80g，分别加入准备好的溶液中反应 160min，反应结束后取样分析水中残余的三氯乙酸浓度，试验结果见图 9-10。

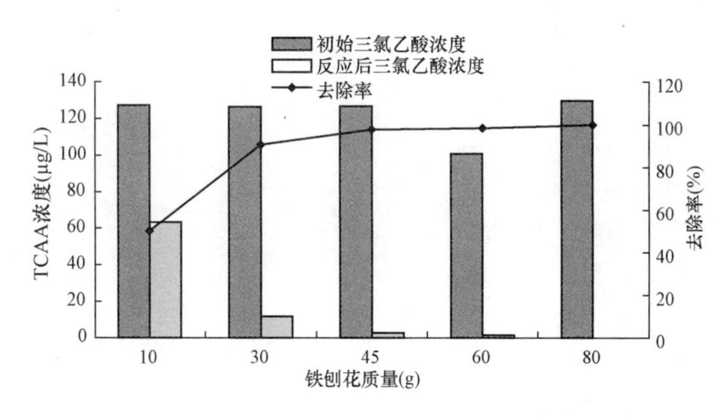

图 9-10　不同铁刨花质量时反应对三氯乙酸的去除情况

从图 9-10 中可见，铁刨花投加量不同，三氯乙酸还原去除效果有较为明显的差别。当 2L 127μg/L 的三氯乙酸溶液中仅加入 10g 的铁刨花时，反应 160min，对三氯乙酸的去除率仅为 50.16%。而随着铁刨花质量的增加，对三氯乙酸的去除率急剧增加，如图 9-10 所示，当铁刨花质量增加至 30g 时，反应 160min 后，去除率就增加至 90%以上；当增加至 60g 时，反应 160min 去除率就增加至 98.45%；当铁刨花质量达到 80g 时，反应至 140min 时，水溶液中就检测不出三氯乙酸了，去除率达到 100%。在试验过程中观察发现，10g 铁刨花加入三氯乙酸溶液中，去除效果不好，主要是亚铁沉淀按照一定的比例覆盖在铁刨花的表面，阻碍部分铁刨花进一步被氧化；而随着铁刨花量的增加，铁刨花中的复相微电池增加，加快铁的腐蚀，进而增加脱氯效果，提高脱氯速率。

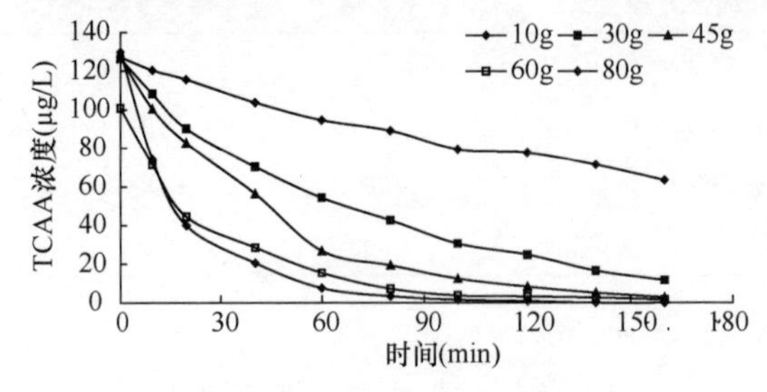

图 9-11　不同铁刨花投加量条件下三氯乙酸浓度随时间的变化

此外，试验还研究了不同铁刨花投加量条件下铁刨花还原脱氯的反应速率情况，在上述试验过程中每隔 20min 取样分析各处理过程中水样中残余的三氯乙酸浓度，将其按照时间的变化作图，如图 9-11 所示。

从图 9-11 中可以看出，在加入不同质量铁刨花条件下，三氯乙酸浓度下降的速率不同，当加入质量为 10g 时，三氯乙酸浓度随时间下降较为平缓，而当加入铁刨花质量为 80g 时，三氯乙酸浓度前 60min 下降迅速，而在 60min 后，下降趋于平缓，在 140min 时三氯乙酸被全部去除。

将图 9-11 中的数据按照一级反应动力学方程式进行整理，并进行线性拟合，结果如图 9-12 所示。

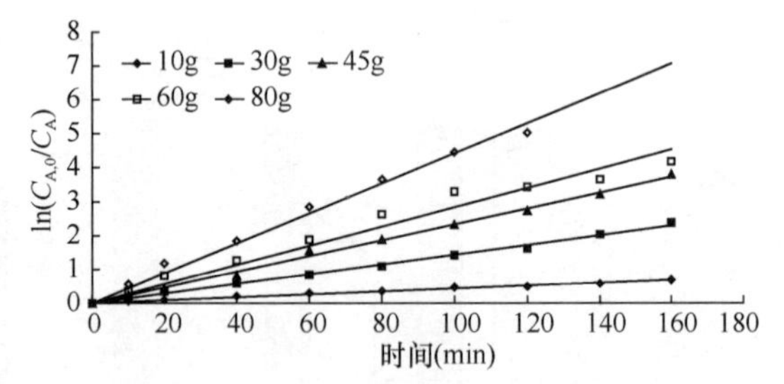

图 9-12　加入不同铁刨花质量条件下的 $\ln(C_{A,0}/C_A)$ 与时间的关系

从图 9-12 可见，加入不同质量铁刨花条件下，$\ln(C_{A,0}/C_A)$ 与时间呈线性关系，相关系数均在 0.96 以上，且随着加入铁刨花的质量不同，所拟合的直线的斜率不同，有关拟合所得到的速率方程、速率常数和相关系数如表 9-3 所示。表中可见，当加入铁刨花质量为 10g 时，反应速率常数仅为 0.0044，可当铁刨花加入量 80g 时，速率常数增加为 0.0442，可见加入的铁刨花量对还原脱氯去除三氯乙酸的反应速度或者说去除效果影响很大；这主要是因为 Fe 失去电子后变成 Fe^{2+}，其与 OH^- 结合沉积在铁刨花的表面，使得铁刨花出现钝化所致，如果铁刨花量增加，则三氯乙酸接触与 Fe 接触的几率增大，

Fe 直接将电子传递给三氯乙酸分子，使其脱氯，提高去除效果。

加入不同铁刨花质量条件的反应速率方程和速率常数 **表 9-3**

序号	加入的铁刨花质量(g)	线性方程	K 值	相关系数 R^2
1	10	$\ln(C_{A,0}/C_A)=0.0044t$	0.0044	0.9887
2	30	$\ln(C_{A,0}/C_A)=0.0143t$	0.0143	0.9960
3	45	$\ln(C_{A,0}/C_A)=0.0233t$	0.0233	0.9966
4	60	$\ln(C_{A,0}/C_A)=0.0283t$	0.0283	0.9655
5	80	$\ln(C_{A,0}/C_A)=0.0442t$	0.0442	0.9899

4. 不同铁材料的影响

为研究不同铁质材料对三氯乙酸的脱氯去除效果，分别采用不同的铁材料进行脱氯研究。配制浓度为约 350μg/L 的三氯乙酸溶液，加入反应容器中，分别加入不同材料的铁刨花或还原铁粉，反应 160min，每 20min 取样分析，试验结果如图 9-13 所示。

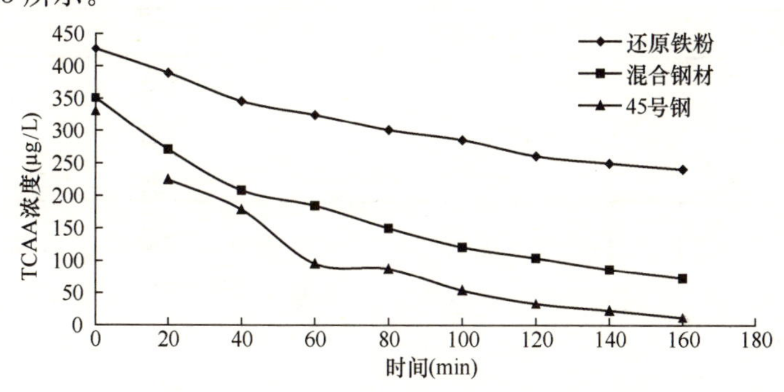

图 9-13 不同钢铁材料还原去除三氯乙酸的效果

图 9-13 为还原铁粉、混合钢铁刨花、45 号钢铁刨花还原脱氯去除三氯乙酸时水样中三氯乙酸浓度随时间的变化情况。还原铁粉为纯铁，其还原脱氯主要依靠铁本身的还原性能，主要发生以下反应：

$$Fe^0 + RCl_X + H^+ \longrightarrow Fe^{2+} + RHCl_{X-1} + Cl^-$$

该反应随着 H^+ 浓度减少而趋于平缓，所以在图中显示还原铁粉去除三氯乙酸效果不理想；而采用 45 号钢材，该工业金属中含有较多的杂质或夹杂物，与铁本身构成无数微型原电池，将加速铁的腐蚀，提高还原脱氯速度，所以 45 号钢材的还原脱氯效果远远大于还原铁粉；而另外一种混合钢材由于其中所含的杂质成分不同，故所形成的原电池效果不同，即钢材中的杂质成分对铁还原去除效果影响较大。

为考察不同材料的铁对反应速率的影响，同样将该反应按照一级反应动力学进行整理并作图如图 9-14 所示。

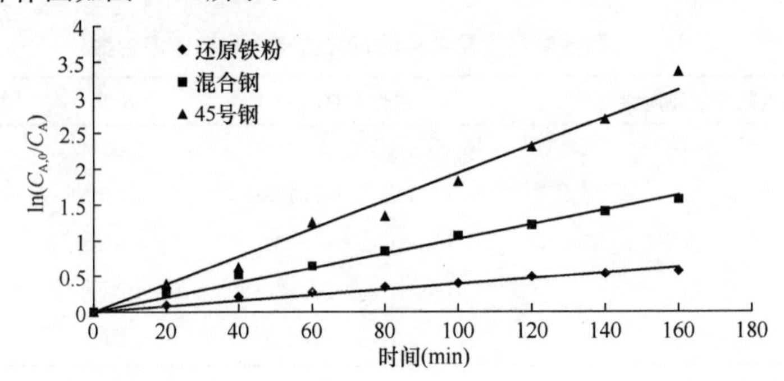

图 9-14　不同铁刨花去除三氯乙酸 ln（$C_{A,0}/C_A$）与时间的关系

从图 9-14 中可以看出不同钢材还原脱氯去除三氯乙酸的 ln（$C_{A,0}/C_A$）与时间呈线性关系，斜率即为反应速率常数，所拟合的方程和速率常数见表 9-4。

不同钢材铁刨花还原脱氯去除三氯乙酸的速率方程和速率常数　　表 9-4

序号	铁质材料	线性方程	*K* 值	相关系数 R^2
1	铁粉	$\ln(C_{A,0}/C_A)=0.0039t$	0.0039	0.9705
2	混合钢材	$\ln(C_{A,0}/C_A)=0.0102t$	0.0102	0.9893
3	45 号钢	$\ln(C_{A,0}/C_A)=0.0194t$	0.0194	0.9839

从表 9-4 中可见，不同钢材还原脱氯反应速率不同，以还原铁粉最低，速率常数仅为 0.0039，以 45 号钢脱氯速率最大，为 0.0194，具体与材质的关系有待于进一步研究。

9.1.4　铁还原去除二氯乙酸效果的研究

二氯乙酸也是饮用水中常见的卤乙酸类消毒副产物之一，在本试验中主要是考察铁还原对二氯乙酸去除效果的影响，重点在于对比分析铁刨花对二氯乙酸和三氯乙酸的去除效果和不同铁材料对二氯乙酸去除效果的影响。

配制浓度约为 100μg/L 的二氯乙酸溶液，采用铁刨花还原去除，向 2L 二氯乙酸溶液中加入混合钢材料的铁刨花 90g，反应 160min，每 20min 取样分析，试验结果如图 9-15 所示。

从图 9-15 中可见，二氯乙酸随着反应时间的延长，浓度逐渐降低，至 160min 由初始浓度的 97.67μg/L 降至 58.84μg/L，去除率为 39.75%，原因分析为氯为得电子基团，由于二氯乙酸中仅含两个氯，使得碳原子周围电子云密度增加，降低了氯捕获电子的能力，从而降低了铁还原脱氯的效果。另外对水样中 DCAA 浓度随时间的变化进行指数函数拟合，从图中可见，DCAA 浓度随时间

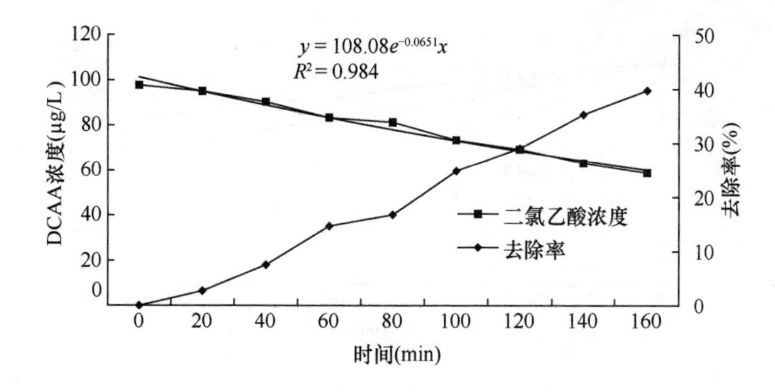

图 9-15 铁刨花去除二氯乙酸的效果

的变化具有指数函数特征，符合方程式 $y = 108.08e^{-0.065x}$，相关系数为 0.984，这正是一级反应动力学特征，所以初步假设铁刨花还原二氯乙酸也符合一级反应动力学，将图 9-15 中的数据按照一级反应动力学进行整理并作图如图 9-16 所示。

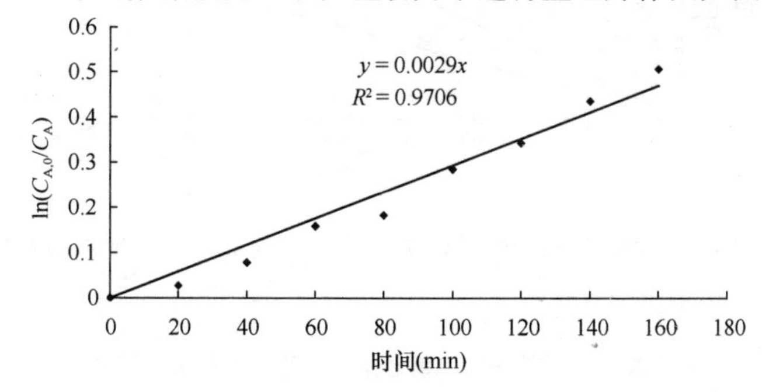

图 9-16 铁刨花还原脱氯去除二氯乙酸 ln（$C_{A,0}/C_A$）与时间的关系

从图 9-16 可见，铁刨花还原二氯乙酸 ln（$C_{A,0}/C_A$）与时间呈线性关系，符合线性公式 $y = 0.0029x$，相关系数为0.9706。根据相关系数检验表，图中的数据配置直线，相关系数大于 0.798，置信度大于 99%，显然，图中拟合的线性关系具有显著意义，进一步证明铁刨花还原二氯乙酸符合一级反应动力学关系。

此外为研究不同铁材料对二氯乙酸脱氯效果的影响，分别采用还原铁粉、45 号钢的铁刨花进行还原脱氯效果对比，配制浓度约为 100μg/L 的二氯乙酸进行不同材料铁刨花试验，试验结果如图 9-17 所示。

从图 9-17 中可以看出 45 号钢铁刨花对二氯乙酸的去除效果优于还原铁粉和混合钢铁刨花，主要是因为 45 号钢的杂质更易于与铁形成还原电池，促进铁的腐蚀，加速二氯乙酸还原去除；而对于还原铁粉，由于仅依靠零价铁本身的还原性，其降解二氯乙酸的效果又进一步下降。为比较不同材料对还原二氯乙酸的速率的影响，将图 9-17 中的数据按照一级反应动力学进行整理并作图，如图 9-18 所示。

图 9-18 为不同铁材料对二氯乙酸还原去除的影响，将图 9-17 所拟合的速率

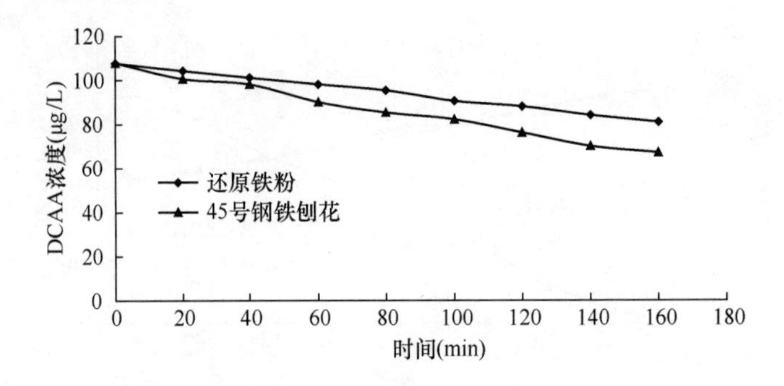

图 9-17 不同钢材铁刨花还原去除二氯乙酸比较

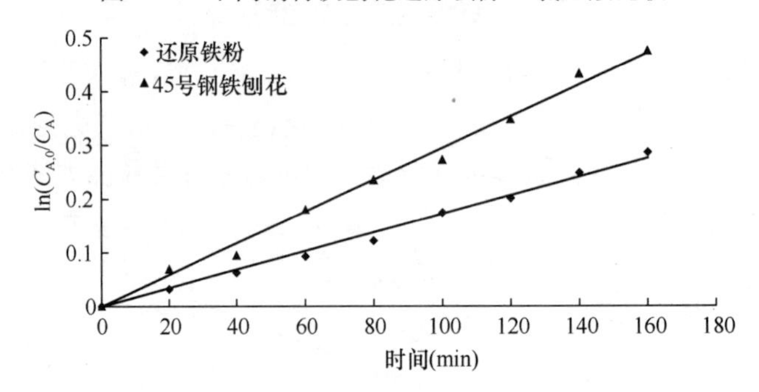

图 9-18 不同材料的铁对二氯乙酸去除的 ln($C_{A,0}/C_A$)与时间的关系

方程和相关系数列于表 9-5。

不同铁材料还原去除二氯乙酸的速率方程和相关系数 **表 9-5**

序号	铁质材料	线性方程	*K* 值	相关系数 R^2
1	铁粉	$\ln(C_{A,0}/C_A)=0.0017t$	0.0017	0.9705
2	45 号钢	$\ln(C_{A,0}/C_A)=0.0029t$	0.0029	0.9926

从表 9-5 中可见不同铁材料对还原脱氯去除二氯乙酸影响很大。二氯乙酸中的氯基团较少，对电子吸引力不强，仅靠在还原铁粉表面将电子转移给二氯乙酸较为困难，所以还原铁粉对二氯乙酸脱氯反应速度比较慢，去除效果也不理想；而如果铁刨花中含有杂质，其可与铁单质形成原电池，加速铁的腐蚀，提高铁还原脱氯效果，从 45 号钢的脱氯速率方程可以证明这一现象。

9.1.5 出水中铁控制试验研究

研究铁还原去除卤乙酸除了考虑到目前仍有相当一部分管网采用铸铁管外，还考虑到采用铁还原去除卤乙酸也是工艺探讨的一个重要原因。前已证明铁刨花对三氯乙酸有很好的脱氯去除效果，对二氯乙酸脱氯去除也起到一定的作用，但是铁刨花还原脱氯的过程会引起出水中铁离子浓度过高；所以本试验采用锰砂和颗粒活性

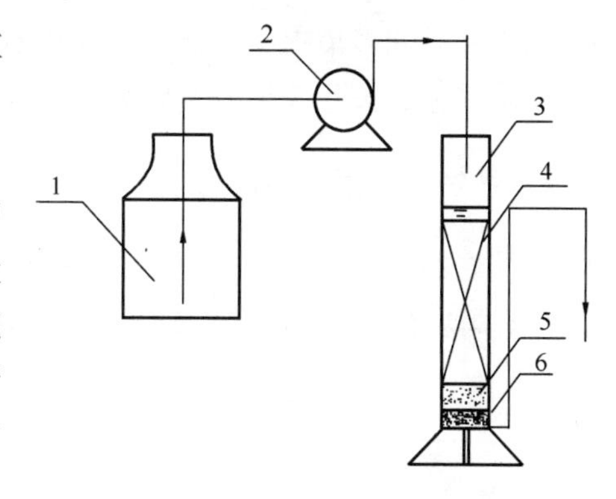

图 9-19　铁刨花去除卤乙酸试验装置

1—试剂瓶；2—蠕动泵；3—有机玻璃柱；4—铁刨花；5—活性炭；6—锰砂

炭相结合，考察降低出水中铁浓度的效果，试验装置如图 9-19 所示。

图中有机玻璃柱的内径为 29mm，长度大约为 500mm，在有机玻璃柱的底部装有 50mm 的锰砂层以支撑活性炭层，炭层高度约为 50mm，炭上铁刨花高度保持 300mm 左右；装置中出水管应向上弯起，与柱内液面相平，防止有机玻璃柱滤干。

试验过程中，配制浓度约为100μg/L 的三氯乙酸溶液，经过 GC 色谱分析，确定此配制的溶液的浓度为 98.42μg/L，溶液在有机玻璃柱中停留时间分别控制为 10min、30min、60min，分析出水水样中的三氯乙酸浓度和铁含量，试验结果如表 9-6 所示。

不同停留时间条件下出水水样中三氯乙酸和铁浓度　　表 9-6

停留时间	10min		30min		60min	
试验结果	TCAA 浓度 (μg/L)	铁含量 (mg/L)	TCAA 浓度 (μg/L)	铁含量 (mg/L)	TCAA 浓度 (μg/L)	铁含量 (mg/L)
	82.35	1.02	64.52	1.69	28.29	1.52

从表中可以看出，当初始水样中三氯乙酸浓度为 98.42μg/L 时，经铁刨花柱，分别停留 10min、30min 和 60min 后，出水水样的三氯乙酸浓度分别为 82.35μg/L、64.52μg/L、28.29μg/L，去除率分别为 16.33%、34.44%、71.26%，可见铁刨花对三氯乙酸的去除具有一定的效果；但是由于在铁还原三氯乙酸的同时，铁失去电子被氧化成 Fe^{2+} 或 Fe^{3+} 溶解在水中随水流出，增加了水中的铁含量。本试验采用锰砂和活性炭层相结合，控制出水中的铁含量。试验中在不同停留时间下，出水中铁含量分别为 1.02mg/L、1.69mg/L、1.52mg/L，这与我国饮用水中的出厂水铁含量标准还有一定距离，关于如何控制铁还原脱氯去除卤乙酸过程出水中的铁含量还有待于进一步研究。

9.2　活性炭还原去除水中的 BrO_3^-

在净水工艺中，臭氧一般都与活性炭工艺联用。活性炭对溴酸根具有一定的吸附与还原能力。因此，利用活性炭去除溴酸根这一方法在经济性上有较大优势。国内外研究多集中于中试试验溴酸根的去除，对于溴离子的生成研究较少。不同文献报道的去除效果差别较大。

9.2.1　活性炭表面性质的影响

活性炭的表面性质与孔径分布是影响表面吸附和表面反应的主要因素。图9-20为不同炭在设定条件下 48h 对溴酸根的去除量。由图可见，1 号、2 号活性炭对 BrO_3^- 的去除量明显要高于 3 号、4 号活性炭。对比 4 种活性炭的表面性质，吸附性能与表面碱性官能团的数量具有一定的相关性，即碱性官能团有利于溴酸根的吸附与还原，而与酸性官能团、碘值、亚甲蓝值这 3 个指标关系不大，这与文献中的结论相符。此外，磷酸盐缓冲溶液对 GAC 吸附溴酸根有屏蔽效果，同时，活性炭对溴酸根的去除效果也与表面金属杂质的种类和含量相关；这可能是 2 号和 3 号活性炭虽有相似官能团含量但性能却大不相同的原因。具体原因还有待进一步分析。考虑到 2 号活性炭对溴酸根的吸附效果良好，且其他试验表明其对有机物也有较好的吸附效果。为方便后续研究，故选用 2 号活性炭进行动力学试验。

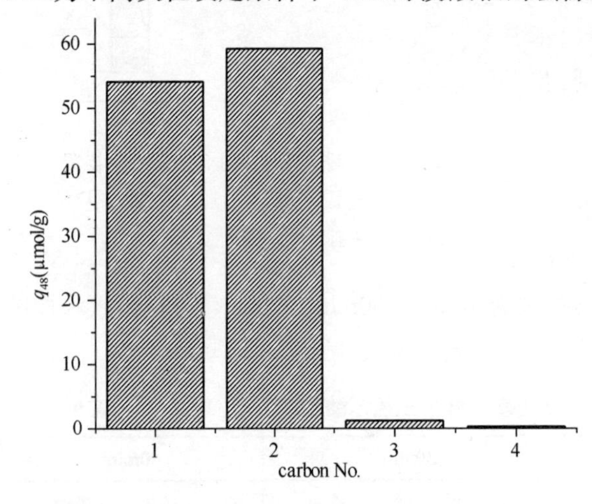

（GAC=0.1g/L，C_{BrO_3}=39.1μmol/L，pH=7.0，T=25℃）

图 9-20　不同活性炭对溴酸根吸附/还原效果

1. 不同阴离子的影响

图 9-21 反映不同阴离子共存时活性炭对溴酸根的去除情况。为消除阳离子的影响均采用钾盐。由图 9-21 可知，投加其他阴离子后，溴酸根去除量和溴离子生成量总体呈下降趋势。在 1mmol/L 投加浓度以内，随投加量增加活性炭对溴酸根的去除量减少，超过该浓度溴酸根的去除量又有所增加；对于 Cl^- 和 NO_3^-，溴离子的生成量在试验范围内单调减少，SO_4^{2-} 则呈现先减小，后又上升的趋势，与其对应的溴酸根去除量变化趋势一致。文献中对于活性炭吸附溴酸根的阴离子干扰现象研究不多，普遍认为存在竞争吸附，但对具体某种离子是否有干扰则结论不一。Kirisits 等静态吸附试验表明：磷酸盐缓冲溶液对于溴酸根去除无影响。投加不同阴离子（浓度在 110～160μmol/L 之间），影响依次是 Br^->

$NO_3^- > Cl^- > SO_4^{2-}$，这和图中的情况并不完全一致（$NO_3^- > SO_4^{2-} > Cl^-$），可能由于炭种类不同所致。综上所述，3 种含氧酸根离子的影响都比较大，而投加 Cl^- 时，整个过程的变化比较平缓且具有规律性，故在接下来的试验中以 KCl 调节溶液的离子强度。

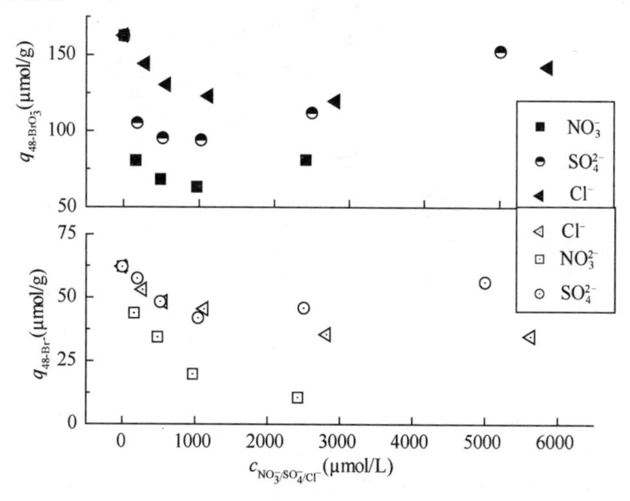

（GAC=0.1g/L，$C_0(BrO_3^-)$=39.1μmol/L，pH=5.80，T=25℃）

图 9-21　不同阴离子对活性炭还原溴酸根的影响

2. 离子强度的影响

以 KCl 调节溶液离子强度，吸附动力学试验结果如图 9-22。4 种条件下溴酸根初始浓度分别为：（I = 10mmol/L）35.365μmol/L、（I = 1mmol/L）34.790μmol/L、（I=0.1mmol/L）30.171μmol/L，（I=0mmol/L）37.678μmol/L。为方便比较，进行规一化处理。可以看到，随离子强度的增大，溶液中溴酸根的吸附速率与溴离子的生成速率均减小。按每条曲线的最后阶段计算，溴酸根的去除率由 0mmol/L 条件下的 70%降到 10mmol/L 条件下的 33.2%。溴离子的生成率也由 42.1%降到 26.4%。该现象说明，Cl^- 占据了活性炭表面的一些活性位，由于相同电性，使得溴酸根无法接近活性炭表面，因而溴离子的还原反应也受到抑制，这种效果随氯离子浓度增大而增大。另外，离子强度为 10mmol/L、1mmol/L、0.1mmol/L 和 0mmol/L 时，溴酸根前 24h 的吸附量占总吸附量的比例分别是：28.9%、41.4%、52.9%和 53.1%，对应溴离子前 24h 的释放量占总释放量的比例则分别是：26.1%、25.7%、27.9%和 28.5%，前者的变化要更明显一些。这从侧面反映氯离子与炭表面吸附位之间的力不是强键力，由于溴酸根与表面基团存在化学反应，因此作用力更强，可以通过离子交换或竞争吸附重新占据吸附位。

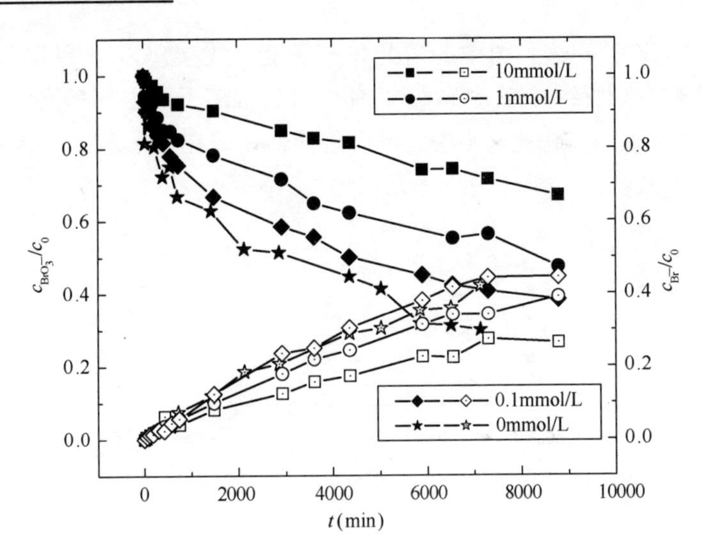

(GAC=0.1g/L，pH=5.80，T=35℃)

图 9-22 不同离子强度对活性炭还原溴酸根的影响

考察整个过程，溴酸根吸附速率在初期快速减小，此后在较长时间内（1000～6000min）基本保持不变，溴离子的释放过程与此相类似，只是在初期先由小增大，然后保持不变，最后阶段又变缓。推测速率保持不变的时间段内整个吸附与反应过程达到似稳态。活性炭还原去除 BrO_3^- 的总过程分为多个步骤，包括溴酸根的表面扩散与内扩散、溴酸根的吸附、表面络合物的反应、溴离子的生成、溴离子的释放与扩散等一系列的过程。由于反应机理还不明了，无法对整个过程精确模拟。试验采取常用的吸附模型对溴酸根与溴离子分别拟合，发现拟二级速率方程对于溴酸根的吸附过程模拟效果良好，除一个特例其余相关系数均在 0.97 以上，而颗粒内扩散模型可以很好地拟合溶液中溴离子的释放过程，相关系数也在 0.97 以上，所有拟合结果见表 9-7。

3. pH 的影响

当溴酸根的 pKa 为 0.7，pH 在 1～14 范围内时，溴酸根在溶液中的存在形式是 BrO_3^-。从图 9-23 可见，pH 对整个吸附与还原过程的影响较大，酸性条件有利于溴酸根的吸附与转化。这和相关文献的结论一致。以初始吸附速率和氢离子浓度的对数为坐标作图，结果见图 9-24。pH 为 9.69、5.80、3.86 这 3 个点的线性良好，Jennifer Miller 等人也有相似的结论。但在 pH 为 2.66 时，溴酸根的吸附速度 v_0（表 9-7）有所下降。这是在因为调节 pH 值时，不可避免地会引入其他的干扰阴离子（本试验中为 Cl^-），阻碍吸附的发生（图 9-24），抵消氢离子浓度增加带来的促进作用。

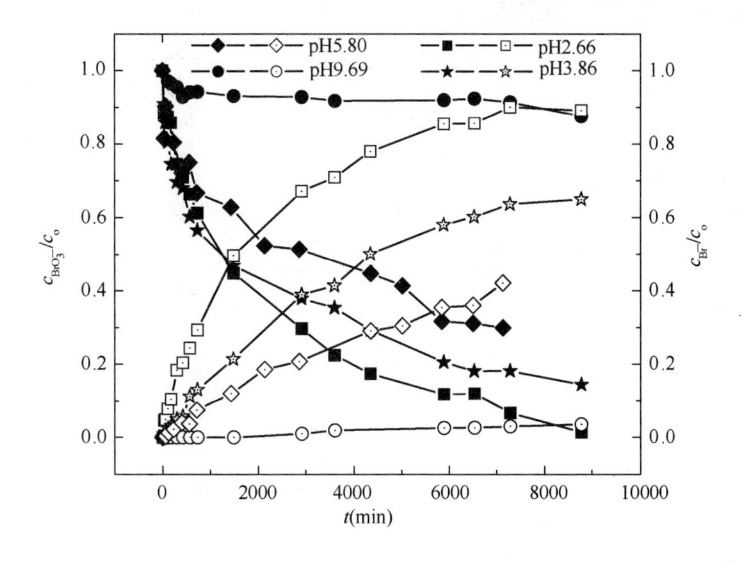

(GAC=0.1g/L，I=0，T=35℃)

图 9-23 不同 pH 对活性炭还原溴酸根的影响

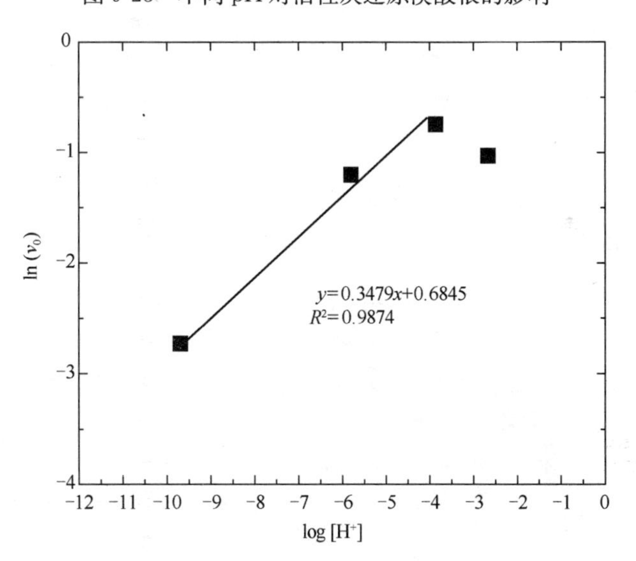

(GAC=0.1g/L，I=0，T=35℃)

图 9-24 不同 pH 条件下活性炭吸附溴酸根的初始速率

此外，以回收率表示溶液中生成的溴离子与吸附的溴酸根的摩尔比值，则在试验中每条曲线的最后时刻，初始 pH 为 2.66、3.86、5.80 和 9.69 时相应的回收率分别是：90.4%、75.9%、60.1%和 28.6%。氢离子浓度升高可提高回收率，可能的原因是氢离子的存在加速了还原反应，改变反应平衡。炭表面发生的反应机理还有待进一步的研究。

溴酸根动态吸附曲线与溴离子释放曲线的拟合　　表 9-7

T (℃)	c_0 (μmmol/L)	pH	I (mmol/L)	粒子内扩散模型 $k_d\times10^{-3}$ (μmol/g/min)	R^2	拟二级速率方程 v_0 (μmol/g/min)	q_e (μmol/g)	$k_2\times10^{-3}$ (g/μmol/min)	R^2 (整个过程)	R^2 (平台之前)
15	40.00	5.80	0	0.719	0.982	0.268	166.67	3.108	0.997	—
25	39.70	5.80	0	1.648	0.988	0.320	227.27	2.487	0.976	0.997
35	342.20	5.80	0	4.101	0.985	1.198	769.23	1.423	0.978	0.993
35	138.68	5.80	0	3.197	0.982	0.613	476.19	1.644	0.974	0.990
35	37.68	5.80	0	1.914	0.979	0.301	285.71	1.921	0.974	0.980
35	30.17	5.80	10	0.907	0.985	0.290	256.41	2.316	0.972	0.988
35	34.79	5.80	1	1.553	0.982	0.145	185.18	2.058	0.953	—
35	35.37	5.80	0.1	1.852	0.973	0.240	227.27	2.155	0.980	—
35	37.74	9.69	0	0.141	0.878	0.065	37.59	6.796	0.926	0.997
35	34.25	2.66	0	3.915	0.987	0.357	357.14	1.674	0.989	—
35	35.93	3.86	0	2.947	0.987	0.474	312.50	2.204	0.989	—
42	36.43	5.80	0	2.811	0.978	0.439	238.10	2.781	0.971	0.988

4. 溴酸根初始浓度与温度的影响

不同溴酸根初始浓度下溴酸根的吸附与转化见图 9-25，上半图中纵坐标为溴酸根的累计吸附容量，下半图中纵坐标为溴离子的释放容量。可以看到，随溴酸根初始浓度的增加，扩散的驱动力增大，因而相同时间内，活性炭吸附量与吸附

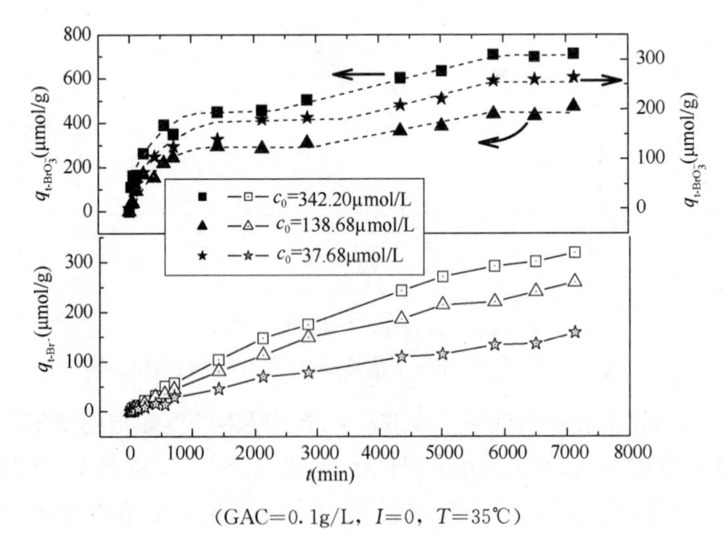

（GAC=0.1g/L，I=0，T=35℃）

图 9-25　不同初始浓度对活性炭还原溴酸根的影响

速率以及溴离子释放速率均相应增大。

考察每条曲线线型，溴离子释放曲线与图 9-25 相似；而溴酸根的吸附曲线则有些不同：在整个时间轴的某一段，溴酸根的吸附缓慢甚至停止，但随后又开始迅速增加。图 9-25 上半图中的 3 条曲线均有这样的“平台”出现。图中溴酸根吸附曲线也出现了类似“平台”。将各曲线用拟二级速率方程在平台之前及之后分别拟合，线性相关系数可以提高（表 9-7）。按照拟合得到的平衡吸附容量计算，平台期间的吸附容量占整个过程平衡吸附容量的 65%～81.3%。

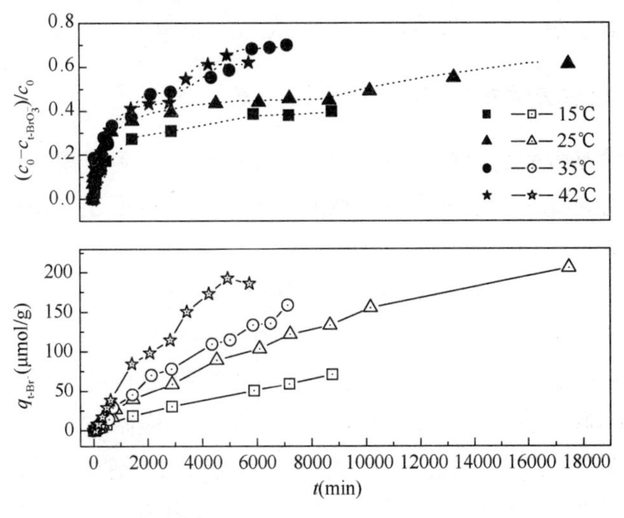

（GAC=0.1g/L，I=0，T=35℃）

图 9-26 不同温度对活性炭还原溴酸根的影响

不同温度情况下“平台”出现和结束的时间不一，间隔也不同。但出现和结束时溴离子的释放量都比较接近，起止时段 q_{t-Br^-} 在 70～147μmol/g 范围内。图 9-25 和图 9-26 中吸附条件的区别在于溶液中不存在干扰阴离子。

综合上述讨论，笔者认为该现象反映了活性炭内微孔部分溴酸根的吸附受到了溴离子释放的影响。当吸附过程持续一段时间后，表面吸附位趋于饱和（或由于吸附引起空间位阻和电性力作用阻碍吸附的进行），大孔部分还原性基团剩余较少，此时微孔内活性基团因不容易抵达而尚留有较多，先前进入的溴酸根离子开始还原成溴离子并释放出来，但由于微孔内通道狭小，溴酸根必须等溴离子扩散出后才能进入孔内，这段时间内溴酸根的吸附速率显著变小，直至大部分溴离子扩散出，孔内阻力变小，溴酸根才能得以继续吸附。本试验中，溴离子的释放曲线可以很好地被粒子内扩散模型拟合，这从侧面为上述假设提供支持。对于其它 I 不为 0 的溶液，因为氯离子半径（0.181nm）小于溴离子（0.195nm）且两者带有相同电荷，容易堵住微孔入口，“平台现象”就不明显。

一般认为提高温度可以促进扩散和提高表面化学反应的速率，但对于吸附过程(因物理吸附一般为放热)提高温度则可能起阻碍作用。图中各吸附曲线的速率常数值分别是：3.108μmol(15℃)、2.487μmol(25℃)、2.204μmol(35℃)和2.781μmol(42℃)10^{-3} g/(μmol·min)；初始吸附速率则是0.268μmol(15℃)、0.320μmol(25℃)、0.474μmol(35℃)、0.439μmol(42℃)(表9-7)；而溴离子的释放速率常数则是0.719(15℃)、1.648(25℃)、2.947(35℃)和2.811(42℃)10^{-3}μmol/(g·min)。由于整个过程分为几个相互影响的步骤，因此单个参数随温度的变化较为复杂，规律性不明显。

9.2.2　活性炭还原去除水中 BrO_3^- 的机理初探

活性炭去除溴酸根的过程主要分两步：溴酸根的吸附与溴离子的生成。这中间各个过程互相关联，目前还没有满意的机理模型可以描述完整的过程。Siddiqui 等人提出下式：

$$\equiv C + BrO_3^- \longrightarrow BrO^- + \equiv CO_2 \tag{9-3}$$

$$\equiv C + 2BrO^- \longrightarrow 2Br^- + \equiv CO_2 \tag{9-4}$$

根据本研究的试验结果，活性炭上溴酸根的吸附与还原反应缓慢，6天之后，溴酸根的吸附与溴离子生成仍继续进行。同时，吸附过程易受到阴离子的干扰，文献中还发现有机物对吸附过程的影响也比较大。这些都侧面反映了 BrO_3^- 与炭表面官能团之间的作用力较弱，可能以物理吸附为主，在吸附过程中扩散作用占主导。因此吸附缓慢且易受干扰。图9-25和图9-26表明不含氯离子的溶液中 BrO_3^- 吸附曲线出现“平台”现象，推测 BrO_3^- 在微孔中的扩散受到 Br^- 释放过程的影响，在吸附后期，这部分微孔才得以被利用。Siddiqui 等人也有类似的结论，他们发现颗粒活性炭（GAC）对 BrO_3^- 的去除效果要好于粉末活性炭(PAC)，并认为原因是PAC静态吸附试验中 BrO_3^- 还原生成的 Br^- 占据了 BrO_3^- 的吸附位，导致 BrO_3^- 的吸附还原过程受阻；而在GAC吸附柱试验中，生成的 Br^- 能够及时被出水带走。

此外，pH和温度也是吸附过程中重要的影响因素。pH变化既影响炭表面的电荷密度，也影响溴酸根离子的反应活性。例如反应：

$$BrO_3^- + 5Br^- + 6H^+ \longrightarrow 3Br_2 + 3H_2O \tag{9-5}$$

只在pH小于1时才发生。试验中降低pH可以显著提高溴酸根去除率，这有可能是因为在低pH下炭表面溴离子对溴酸根的还原起了一定的催化作用。试验发现提高温度可以促进扩散，加快表面反应的速率，但同时也可能会降低物理吸附的作用；因此实验中随温度上升溴酸根吸附速率与溴离子释放速率均先升高后降低。

参 考 文 献

1. 高乃云,汪雪娇,周超,楚文海. 氯胺消毒对饮用水水源中不同类型有机物生成消毒副产物的影响. 同济大学学报(自然科学版), 2009, 37(12), 1577-1581.

2. 高乃云,严敏,乐林生. 饮用水强化处理技术. 北京:化学工业出版社,2005.

3. 楚文海, 高乃云, 邓扬. 饮用水新型含氮消毒副产物卤乙酰胺稳定性研究. 有机化学, 2009, 29(10), 1569-1574.

4. 楚文海, 高乃云. 气相色谱-质谱法检测饮用水新生含氮消毒副产物氯代乙酰胺. 分析化学,2009, 37(1), 103-106.

5. 楚文海,高乃云,赵世嘏,李青松. 溶解性有机氮乙酰胺氯化生成饮用水 THMs 的影响因素研究, 环境科学, 2009,30(5), 1376-1380.

6. 楚文海, 高乃云. 饮用水含氮消毒副产物 NDMA 的形成与去除研究进展,化学通报, 2009,72(5), 388-393.

7. 楚文海, 高乃云. 饮用水含氮消毒副产物 NDMA 分析技术研究进展, 化工进展, 2008, 27(10), 1512-1515.

8. 楚文海, 高乃云. 饮用水新型 N－DBPs 类别及毒理学评价, 现代化工, 2009,29(2), 86-89.

9. 楚文海, 高乃云. 饮用水消毒副产物卤化硝基甲烷研究进展, 给水排水, 2008,34(7), 34-36.

10. 吴一繁, 高乃云, 乐林生. 饮用水消毒技术. 北京:化学工业出版社, 2006.

11. 伍海辉, 高乃云, 贺道红, 徐斌, 芮曼, 赵建夫. 臭氧活性炭工艺中卤乙酸生成潜能与相对分子质量分布关系的研究. 环境科学, 2006, 27 (10), 2035-2039.

12. 胡澄澄, 高乃云, 楚文海. 沉淀与气浮工艺单元处理太湖原水效果比较, 给水排水, 2010,36(2), 13-16.

13. 赵璐, 高乃云, 楚文海. 饮用水中典型含氮消毒副产物二氯乙腈的研究进展, 给水排水, 2010,36(3), 162-165.

14. 伍海辉,高乃云. 颗粒活性炭的特性参数与吸附性能的关系试验. 工业用水与废水, 2005. 36(4),51-54.

15. 伍海辉,高乃云,徐斌. 饮用水中卤乙酸生成势与分子量分布的关系. 第二届海峡两岸饮用水安全控制技术及管理研讨会议论文集,2005 年,北京.

16. 伍海辉,高乃云. 紫外、臭氧、双氧水及其组合工艺降解消毒副产物效果分析. 长三角区城镇饮用水安全保障技术和管理研讨会议论文集,2005,上海.

17. 万蓉芳,高乃云,伍海辉,徐斌. 颗粒活性炭吸附饮用水中卤乙酸特性研究. 给水排水, 2005,31(12),5-10.

18. 伍海辉,高乃云,万蓉芳,徐斌. 高级氧化技术降解卤乙酸效果及动力学研究. 哈尔滨工业大学学报,2007,39(12),1974-1978.

19. 伍海辉,高乃云,徐斌. 臭氧活性炭工艺中卤乙酸生成潜能与分子量分布关系的研究. 环境科学,2006,27(10),124-128.

20. 王占生,刘文君. 微污染水源饮用水处理. 北京:中国建筑工业出版社,1999

21. 张晓健,李爽. 消毒副产物总致癌风险的首要指标参数——卤乙酸. 给水排水,2000,26(8),1-6.

22. 曲久辉. 饮用水安全保障技术原理. 北京:科学出版社,2007.

23. 蔡亚岐,刘稷燕,江桂斌. 饮用水消毒副产物及其分析技术. 化学进展,2004,16(5),708~716.

24. 生活饮用水卫生标准,中华人民共和国国家标准 GB 5749—2006.

25. 楚文海。饮用水氯化含氮消毒副产物卤乙酰胺生成机制研究:[博士学位论文]. 上海:同济大学环境科学与工程学院,2010.

26. 伍海辉. 预氯化消毒副产物卤乙酸去除技术研究:[博士学位论文]. 上海:同济大学环境科学与工程学院,2006.

27. 万蓉芳. 水中卤乙酸生成和去除特性的研究:[硕士学位论文]. 上海:同济大学环境科学与工程学院,2006.

28. 马军,氯化消毒副产物的形成及对饮用水质的影响. 中国给水排水,1997,13 (1),35~36.

29. 李爽,张晓健,刘文君. 控制饮用水处理工艺及配水管网中卤乙酸的研究. 中国给水排水,1999,15(6),1-4.

30. 刘文君. 饮用水中可生物降解有机物和消毒副产物特性研究:[博士学位论文]. 北京:清华大学环境科学与工程学院,1999.

31. 顾春晖,郑正,杨光俊. 辐照降解饮用水氯化消毒副产物的研究. 环境科学与技术,2005,28(2),3-8.

32. 曹莉莉,张晓健,王占生. 饮用水处理中活性炭吸附卤乙酸的特性. 环境科学,1999,20(5),72-75.

33. Gao Naiyun, Chu Wenhai, Deng Yang, Xu Bin. TCAA degradation in ultraviolet (UV) irradiation/hydrogen peroxide (H_2O_2)/micro-aeration (MCA) combination process. *Journal of Water Supply-Research and Technology-AQUA*, 2009, 58(7), 510-518.

34. Chu W. H., Gao N. Y., Li C. & Cui J., Photochemical degradation of typical halogenated herbicide 2,4-D in drinking water employing UV/H_2O_2/micro-aeration. Science in China Series B: Chemistry, 2009, 52 (12),2351-2357.

35. Chu Wenhai, Gao Naiyun, Deng Yang. Performance of a Combination Process of UV/H_2O_2/Micro-Aeration for Oxidation of Dichloroacetic Acid in Drinking Water. *Clean-Soil Air Water*, 2009, 37(3), 233-238.

36. Chu Wenhai, Gao Naiyun, et al. Degradation of herbicide (ametryn) in water by UV-

H_2O_2 combinated process, *2nd International Conference on Bioinformatics and Biomedical Engineering* (*ICBBE*). 2008, 3575-3578.

37. Chu Wenhai, Gao Naiyun, Deng Yang, Kranser SW. Precursors of Dichloroacetamide, an Emerging Nitrogenous DBP Formed during Chlorination or Chloramination. *Environmental Science and Technology*, 2010, 44(10), 3908-3912.

38. Wu Haihui, Gao Naiyun. Degradation Haloacetic Acids DCAA and TCAA by Advanced Oxidation Processes and Kinetics Study. 1st International Conference on Pollution Control and Source Reuse for a Better Tomorrow and Sustainable Economy, 2005, Shanghai.

39. White's Handbook of Chlorination and Alternative Disinfactants-5th ed/Black & Veatch Corporation, 2010, John Wiley & Sons.

40. Anastasia Nikolaou, Luigi Rizzo and Hueseyin Selcuk, Control of Disinfection By-Products in Drinking Water Systems, 2007, Nova Science Publishers.

41. Singer P. C., Disinfection by-products in US drinking waters: Past, present and future. Water Science and Technology: Water Supply, 2004, 4 (1), 151-157.

42. Rook J. J., Formation of haloforms during chlorination of natural waters. Water Treatment and Examination, 1974, 23(2), 234～243.

43. Christman R. F., Norwood D. L. & Millngton G. S., Identity and yields of major halogenated products of aquatic fulvic acid chlorination. Environmental Science and Technology, 1983, 17 (10), 625-628.

44. Richardson S. D., Emerging drinking water disinfection by-products and new health issues. in 1st International Conference on Environmental Exposure and Health. Atlanta, GA, USA, 2005.

45. Onstad G. D., Weinberg H. S. & Krasner S. W., Occurrence of halogenated furanones in US drinking waters. Environmental Science & Technology, 2008, 42(9), 3341-3348.

46. Richardson S. D., Formation and occurrence of disinfection by-products. Environmental and Molecular Mutagenesis, 2008, 49 (7), 531-531.

47. Boorman G. A., Dellarco, V., Dunnick, J. K., Chapin, R. E., Hunter, S., Hauchman, F., Gardner, H., Cox, M. & Sills, R. C., Drinking water disinfection byproducts: Review and approach to toxicity evaluation. Environmental Health Perspectives, 1999. 107(S), 207-217.

48. Richardson S. D., Environmental mass spectrometry: emerging contaminants and current issues. Analytical Chemistry, 2006, 78 (12), 4021-4046.

49. Karanfil T., Krasner S. W., Westerhoff P. & Xie Y. F., Recent Advances in Disinfection By-Product Formation, Occurrence, Control, Health Effects, and Regulations. in Symposium on Occurrence, Formation, Health Effects and Control of Disinfection By-Products in Drinking Water held at the 233rd ACS National Meeting. Chicago, IL, USA, 2007.

50. Pehlivanoglu-Mantas E. & Sedlak D. L., Wastewater-Derived Dissolved Organic Nitro-

gen: Analytical Methods, Characterization, and Effects- A Review. Critical Reviews in Environmental Science and Technology, 2006, 36 (3),261-285.

51. Oh H. S., Kum K. A., Kim E. C., Lee H. J., Choe K. W. & Oh M. D., Outbreak of Shewanella algae and Shewanella putrefaciens infections caused by a shared measuring cup in a general surgery unit in Korea. Infection control and hospital epidemiology, 2008, 29 (8),742-748.

52. Pehlivanoglu-Mantas E. & Sedlak D. L., Wastewater-Derived Dissolved Organic Nitrogen: Analytical Methods, Characterization, and Effects- A Review. Critical Reviews in Environmental Science and Technology, 2006, Vol. 36 (3): 261～285.

53. WHO(2004)"Guidelines for Drinking Water Quality". 3nd edition USEPA(1999)"Alternative Disinfectants and Oxidants Guidance Manual",EPA815-R-99-014. USEPA(2006)"The Stage 2 Disinfectants and Disinfection Byproducts Rule",Federal Register Vol. 71,No. 2(January 4,2006).

54. EEC(1998)"Council Directive 98/83/EC of 3 Nov. 1998on the quality of water intended for human consumption",Official Journal of the European Communities,L330/32,5. 12. 98.

55. Christman R. F., Norwood D. L. & Millngton G. S., Identity and yields of major halogenated products of aquatic fulvic acid chlorination. Environmental Science and Technology, 1983, Vol. 17 (10): 625～628.

56. Richardson S. D., Emerging drinking water disinfection by-products and new health issues. in 1st International Conference on Environmental Exposure and Health. Atlanta, GA, USA, 2005.

57. United States Environmental Protection Agency (USEPA). National Primary Drinking Water Regulations: Stage 2 disinfectants and disinfection byproducts rule. Federal Register, 2006, 71: 387～493.

58. Hu J., Song H. & Karanfil T., Comparative Analysis of Halonitromethane and Trihalomethane Formation and Speciation in Drinking Water: The Effects of Disinfectants, pH, Bromide, and Nitrite. Environmental Science and Technology, 2010, Vol. 44 (2): 794～799.

59. Zhao Y. Y., Boyd J., Hrudey S. E. & Li X. F., Characterization of new nitrosamines in drinking water using liquid chromatography tandem mass spectrometry. Environmental Science and Technology, 2006, Vol. 40 (24): 7636～7641.

60. Charrois J. W., Arend M. W., Froese K. L. & Hrudey S. E., Detecting N-nitrosamines in drinking water at nanogram per literlevels using ammonia positive chemical ionization, Environmental Science and Technology, 2004, Vol. 38 (18): 4835～4841.

61. Krasner S. W., Weinberg H., Richardson S. D., Pastor S. J., Chinn R., Sclimenti M. J., Onstad, G. D. & Thruston A. D., Occurrence of a new generation of disinfection byproducts. Environmental Science and Technology, 2006, Vol. 40 (23): 7175～7185.

62. Richardson S. D., Results of a nationwide DBP occurrence study: Indentification of new

DBPs of potential health concern. Epidemiology, 2002, Vol. 13 (4): 168.

63. Richardson S. D., Plewa M. J., Wagner E. D., Schoeny R. & DeMarini D. M., Occurrence, genotoxicity, and carcinogenicity of regulated and emerging disinfection by-products in drinking water: A review and roadmap for research. Mutation Research/Reviews in Mutation Research, 2007, 636(1-3): 178~242.

64. Plewa M. J., Muellner M. G., Richardson S. D., Fasano F., Buettner K. M., Woo Y. T., McKague A. B. & Wagner E. D., Occurrence, Synthesis, and Mammalian Cell Cytotoxicity and Genotoxicity of Haloacetamides: An Emerging Class of Nitrogenous Drinking Water Disinfection Byproducts. Environmental Science and Technology, 2008, Vol. 42 (3): 955~961.

65. Bull R. J., Meier J. R., Robinson M., Ringhand H. P., Laurie R. D., Stober J. A., Evaluation of mutagenic and carcinogenic properties of brominated and chlorinated acetonitriles: by-products of chlorination. Fundamental and Applied Toxicology, 1985, 5 (6): 1065 ~1074.

66. Daniel F. B., Schenck K. M., Mattox J. K., Lin E. L., Haas D. L., Pereira M. A., Genotoxic properties of haloacetonitriles: drinking water by-products of chlorine disinfection. Fundamental and Applied Toxicology, 1986, Vol. 6 (3): 447~453.

67. Smith M. K., George E. L., Zenick H., Manson J. M., Stober J. A., Developmental toxicity of halogenated acetonitriles: drinkingwater by-products of chlorine disinfection. Toxicology, 1987, Vol. 46 (1):83~93.

68. Mitch W. A., Sharp J. D., Rhodes T. R., Valntine R. L., Alvarez-cohen L. & Sedlak D. L., N-nitrosodimethylamine (NDMA) as a drinking water contaminant: A review. Environment Engineering, 2003, Vol. 36 (5): 389~404.

69. Kundu B., Richardson S. D. & Swartz P. D., Mutagenicity in Salmonella of halonitromethanes: a recently recognized class of disinfection by-products in drinking water. Mutation Research, 2004, Vol. 562 (1-2): 39~65.

70. Woo Y. T., Lai D., McLain J. L., Manibusan M. K. & Dellarco V., Use of mechanism-based structure-activity relationships analysis in carcinogenic potential ranking for drinking water disinfection by-products. Environment Health Prospect, 2002, Vol. 110 (1): 75~87.

71. Bull R. J. & Kopfler F. C., Health Effects of Disinfectants and Disinfection By-Products. AWWARF, Denver, USA, 1991.

72. Richardson S. D., Disinfection by-products and other emerging contaminants in drinking water. TrAC Trends in Analytical Chemistry, 2003, Vol. 22 (10): 666~684.

73. Krasner S. W., McGuire M. J., Jacangelo J. G., Patania N. L., Reagan K. W. & Aieta E. M., The occurrence of disinfection by-products in US drinking water. Journal of the American Water Works Association. 1989, Vol. 81 (8): 41~53.

74. Grebel J. E., Young C. C. & Suffet I. H., Solid-phase microextraction of N-nitrosamines. Journal of Chromatography A, 2006, Vol. 1117 (1): 11~18.

75. Ketola R. A. , Virkki V. T. , Ojala M. , Komppa V. & Kotiaho T. , Comparison of different methods for the determination of volatile organic compounds in water samples. Talanta, 1997, Vol. 44 (3): 373~ 382.

76. Yang X. , Shang C. & Westerhoff P. , Factors affecting formation of haloacetonitriles, haloketones, chloropicrin and cyanogen halides during chloramination. Water Research, 2007, Vol. 41 (6): 1193~1200.

77. Chang E. E. , Lin Y. P. & Chiang P. C. , Effects of bromide on the formation of THMs and HAAs. Chemosphere, 2001, Vol. 43 (8):1029~1034.

78. Weinberg H. S. , Krasner S. W. , Richardson S. D. & Thruston A. D. , The occurrence of disinfection by-products (DBPs) of health concern in drinking water: results of a nationwide DBP occurrence study. EPA/600/R02/068, 2002.

79. Glezer V. , Harris B. , Tal N. , Iosefzon B. & Lev O. , Hydrolysis of haloacetonitriles: Linear free energy relationship, kinetics and products. Water Research, 1999, Vol. 33 (8): 1938 ~1948.

80. Mitch W. A. & Sedlak D. L. , Formation of N-Nitrosodimethylamine (NDMA) from Dimethylamine during Chlorination. Environmental Science and Technology, 2002, Vol. 36 (4): 588~595.

81. Cha W. , Fox P. & Nalinakumari B. , High-performance liquid chromatography with fluorescence detection for aqueous analysis of nanogram-level N-nitrosodimethylamine. Analytica Chimica Acta, 2006, Vol. 566 (1): 109~116.

82. World Health Organization (WHO), Guidelines for Drinking Water Quality, 3rd ed. , 2004 http://www. who. int/water_sanitation_health/dwq/gdwq3rev/en.

83. Graham J. E. , Andrews S. A. , Farquhar G. J. & Meresz O. , Factors affecting NDMA formation during drinking water treatment, in: Proceedings of the AWWA Water Quality Technology Conference, New Orleans, LA, USA, 1995.

84. Amy G. L. , Sierka R. A. & Bedessem J. , Molecular size distribution of dissolved organic matter. Journal of the American Water Works Association, 1992, Vol. 84 (6): 67~65.

85. Trehy M. L. & Bieber T. I. , Detection, identification, and quantitative analysis of dihaloacetonitriles in chlorinated natural waters. In Advances in the Identification and Analysis of Organic Pollutants in Water, Ed: Keith L. H. , Ann Arbor Science, Ann Arbor, Michigan, USA, 1981: 941~975.

86. Oliver B. G. , Dihaloacetonitriles in drinking water: algae and fulvic acid as precursors. Evironmental Science and Technology, 1983, Vol. 17 (2): 80~83.

87. Reckhow D. A. , Platt T. L. , MacNeill A. L. & McClellan J. N. , Formation and degradation of dichloroacetonitrile in drinking waters. Journal of Water Supply Research and Technology-Aqua, 2001, Vol. 50 (1): 1~13.

88. Lee W. , Westerhoff P. & Croue J. P. , Dissolved Organic Nitrogen as a Precursor for

Chloroform, Dichloroacetonitrile, N-Nitrosodimethylamine, and Trichloronitromethane. Environmental Science and Technology, 2007, Vol. 41 (15): 5485～5490.

89. Mitch W. A. & Sedlak D. L., Formation of N-Nitrosodimethylamine (NDMA) from Dimethylamine during Chlorination. Environment Science and Technology, 2002, Vol. 36 (4): 588～595.

90. Choi J. & Valentine R. L., Formation of N-nitrosodimethylamine (NDMA) from reaction of monochloramine: a new disinfection by-product. Water Research, 2002, Vol. 36 (4): 817～824.

91. Krasner S. W., The formation and control of emerging disinfection by-products of health concern. Philosophical Transactions of the Royal Society a-Mathematical Physical and Engineering Sciences, 2009, Vol. 367 (1904): 4077～4095.

92. Domanska M. & Lomotowski J., Rate of Chlorine and Chlorine Dioxide Decay in the Water-pipe Network. Ochrona Srodowiska, 2009, Vol. 31 (4): 47～49.

93. Krasner S. W., Sclimenti M. J., Mitch W., Westerhoff, P. & Dotson A., Using formation potential tests to elucidate the reactivity of DBP precursors with chlorine versus with chloramines. In: 2007 AWWA Water Quality Technology Conference, Denver, CO, USA, 2007.

94. Marhaba T. F. & Van D., Variation of mass and disinfection by-product formation potential of organic matter fractions along a conventional surface water treatment plant. Journal of Hazardous Materials, 2000, Vol. 74 (3): 133～147.

95. Nam S. N., Krasner S. W. & Amy G. L. Differentiating effluent organic matter (EfOM) from natural organic matter (NOM): Impact of EfOM on drinking water sources. In: 6th International Symposium on Advanced Environmental Monitoring, Ed: Kim Y. J. & Platt U., Heidelberg, Germany, 2006: 259-270.

96. McKnight D. M., Boyer E. W., Westerhoff P. K., Doran P. T., Kulbe T. & Andersen D. T., Spectrofluorometric characterization of dissolved organic matter for indication of precursor organic material and aromaticity. Limnology and Oceanography, 2001, Vol. 46 (1): 38～48.

97. Elovitz M. S., Shemer H., Peller J. R., Vinodgopal K., Sivaganesan M. & Linden K. G. Hydroxyl radical rate constants: comparing UV/H_2O_2 and pulse radiolysis for environmental pollutants. Journal of Water Supply Research and Technology-Aqua, 2008 Vol. 57 (6): 391～401.

98. Zalazar C. S., Labas M. D., Brandi R. J. & Cassano A. E. Dichloroacetic acid degradation employing hydrogen peroxide and UV radiation. Chemosphere, 2007, Vol. 66 (5): 808～815.

99. Westerhoff P. & Mash H., Dissolved organic nitrogen in drinking water supplies: A review. Journal of Water Supply- Research and Technology-Aqua, 2002, Vol. 51 (5): 415

~448.

100. Wontae L., Occurrence, molecular weight and treatability of dissolved organic nitrogen: [Doctoral dissertation]. Tempe: Arizona State University, 2005.

101. Hua G. H. & Reckhow D. A., Characterization of disinfection byproduct precursors based on hydrophobicity and molecular size. Environmental Science and Technology, 2007, Vol. 41 (9): 3309~3315.

102. Hua B., Veum K., Yang J., Jones J. & Deng B. L., Parallel factor analysis of fluorescence EEM spectra to identify THM precursors in lake waters. Environmental Monitoring and Assessment, 2009, Vol. 161 (1-4): 71~81.

103. Andrews R. C. & Ferguson M. J., In: Disinfection By-Products in Water Treatment: The Chemistry of Their Formation and Control. Ed: Minear R. A. & Amy G. L., CRC Press, Boca Raton, FL, USA, 1996: 17~55.

104. Nikolaou A. D. & Lekkas T. D., The role of natural organic matter during formation of chlorination by-products: A review. Acta Hydrochimica Hydrobiologica, 2001, Vol. 29 (2-3): 63~77.

105. US Environmental Protection Agency, National Primary Drinking Water Regulations: Disinfectants and Disinfection By-products, Final rule, Fed. Regist., 1998, Vol. 63 (241): 69389~69476.

106. Ireland J. C., Moore L. A., Pourmoghaddas H.. Gas chromatography/Mass Spectrometry Study of Mixed Haloacetic acids Found in Chlorinated Drinking Water. Environmental Protection Agency, 1988.

107. Xie Yuefenq, Rashid Inni, Zhou Haojiang Joe. Acidic methanol methylation for HAA analysis: Limitations and possible solutions. Journal of American Water Works Association, 2002, Vol. 94 (11): 115~122.

108. Liu Yongjian, Mou Shifen. Determination of trace level of haloacetic acids and perchlorate in drinking water by ion chromatography with direct injection. Journal of Chromatography A, 2003, Vol. 997 (1-2): 225~235.

109. Sarrion M. N., Santos F. J., Galceran M. T.. In situ derivatization/solid-phase microextraction for the determination of haloacetic acids in water. Analytical Chemistry, 2000, Vol. 72 (20): 4865~4873.

110. Lopez-Avila, Viorica, Van De Goor Tom, Gas Bohuslav. Separation of haloacetic acids in water by capillary zone electrophoresis with direct UV detection and contactless conductivity detection. Journal of Chromatography A. 2003, Vol. 993 (1-2): 143~152.

111. Barron Leon, Paull Brett. Determination of haloacetic acids in drinking water using suppressed micro-bore ion chromatography with solid phase extraction. Analytica Chimica Acta, 2004, Vol. 522 (2): 153~161.

112. Paull Brett, Barron Leon. Using ion chromatography to monitor haloacetic acids in

drinking water: a review of current technologies. Journal of Chromatography A, 2004, Vol. 1046 (1-2): 1～9.

113. Kim Junsung, Chung Yong, Shin Dongchun. Chlorination by-products in surface water treatment process. Desalination, 2003, Vol. 151 (1): 1～9.

114. Adams C., Timmons T., Seitz T.. Trihalomethane and haloacetic disinfection by-products in full-scale drinking water systems. Journal of Environmental Engineering, 2005, Vol. 131 (4): 526～534.

115. Villanueva C. M., Kogevinas M., Grimalt J. O.. Haloacetic acids and trihalomethanes in finished drinking waters form heterogeneous sources. Water Research, 2003, Vol. 37 (4): 953～958.

116. Nissinen Tarja K., Miettinen, I. T., Martikainen P. J.. Disinfection by-products in Finnish drinking waters. Chemosphere. 2002, Vol. 48 (1): 9～20.

117. Singer P. C., Chang S. D.. Correlation between trihalomethanes and total organic halides formed during water treatment. Journal of American Water works Association, 1989, Vol. 81(8): 61～65.

118. Singer P. C.. Occurrence of haloacetic acids in chlorinated dringking water. Water Science and Technology: Water Supply, 2002, Vol. 2 (5-6): 487～492.

119. Reckhow D. A., Singer P. C., Malcolm R. L.. Chlorination of humic materials: by-product formation and chemical interpretations. Env. Sci. Technol, 1990, Vol. 24 (11): 1655～1664.

120. Croue J. P., Debroux J. F., Aiken G., Leenheer J. A.. Natural organic matter: structural characteristics and reactive properties. In: Formation and Control of Disinfection by-products in Drinking Water, P. C. American Water Works Assn., Denverm Co., 1999.

121. Michaeli L. Pomes, W. Reed Green, E. Michael Thurman. DBP formation potential of aquatic humic substances. Journal/American Water Works Association, 1999, Vol. 91 (2-3): 103～115.

122. Wu Wells W., Chadik Paul A., Davis William M.. The effect of structural characteristics of humic substances on disinfection by-product formation in chlorination. ACS Symposium Series, 2000, Vol. 761: 109～121.

123. Lee Sangyoup, Cho Jaeweon, Shin Heungsup. Investigation of NOM size, structure and functionality(SSF): Impact on water treatment process with respect to disinfection by-products formation. Journal of Water Supply: Research and Technology-AQUA, 2003, Vol. 52 (8): 555～564.

124. Hossein Pourmaoghaddas, Alan A.. Stevens. Relationship between trihalomethanes and haloacetic acids with total organic halogen during chlorination. Water Research, 1995, Vol. 29 (9): 2059～2062.

125. Xin Yang, Chii Shang. Chlorination Byproduct Formation in the Presence of Humic Acid, Model Nitrogenous Organic Compounds Ammonia and Bromide. Environ. Sci. Technol, 2004, Vol. 38 (19): 4995～5001.

126. E. E. Chang, Y. P. Lin, P. C. Chiang. Effect of bromide on the formation of THMs and HAAs. Chemosphere, 2001, Vol. 43, 1029～1034 .

127. Liang Lin, Singer Philip C.. Factors influencing the formation and relative distribution of haloacetic acids and trihalomethanes in drinking water. Environmental Science and Technology, 2003, Vol. 37 (13): 2920～2928 .

128. Nikolaou Anastasia D. , Golfinopoulos Spyros K. , Lekkas Themistokles D.. Factors affecting the formation of organic by-products during water chlorination: a bench-scale study. Water, Air, and soil Pollution, 2004, Vol. 159 (1): 357～371.

129. Rodriguez Manuel J. , Serodes Jean B. , Levallois Patrick. Behavior of trihalomethanes and haloacetic acids in a drinking water distribution system. 2004, Vol. 38 (20): 4367～4382.

130. Pereira Vanessa J. , Weinberg Howard S. , Singer Philip C.. Temporal and spatial variability of DBPs in a chloraminated distribution system. 2004, Vol. 96 (11): 91～102.

131. Themistokles D. Lekkas, Anastasia D. Nikolaou. Degradation of Disinfection Byproducts in drinking water. Environment engineering Science, 2004, Vol. 21 (11): 493～506.

132. Zhou Haojiang, Xie Yuefeng F.. Using BAC for HAA removal-part1: Batch study. Journal American Water Works Association, 2002, Vol. 94 (4): 194～200.

133. McRae Bethany M. , Lapara Timothy M. , Hozalski Raymond M.. Biodegradation of haloacetic acids by bacterial enrichment cultures. Chemosphere, 2004, Vol. 55 (6): 915～925.

134. Stuart Batterman, Lianzhong Zhang, Shuqin Wang. Quenching of chlorination disinfection by-product frmation in drinking water by hydrogen peroxide. Water Research, 2000, Vol. 34 (5): 1652～1658.

135. Chang Cheng-Nan, Ma Ying-Shih, Zing Fang-Fong. Reducing the formation of disinfection by-products by pre-ozonation. Chemosphere, 2002, Vol. 46 (1): 21～30.

136. Price Michael L. , Bailey Robert W. , Enos Andrew K.. Evaluation of ozone/biological treatment for disinfection byproducts control and biological stable water. Ozone Science and Engineering, 1993, Vol. 15 (2): 95～130.

137. Cozzolino L. , Pianese D. , Pirozzi Francesco. Control of DBPs in water distribution systems through optimal chlorine dosage and disinfection station allocation. Desalination, 2005, Vol. 176 (1-3): 113～125.

138. Van Der Kooij. Determining the concentration of easily assimilable organic carbon in drinking water. Journal of AWWA, 1982, Vol. 74 (10): 540～545.

139. Acero Juan L. , Von Gunten Urs. Influence of carbonate on the ozone/hydrogen peroxide based advanced oxidation process for drinking water treatment. Ozone: Science and Engineering, 2000, Vol. 22 (3): 305～328.

140. Munter R. , Preis S. , Kallas J.. Advanced oxidation processes (AOP): watertreatment technology for the twenty-first century. Kemia-kemi/finnish Chemical Journal, 2001, Vol. 28 (5): 354～362.

141. Suty Herve, De Traversay, C. Cost M.. Applications of advanced oxidation processes: Present and future. Water Science and Technology, 2004, vol. 49 (4): 227~233.

142. Kleiser G., Frimmel F. H.. Reduction of bacterial growth after oxidation by using advanced oxidation processes (AOP). Water Supply, 1998, vol. 16, (3-4): 209~210.

143. Nadezhdin A. D.. Mechanism of ozone decomposition in water. The role of termination. Industrial & Engineering Chemistry Research, 1998, Vol. 27 (4):548~550.

144. Park Js., Choi H., Ahn K. H.. The reaction mechanism of catalytic oxidation with hydrogen peroxide and ozone in aqueous solution. Water Science and Technology, 2003, Vol. 47 (1): 179~184.

145. Byung Soo Oh, Kyoung Suk Kim, Min Gu Kang. Kinetics study and optimum control of the ozone/UV process measuring hydrogen peroxide formed in-situ. Ozone: Science and Engineering. 2005, Vol. 27 (6): 421~430.

146. Wallace J. L., Vahadi B., Fernandes J B.. Combination of ozone/hydrogen peroxide and ozone/UV radiation for reduction of trihalomethane formation potential in surface water. Ozone: Science and Engineering, 1988, Vol. 10 (1): 103~112.

147. Mokrini A., Ousse D., Esplugas S.. Oxidation of aromatic compounds with UV radiation/ozone/hydrogen peroxide. Water Science and Technology, 1997, Vol. 35 (4):95~102.

148. Kitis M., Karanfil T., Kilduff J. E. & Wigton A., The reactivity of natural organic matter to disinfection by-products formation and its relation to specific ultraviolet absorbance. Water Science and Technology, 2001, Vol. 43 (2): 9~16.

149. Chen W., Westerhoff P., Leenheer J. A. & Booksh K., Fluorescence excitation - Emission matrix regional integration to quantify spectra for dissolved organic matter. Environmental Science and Technology, 2003, Vol. 37 (24): 5701~5710.

150. Donahue W. F., Schindler D. W., Page S. J. & Stainton M. P., Acid-Induced Changes in DOC Quality in an Experimental Whole-Lake Manipulation. Environmental Science and Technology 1998, Vol. 32 (19): 2954~2960.

151. Chellam S. & Krasner S. W., Disinfection byproduct relationships and speciation in chlorinated nanofiltered waters. Environment Science and Technology, 2001, Vol. 35 (19): 3988~3999.

152. Nikolaou A. D., Golfinopoulos S. K., Lekkas T. D. & Kostopoulou M. N., DBP levels in chlorinated drinking water: Effect of humic substances. Environmental Monitoring and Assessment. 2004, Vol. 93 (1-3): 301~319.

153. Trehy M. L., Yost R. A. & C Miles J., Chlorination byproducts of amino acids in natural waters. Environmental Science and Technology, 1986, Vol. 20 (11): 1117~1122.

154. Peters R. J. B., de Leer E. W. B. & de Galan L., Dihaloacetonitriles in Dutch drinking waters. Water Research, 1990, Vol. 24 (6): 797~800.

155. Armesto X. L., Canle L. M., Carcis M. V., Losada M. & Santaballa J. A., N reactivity vs O reactivity in aqueous chlorination. International Journal of Chemical Kinetics, 1994,

Vol. 26 (11): 1135～1141.

156. Hong H. C., Wong M. H. & Liang Y., Amino Acids as Precursors of Trihalomethane and Haloacetic Acid Formation During Chlorination. Archives of Environmental Contamination and Toxicology, 2009, Vol. 56 (4): 638～645.

157. Na C. & Olson T., Relative Reactivity of Amino Acids with Chlorine in Mixtures. Environmental Science and Technology, 2007, Vol. 41 (9): 3220～3225.

158. Patnaik P., Yang M. & Powers E., Phenol-chlorine reaction in environmental waters: Formation of toxic chlorophenol derivatives. American Laboratory (News Edition), 2000, Vol. 32 (19): 16.

159. Na C. Z. & Olson T. M., Relative reactivity of amino acids with chlorine in mixtures. Environmental Science and Technology, 2007, Vol. 41 (9): 3220～3225.

160. Lewis W. M., Developments in water treatment 2. London: Applied science publishers LTD, England, 1980.

161. Morris J. C., The chemistry of aqueous chlorine in relation to water chlorination. In: Water Chlorination: Environmental Impact and Health Effects (Vol. 1). Ed: Jolleys R. L., Michigan: Ann Arbor Science Publishers, USA, 1978: 21～35.

162. Larson R. A. & Weber E. J., Reaction mechanisms in environmental organic chemistry. Boca Raton: Lewis Publisher, FL, USA, 1994.

163. Lekkas T. D. & Nikolaou A. D., Degradation of disinfection byproducts in drinking water. Environmental Engineering Science, 2004, Vol. 21 (4): 493～506.

164. Shirayama H., Tohezo Y. & Taguchi S. Photodegradation of chlorinated hydrocarbons in the presence and absence of dissolved oxygen in water. Water Research, 2001, Vol. 35 (8): 1941～1950.

165. Oh B. S., Kim K. S., Kang M. G., Oh H. J. & Kang J. W. Kinetic study and optimum control of the ozone/UV process measuring hydrogen peroxide formed in-situ. Ozone: Science and Engineer, 2005, Vol. 27 (6): 421～430.

166. Wang K. P., Guo J. S., Yang, M., Junjic H. & Deng R. S., Decomposition of two haloacetic acids in water using UV radiation, ozone and advanced oxidation processes. Journal of Hazardous Materials, 2009, Vol. 162 (2-3): 1243～1248.

167. United States Environmental Protection Agency (USEPA) (EPA 815-R-99-013). Disinfection profiling and benchmarking guidance manual. In: Disinfection profiling and benchmarking guidance manual, 1999.

168. United States Environmental Protection Agency (USEPA) (EPA 816-F-01-007). National primary drinking water standards. In: National primary drinking water standards, 2001.

169. Wang H., Liu D. M., Zhao Z. W., Cui F. Y., Zhu Q. & Liu T. M., Factors influencing the formation of chlorination brominated trihalomethanes in drinking water. Journal of Zhejiang University-Science A, 2010, Vol. 11 (2): 143～150.